彩图1　乌鬃鹅

彩图2　浙东白鹅

彩图3　四川白鹅

彩图4　皖西白鹅

彩图5　皖西白鹅

彩图6　扬州鹅

彩图7　狮头鹅

彩图8　阳江鹅

彩图 9　泰州鹅

彩图 10　大白沙鹅

彩图 11　朗德鹅

彩图 12　19200 型大型蛋车孵化机

彩图 13　晾蛋

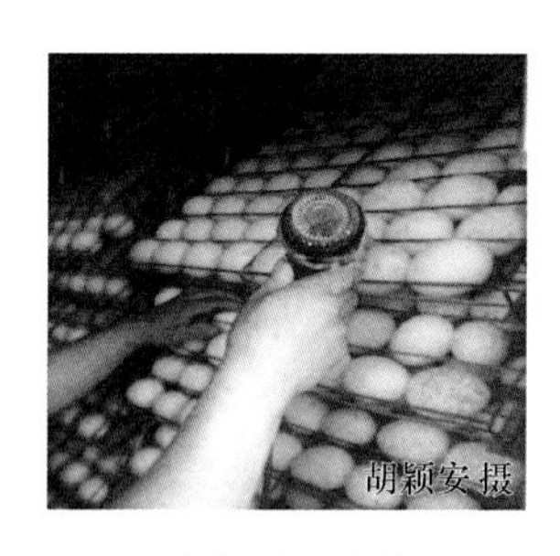

彩图 14　照蛋

彩图 15　摊床孵化中的种蛋

彩图 16　地面平养育雏

彩图 17　地面育雏

彩图 18　网上平养育雏

彩图 19　立体育雏

彩图 20　育雏网

彩图 21　料槽

彩图 22　电热育雏伞

彩图 23　青年鹅林间散放饲养

彩图 24　填饲机

彩图 25　简易鹅舍之一

彩图 26　简易鹅舍之二

彩图 27　鹅舍内部

彩图 28　鹅舍外部

彩图 29　陆上运动场

彩图 30　水上运动场

彩图 31　雏鹅免疫

高效养鹅

主　编　李顺才

副主编　熊家军　李志刚　肖　峰

参　编　李志平　胡方宏　胡颖安　于久新

机械工业出版社

本书全面系统地介绍了养鹅生产中的主要环节及关键技术，其内容主要包括：养鹅业发展概况、鹅的生理形态与生物学特性、鹅的常见品种、鹅的营养需要与饲料配合、鹅的繁殖技术、鹅的饲养管理、鹅肥肝生产技术、鹅羽绒生产技术、鹅场的建设及其设备、常见鹅病的防治等。

全书内容丰富翔实，涵盖面广，具有较强的实用性和可操作性，可供广大养鹅户、生产技术人员使用，也可供兽医工作者以及相关专业的师生阅读参考。

图书在版编目（CIP）数据

高效养鹅/李顺才主编. —北京：机械工业出版社，2014.2（2023.1 重印）
（高效养殖致富直通车）
ISBN 978-7-111-45731-2

Ⅰ.①高… Ⅱ.①李… Ⅲ.①鹅-饲养管理 Ⅳ.①S835

中国版本图书馆 CIP 数据核字（2014）第 023913 号

机械工业出版社（北京市百万庄大街 22 号 邮政编码 100037）
总 策 划：李俊玲 张敬柱
策划编辑：郎 峰 高 伟 责任编辑：郎 峰 高 伟
版式设计：霍永明 责任校对：路清双
责任印制：张 博
北京中科印刷有限公司印刷
2023 年 1 月第 1 版第 8 次印刷
140mm×203mm · 7.75 印张 · 2 插页 · 220 千字
标准书号：ISBN 978-7-111-45731-2
定价：29.80 元

凡购本书，如有缺页、倒页、脱页，由本社发行部调换
电话服务 网络服务
服务咨询热线：010-88361066 机 工 官 网：www.cmpbook.com
读者购书热线：010-68326294 机 工 官 博：weibo.com/cmp1952
010-88379203 金 书 网：www.golden-book.com
封面无防伪标均为盗版 教育服务网：www.cmpedu.com

高效养殖致富直通车
编审委员会

序

改革开放以来，我国养殖业发展非常迅速，肉、蛋、奶、鱼等产品产量稳步增加，在提高人民生活水平方面发挥着越来越重要的作用。同时，从事各种养殖业也已成为农民脱贫致富的重要途径。近年来，我国经济的快速发展为养殖业提出了新要求，以市场为导向，从传统的养殖生产经营模式向现代高科技生产经营模式转变，安全、健康、优质、高效和环保已成为养殖业发展的既定方向。

针对我国养殖业发展的迫切需要，机械工业出版社坚持高起点、高质量、高标准的原则，组织全国20多家科研院所的理论水平高、实践经验丰富的专家学者、科研人员及一线技术人员编写了这套“高效养殖致富直通车”丛书，范围涵盖了畜牧、水产及特种经济动物的养殖技术和疾病防治技术等。

丛书应用了大量生产现场图片，形象直观，语言精练、简洁，深入浅出，重点突出，篇幅适中，并面向产业发展需求，密切联系生产实际，吸纳了最新科研成果，使读者能科学、快速地解决养殖过程中遇到的各种难题。丛书表现形式新颖，大部分图书采用双色印刷，设有“提示”“注意”等小栏目，配有一些成功养殖的典型案例，突出实用性、可操作性和指导性。

丛书针对性强，性价比高，易学易用，是广大养殖户和相关技术人员、管理人员不可多得的好参谋、好帮手。

祝大家学用相长，读书愉快！

赵广永

中国农业大学动物科技学院

2014年1月

前言

鹅是以食草为主的水禽，是节粮型家禽，是绿色和生态养殖推荐的畜禽种类之一。我国是世界上家鹅品种最丰富的国家，也是养鹅数量最多的国家，多年来鹅肉、羽绒等相关产品产量一直居世界第一位。养鹅业生产具有投资少、成本低、耗粮少、饲养技术容易掌握、生产周期短、产品用途广、经济效益高等特点，是当前畜牧业结构调整的优势产业之一。随着畜牧业产业结构的调整，我国养鹅业正向着规模化、集约化、产业化方向迈进。大力发展养鹅业，既符合我国畜牧业战略结构调整的需要，又是广大农民脱贫致富的有效途径。为了更好地适应我国养鹅业蓬勃发展的新形势，我们根据多年从事养鹅生产实践所积累的经验，结合我国养鹅业的现状特点，参阅国内外养鹅最新技术，在广泛调查研究的基础上，编写了本书，供广大养鹅户、生产技术人员、兽医工作者以及相关专业师生参考、使用。

本书全面系统地介绍了养鹅生产中的主要环节及关键技术，总共分为十章，其内容主要包括：养鹅业的发展概况、鹅的生理形态与生物学特性、鹅的常见品种、鹅的营养需要与饲料配合、鹅的繁殖技术、鹅的饲养管理、鹅肥肝生产技术、鹅羽绒生产技术、鹅场的建设及其设备、常见鹅病防治等。全书内容丰富翔实，涵盖面广，具有较强的实用性和可操作性。

需要特别说明的是，本书所用药物及其使用剂量仅供读者参考，不可照搬。在生产实际中，所用药物学名、常用名和实际商品名称有差异，药物浓度也有所不同，建议读者在使用每一种药物之前，参阅厂家提供的产品说明以确认药物用量、用药方法、用药时间及禁忌等。购买兽药时，执业兽医有责任根据经验和对患病动物的了解决定用药量及选择最佳治疗方案。

本书在编写过程中安徽省六安市裕安区畜牧兽医局胡方宏、河北固安鹅苗孵化场胡颖安、南宁海内农业科技有限公司邓齐官、河南省永城市窦氏禽业有限公司窦立、京东枣鹅基地李志平及网友阳光鹅业等同仁提供部分照片，李慧琪参加了文字校对工作，在书中引用了一些专家、学者的研究成果和相关书刊资料，在此一并表示诚挚的感谢。

我们本着认真负责的态度编写了本书，但因编者水平有限，书中难免有疏漏和不妥之处，恳请同行专家和广大读者不吝指正。

编　者

目录

序

前言

第一章 绪论

一、鹅的起源 …………………… 1
二、养鹅的意义 ………………… 1
三、养鹅业的发展趋势 …… 4

第二章 鹅的生理形态与生物学特性

第一节 鹅的身体外形特点 ………………… 7
第二节 鹅的生活习性 ……… 10
第三节 鹅的消化和繁殖 …… 13
一、鹅的消化 ………………… 13
二、鹅的繁殖 ………………… 18

第三章 鹅的常见品种

第一节 鹅的品种分类 ……… 22
第二节 常见优良品种 ……… 24
一、国内鹅的优良品种 …… 24
二、国外鹅的优良品种 …… 31

第四章 鹅的营养需要与饲料配合

第一节 鹅的营养 …………… 34
一、能量 ……………………… 34
二、蛋白质 …………………… 35
三、碳水化合物 ……………… 36
四、脂肪 ……………………… 37
五、矿物质 …………………… 37
六、维生素 …………………… 39
七、水 ………………………… 39
第二节 鹅常用饲料及其特点 ………………… 43
一、能量饲料 ………………… 43
二、蛋白质饲料 ……………… 46

三、青绿饲料 …………………… 50
四、粗饲料 …………………… 51
五、青贮饲料 …………………… 52
六、矿物质饲料 ………………… 53
七、维生素饲料 ………………… 55
八、饲料添加剂 ………………… 55
第三节　鹅的饲养标准和饲料配方 …………………… 56
一、鹅的饲养标准 …………… 56
二、配方设计 ………………… 59
三、典型的饲料配方 ………… 64

第五章　鹅的繁殖技术

第一节　鹅的选种与选配 …… 69
一、选种 …………………… 69
二、选配 …………………… 71
第二节　鹅的配种 …………… 72
一、种鹅的适配年龄与利用年限 ………………… 72
二、种鹅的配种比例 ……… 72
三、配种地点 ……………… 73
四、配种时间 ……………… 73
五、配种方法 ……………… 74
六、人工授精技术 ………… 75
第三节　种蛋的孵化技术 …… 80
一、种蛋的选择 …………… 80
二、种蛋的保存与运输 …… 82
三、种蛋的消毒 …………… 83
四、胚胎的发育 …………… 84
五、孵化方法 ……………… 86
六、孵化的条件 …………… 89
七、初生雏的雌雄鉴别 …… 92
八、初生雏的分级 ………… 93
九、孵化效果的检查与分析 …………………… 93
十、提高孵化率的途径 …… 98

第六章　鹅的饲养管理

第一节　雏鹅的饲养管理 …… 99
一、雏鹅的特点 …………… 99
二、育雏前的准备 ……… 100
三、雏鹅的选择 ………… 102
四、雏鹅的运输 ………… 103
五、雏鹅的饲养 ………… 103
六、雏鹅的管理 ………… 105
第二节　中鹅的饲养管理 …… 110
一、中鹅的特点 ………… 110
二、中鹅的饲养方式 …… 110
三、中鹅的饲养管理要点 … 113
第三节　育肥仔鹅的饲养管理 ………………… 114
一、育肥仔鹅的选择 …… 114
二、育肥方式 …………… 115
三、分群饲养 …………… 117
四、防疫卫生 …………… 117
五、最佳出栏期 ………… 117

第四节　后备种鹅的饲养管理 ………………… 118
一、后备种鹅的特点 …… 118
二、后备种鹅的选留 …… 118
三、后备种鹅的饲养方式 ………………… 119
四、后备种鹅的饲养管理要点 …………… 119
第五节　种鹅的饲养管理…… 122
一、种鹅的饲养方式 …… 122
二、种鹅群的更新 ……… 123
三、产蛋前期的饲养管理 ………………… 124
四、产蛋期的饲养管理…… 125
五、休产期的饲养管理…… 128
六、种公鹅的饲养管理…… 129
七、反季节种鹅的饲养管理 ………………… 130

第七章　鹅肥肝生产技术

第一节　鹅肥肝的营养特点及其生产原理 ……… 134
一、鹅肥肝的营养特点…… 134
二、鹅肥肝的生产原理…… 135
三、影响鹅肥肝生产的因素 ………………… 135
第二节　肥肝鹅的填饲技术 … 138
一、肥肝鹅品种的选择…… 138
二、肥肝鹅填饲饲料的选择及调制 ……………… 139
三、鹅肥肝生产 ………… 140
四、填饲鹅群的疾病防治 ………………… 145
第三节　肥肝鹅的屠宰加工程序 ……… 147
一、肥肝鹅的运输 ……… 147
二、屠宰取肝 …………… 147
三、肥肝的质量检测与分级 ………………… 149
四、肥肝的包装与运输…… 151

第八章　鹅羽绒生产技术

第一节　羽绒概述 ………… 153
一、羽绒的类型 ………… 153
二、羽绒的生长规律 …… 155
三、鹅体不同部位羽绒的生长密度和绒朵重…… 156
四、鹅体各种羽绒的产量与分布 ………………… 156
第二节　影响鹅羽绒产量与质量的因素 ……… 157
一、遗传 ………………… 157
二、品种 ………………… 157
三、营养 ………………… 157
四、环境气候 …………… 157
五、饲养管理 …………… 158
六、体重 ………………… 158
第三节　羽绒采集技术……… 158
一、宰杀取毛法 ………… 159
二、活拔羽绒法 ………… 160

第四节　羽绒的初加工及储存 …… 167
一、羽绒的初加工 …… 167
二、羽绒的储存 …… 169
第五节　羽绒的质量检验 …… 170
一、羽绒的分类 …… 170
二、羽绒的质量鉴别 …… 171

第九章　鹅场的建设及其设备

第一节　鹅场建筑 …… 177
一、场址的选择 …… 177
二、鹅场内建筑物的布局 …… 179
三、鹅舍建筑 …… 181
第二节　鹅场的常用设备及用具 …… 186
一、育雏设备 …… 186
二、喂料器和饮水器 …… 187
三、围栏和旧渔网 …… 189
四、产蛋箱和孵化箱 …… 189
五、运输笼或箱 …… 190
六、其他设备及用具 …… 190

第十章　常见鹅病的防治

第一节　鹅病的基本知识 …… 192
一、鹅病发生的原因 …… 192
二、鹅病的分类和发病基本规律 …… 193
三、临床检查的基本方法 …… 195
四、临床诊断技术 …… 199
五、病理学诊断技术 …… 200
第二节　鹅病的综合防治技术 …… 204
一、科学的饲养管理 …… 204
二、合理的卫生防疫制度 …… 205
三、免疫接种和药物预防 …… 206
四、鹅场疫病发生的扑灭措施 …… 208
五、给药技术 …… 209
第三节　常见鹅病的防治 …… 211
一、常见病毒性传染病 …… 211
二、常见细菌性传染病 …… 217
三、常见真菌病 …… 223
四、常见寄生虫病 …… 225
五、常见普通病 …… 229

附录　常见计量单位名称与符号对照表

参考文献

第一章 绪 论

一 鹅的起源

鹅是第一种被人类驯化的家禽，其在动物分类学中属雁形目、鸭科、雁亚科、雁族、雁属。目前普遍认为，雁是鹅的野生祖先。从生物学的角度讲，鹅并不是一个独立的物种，充其量只能算作鸿雁或者灰雁的一个变种或者亚种。中国鹅（伊犁鹅除外）和欧洲鹅的起源不同，中国鹅起源于鸿雁而欧洲鹅起源于灰雁。因此，中国鹅和欧洲鹅在外貌特征和生产性能等方面都有较大的差异（表1-1、图1-1）。

表1-1　中国鹅与欧洲鹅的区别

项目	中国鹅	欧洲鹅	项目	中国鹅	欧洲鹅
头部	有肉瘤（额瘤）	无肉瘤	体态	体态高昂，常昂首挺胸，体型较小	背宽、胸深，体形较大而矮胖
颈部	头颈细长	头颈短粗	成熟期	成熟早	成熟晚
颈羽	平滑不卷曲	卷曲	生产性能	产蛋多，肥肝性能差	产蛋少，肥肝性能好

二 养鹅的意义

鹅属于草食性、节粮型禽类，具有耐粗饲的特点，可以像牛、羊一样消化利用青粗饲料、农作物秸秆、田间青草等。鹅喜水耐寒，我国具有众多的滩涂地及荒山荒地，牧草资源丰富，得天独厚的自然条件，尤其适合发展养鹅业。

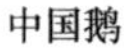

欧洲鹅

图 1-1　中国鹅与欧洲鹅的形态差异

1. 满足人们对鹅产品日益增长的需求

鹅的全身都是宝，其产品档次高、经济价值高。鹅生活能力、抗病能力较强，疾病较少，在饲养过程中不需要大量用药防病治病，其生产的鹅肉作为健康食品越来越受到人们的喜爱。鹅肉质地柔软，容易被人体消化吸收，蛋白质含量为22.3%，含有人体生长发育所必需的各种氨基酸，其组成接近人体所需氨基酸的比例；其不饱和脂肪酸含量高，特别是亚麻酸远高于其他肉类。此外，鹅肉还富含人体必需的多种维生素、微量元素和矿物质，对人体健康十分有益。鹅肉深、精加工品的价值比鹅肉自身价值提高 2～4 倍，烤鹅、腊鹅、盐水鹅等各具特色的鹅肉食品，味道鲜美且香味独特，令人回味无穷，这些产品消费市场大，并可出口创汇。高质量的鹅羽绒制品轻便、柔软、保暖性能好。专用于生产羽绒的鹅一年可以活拔羽绒 4～6 次，产量达 400～600g，种鹅休产期可拔羽绒 2～3 次，国内市场每千克售价 30～35 元，出口含绒量在 70% 的羽绒每吨为 4 万美元左右，含绒量达 85% 的羽绒每吨高达 7 万多美元。鹅的副产品如鹅掌、翅、胗、肝、肠和血等均可加工成畅销食品。鹅肥肝在国际市场上一直供不应求，而且价格昂贵，鲜肝 20～40 美元/kg，因此鹅肥肝被誉为“软黄金”。由于鹅肥肝中含有很多有利于人体健康的营养物质，且近年来消费者对鹅肥肝细嫩鲜美、香味独特、营养丰富及滋补身体等认识的逐渐形成，使得其消费市场越来越大。由此可见，养鹅业的发展，可以优化食品结构，提高肉类品种和质量，并能通过开发出许多高档产品来繁荣市场。

2. 发展生态养殖，促进社会协调发展

中国用世界7%的耕地来支撑全球22%的人口，具有明显的人均资源少、人均粮食占有量低的特征。据测算，中国自然生态条件下的农区和半农半牧区，70%以上的农户都可以养鹅，而中国的载鹅量约为30亿只左右，但现在只有9亿只左右，所以养鹅业有巨大的发展空间。退耕还草、还林，种草养鹅，已成为生态农业理论运用的一个典型模式，是实现农业生态系统良性循环的重要途径之一。目前，我国动物饲料用粮约占全国粮食总产量的30%。如何解决粮食安全与发展畜牧业的矛盾，已成为我们面临重大而紧迫的课题。有关专家建议应大力发展节粮型畜牧业，改变人畜共粮的传统，实施人畜分粮的产业政策，让有限的粮食供养日益增长的人口，促进社会协调发展。鹅是以食草为主的大型水禽，除莎草科苔属青草及有毒、有特殊气味的草外，它都可采食，故被称为“青草换肥鹅”。生产实践中，养鹅以青粗饲料为主，饲料中粮食比例仅占40%左右，而猪、鸡、鸭则需79%左右。鹅早期生长快，耗料少，肉料比为1:(0.8~1.5)，而猪的肉料比为1:(3.5~4.5)，肉鸡的肉料比为1:(2.0~2.5)，肉鸭的肉料比为1:(2.6~2.8)。大力发展养鹅业，符合中国建立以草食畜禽为主体的节粮型畜牧业生产结构的需要，对确保国家粮食安全、缓解社会矛盾有重要作用，可促进社会经济的全面协调发展。

3. 富强“三农”，促进中国特色社会主义新农村建设

我国的基本国情是：土地资源短缺，人多地少，在13亿人中有9亿农民，人均耕地面积仅1.39亩（1亩=666.7m^2），农户生产经营规模小，投资少，组织化程度低，文化、知识、科技水平低。而鹅的生活能力、抗逆能力比较强，以青粗饲料为主，具有耗料少、耐粗放饲养、早期生长快、饲养周期短、饲养设施比较简单、投资比较少、经济周转快等优点，且可与农、林、果、渔协调发展，产生良好的生态经济效益。鹅既能规模饲养，也能小群分散饲养；既能有水饲养，也可旱养；既能地面饲养，也可网上饲养；既能放养，也可圈养，既能全劳力养，也可半劳力养；既可专业养，也可农鹅

结合养；投资可多可少，规模可大可小，很适合农村特别是革命老区农村饲养。由于鹅的生物学特性和生理特点的制约，养鹅业属于劳动密集型产业，不适于大规模工厂化、现代化饲养，而发达国家劳动力短缺，工资高，不宜发展养鹅业；但他们经济发达，生活水平高，需要消费大量营养、安全的优质鹅产品。所以，中国大力发展养鹅业，国外没有竞争对手，国内没有进口压力，即可让亿万农民就地就业，让农民富裕起来，也有利于维护家庭团结和社会的稳定，从而增强社会主义新农村建设的实力，促进新农村建设快速发展。

三 养鹅业的发展趋势

1. 注重饲料营养

饲料营养是养鹅业的物质基础，良种鹅必须饲喂营养全价而平衡的饲草饲料，才能使鹅体健壮、生产性能好，优良的遗传基因才能充分发挥，从而产生良好的经济效益。随着养鹅业的发展和科技水平的提高，传统式养鹅状况逐步得到改善，鹅的专用配合饲料生产供应逐渐增多，人们养鹅的观念逐渐得以改变，自2002年开始约有20%的养鹅户试喂配合料，取得成效后，示范带动效应明显，饲喂面迅速扩大。根据鹅的消化生理特点配制日粮，科学饲喂，能提高鹅的生长速度和饲料转换效率，降低饲养成本，已成为业内共识。

2. 充分利用现代养鹅设施

随着标准化鹅场建设和规范化饲养管理工作的不断发展，不少新筹建的现代规模养鹅的鹅舍建筑都舍弃了砖、水泥、灰沙、钢材、木材等材料，而是采用轻质耐用、隔热性能好的塑料构件。这种构件省工、省时、省运费、占地面积少，既减轻地面负重，又美观、整齐、大方，适于养鹅的需要，是今后发展的方向。在饲养管理设备方面，大都采用了比较规范化的禽用饮水器、料盘和自动饮水装置，进行网上平养和两层式笼育雏，采用了电动刮粪机，较大规模养鹅场（户）采用青饲料切割机、揉丝机加工青草、菜类喂鹅，节省了人工，提高了青绿饲料的利用率。

3. 重视良种鹅的培育

良种是鹅业生产的基础。近年来随着养鹅业的蓬勃发展，有关单位加快了养鹅育种工作的步伐，如扬州大学等单位选育的扬州鹅，四川农业大学培育的天府肉鹅先后通过国家级畜禽品种审定；另外，吉林农业大学培育了肉用和羽绒用鹅的配套系，青岛农业大学利用豁眼鹅资源选育了五龙鹅快长系和高产系。与此同时，我国近几年引进几个欧洲鹅种，如繁殖性能较高的莱茵鹅，产肥肝性能较优的专用品种朗德鹅，丹麦的佳丽鹅和罗曼白鹅，匈牙利的阿尔多巴吉鹅。这些欧洲鹅种，都经过系统的专门化选育，早期生长发育快，繁殖性能中等，产绒量多，适应性强，具有独特的遗传基因资源，已经成为我国鹅品种资源的重要组成部分，对我国发展现代养鹅业产生了积极作用。

4. 注意鹅病防治工作

随着鹅养殖规模不断扩大，鹅病已成为制约养鹅业发展的重要因素，其主要原因：一是种蛋来源分散，品种不一，消毒不严，孵化、运输过程导致疫病传播；二是疫苗供应短缺，目前预防小鹅瘟主要是采用小鹅瘟血清和小鹅瘟疫苗接种的办法；三是千家万户的分散饲养条件差，防疫意识淡薄，没有采取必要的防疫、免疫措施，为疫病的控制带来了难度，极易引发大的疫情；四是规模化饲养对防疫措施的要求更高，一些养殖场没有按照正规的免疫程序进行管理，导致大群饲养交叉感染，这些都成为鹅产业的持续稳定发展的隐患。为此，广大科研工作者对鹅的疫病防治技术进行了大量的研究，已研制出预防雏鹅新型病毒性肠炎、鹅的副粘病毒病等疾病的疫苗和高免血清。另外，对鹅的禽出血性败血症、鹅大肠杆菌性腹膜炎、鹅流行性感冒、鹅鸭瘟等传染病的防治方法也进行不断完善，对鹅的某些寄生虫病研制出很多预防和治疗的广谱高效药物，有力地保证了鹅业生产的顺利发展。

5. 发展生态养鹅

20 世纪 90 年代以来，随着人们对鹅产品需求量的增加，传统农户小规模散养开始逐步向集约化、工厂化方向发展，饲养规模逐渐扩大。工厂化的的规模养殖方式充分利用了养殖空间，能在较短时间内饲养并出栏大量的鹅，能够较好地满足市场对鹅产品的需求，同时还可以获得较高的经济效益，但鹅肉的口感相对较差。因此，现代生态养鹅作为一种新的养殖模式应运而生。目前，科研工作者在生态养鹅模式领域已做了大量研究工作，逐渐发展形成了以“种草养鹅”为主的多种形式的养殖模式，如“稻＋萍＋鹅”、“稻＋草＋鹅”、“稻＋马铃薯＋鹅”、“果/林＋草＋鹅”、“大棚瓜＋草＋鹅”、“鱼/虾＋草＋鹅”等，充分利用了自然资源，增强了鹅机体抵抗力及免疫调节能力，提高了肉品质和风味，较好地满足了消费者的需要。随着人们生活质量的提高，国际社会对环境污染和无公害食品等越来越重视，这种能够改善肉品质、减少环境污染的生态养殖方式将是养鹅业发展的必然趋势。

6. 生产安全优质的鹅产品

随着经济和市场全球化格局的形成，对无污染、无残留、无疫病、优质而有营养的鹅产品的需求日益增加已成为不可逆转的必然趋势。因此，应将鹅产品质量定位为有机食品，建立与国际接轨的肉类食品质量安全控制体系，进一步提高加工产品的卫生质量，推广 HACCP 卫生管理系统，做好质量认证和品牌标识，提高深加工产品比例，生产出量多质优的鹅产品，占领国内外消费市场。只有加快这方面的进程，才能确保中国养鹅业的健康可持续发展。

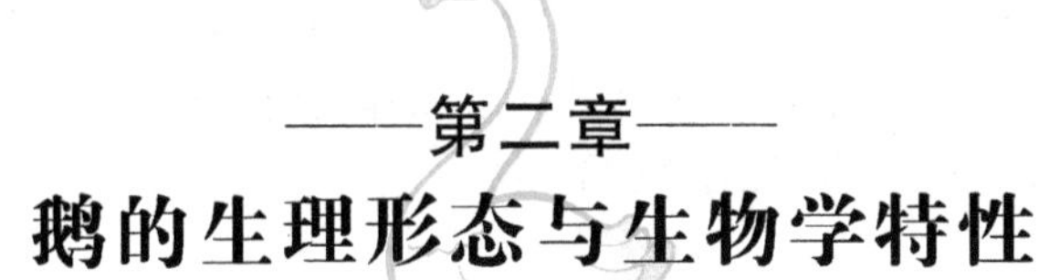

第二章
鹅的生理形态与生物学特性

第一节　鹅的身体外形特点

鹅体由头、颈、躯干、翅膀、腿、尾部等几部分组成（图2-1）。

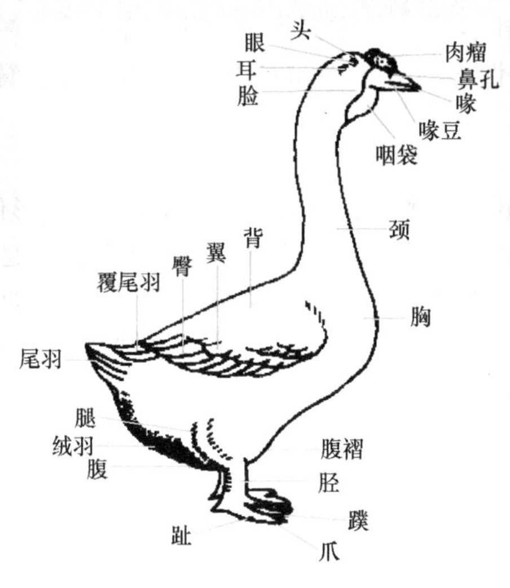

图2-1　鹅的身体外形

1. 头部

鹅的头部比其他家禽的大，有两种类型，中国鹅（伊犁鹅除外）由鸿雁驯化而来，喙基部有肉瘤，俗称额包，颌下有垂皮，俗称咽袋，都与性别有关，一般公鹅较大，母鹅较小；由灰雁驯化而来的欧洲鹅品种和我国的新疆伊犁鹅，没有额瘤，也无咽袋。鹅头覆盖有细小的羽毛；鹅喙分上、下2片，其特征是略扁、宽，呈楔形，角质比较软，表层覆盖有蜡膜；上喙基部两侧为鼻孔开口处；头顶部两侧是眼睛，头后两侧为耳孔。眼和耳是鹅的视觉和听觉器官，非常灵敏，故人们有养鹅护院的习惯。

2. 颈部

鹅颈比其他家禽颈粗而长，下至食道膨大的基部，颈椎由17~18枚椎骨组成。由鸿雁驯化而来的中国鹅颈部较长，微弯如弓；由灰雁驯化而来的欧洲鹅和伊犁鹅，颈部较粗短。公母鹅比较，公鹅颈较粗，母鹅颈较细；鹅颈灵活，伸缩转动自如，喙可以随意伸向以颈为直径的各个方向和身体的各个部位，可进行觅食、修饰羽毛、配种、营巢、自卫、驱逐体表蚊蝇等多功能的行为活动，尤其是能半身潜入一定深度的水中觅取食物。一般小型鹅种颈细长，产蛋性能较好，大型鹅种颈短粗，易肥育，肉用性能较好。

3. 体躯

鹅的体躯比其他家禽长而宽，且紧凑坚实，外形似船，不同品种、年龄、性别的鹅体形大小不同。中国鹅前躯提起，后躯发达，腹部下垂；欧洲鹅体躯基本上与地面平行，后躯不如中国鹅发达。体躯可分为背、腰、荐、胸、肋、腹和尾部等部分。母鹅腹部皮肤有皱褶，形成肉袋，俗称蛋窝；公鹅无蛋窝，据此可分公母鹅。

【重点提示】 体躯长而宽的个体，不仅产肉性能好，而且产羽（绒）量也多；背宽腹大的个体产蛋性能较高。

4. 尾部

鹅的尾部比较短平，尾端羽毛略上翘。鹅尾有比较发达的尾脂腺，能分泌脂肪、卵磷脂和高级醇。鹅在梳理羽毛时，常用喙挤压尾脂腺，挤出油脂并用喙涂布于全身羽毛上，保持羽绒光滑润泽及羽毛弹性，防止被水浸湿。

5. 翅膀

翅膀又称翼。鹅的两翼宽大厚实，且较长，常折叠于背上，有飞翔和保持身体平衡的功能。翼上羽毛主要由主翼羽和副翼羽组成，主翼羽 10 根，副翼羽 12 ~ 14 根，在主、副翼羽之间有 1 根较短的轴羽（图 2-2）。

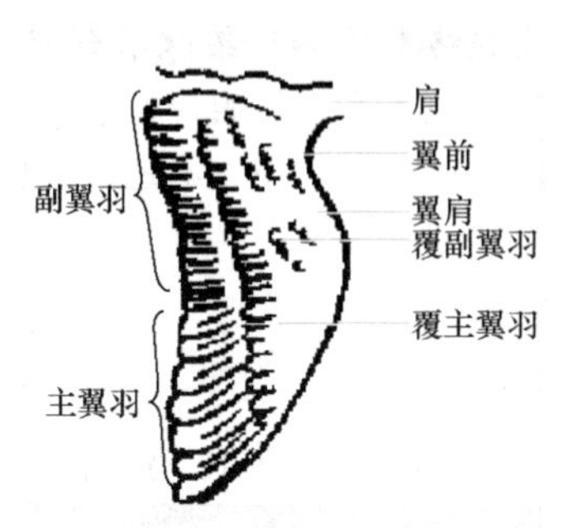

图 2-2　鹅的翅膀

6. 腿部

鹅腿粗壮有力，由大腿、小腿、胫、趾、爪和蹼构成，其长短和粗细与品种有关，一般同一品种的公鹅较长，母鹅较短。鹅的腿稍偏后躯，胫骨以上大腿和小腿部分被羽毛覆盖，大、小腿有健壮的肌肉以支撑体躯；胫、趾部分的皮肤裸露，已角质化呈鳞片状；趾有 4 个，趾端有角质爪，趾间有蹼膜相连，故又叫蹼。鹅依靠蹼在水中生活。

7. 皮肤与羽毛

鹅的体表主要由羽毛、鳞片和皮肤构成。它们的特性和颜色是区别品种及个体的外貌特征。鹅的皮肤较薄，皮下组织疏松，很容易与机体剥离；被羽毛覆盖部位的皮肤较薄，裸露部位的皮肤较厚。鹅没有汗腺和皮脂腺，表面比较干燥。因为没有汗腺，鹅不能依靠水分蒸发而降低体温，所以，在炎热的夏季鹅喜欢下水游泳，以散发体内的热量。鹅的皮肤颜色一般有白、灰、黄色之分，也是品种特征的表现。鹅体表鳞片面积很少，主要覆盖在胫部。与其他鸟类一样，鹅的体表除喙、胫和蹼外整个机体表面都覆盖羽毛。鹅体羽毛由正羽、绒羽、毛羽、纤羽等组成，内层绒羽着生紧密，有很好的保温效果，是羽绒制品的最佳原料。鹅羽毛有白色和灰色两种类型，其羽毛色泽没有鸡那么丰富多彩；公鹅与母鹅羽毛很相似，不像鸡那样具有明显的形状和色彩的区别，也不像公鸭那样具有典型的性羽，单靠羽毛形状或颜色很难识别公母。

【重点提示】 鹅的皮肤状态与机体健康状况有关，健康者皮肤略显湿润、柔软有弹性；反之则显干燥、粗糙，无弹性。鹅羽绒光亮、湿润、舒展是体态健康的表现；羽绒蓬乱、无光泽，是机体衰弱或病态的表现。

第二节 鹅的生活习性

鹅的驯化程度比鸡鸭低，还保留着其祖先——雁的一些生活习性。

1. 喜水性

雁生活在河流、湖泊、沼泽附近，喜欢在水中洗浴、嬉戏、配种和觅食。虽然经过了几千年的驯化与选育，家养鹅仍保留其祖先喜水的习性，无论哪个周龄的鹅见到水后都会主动下水活动。在条件适宜的情况下，鹅每天会在水里待上6～8h，只有在产蛋、采食、休息和睡觉时才回到陆地。鹅有在水中交配的习性，特别是在早晨和傍晚，在水中交配次数占60%以上。经常在水质良好的自然或人工水域洗浴、戏游，能增强鹅的新陈代谢，增进健康，更能促进羽毛的生长和成熟。鹅缺少水浴会使羽毛脏污，不仅影响羽绒质量，而且也可能影响种鹅的交配活动。

【重点提示】 必须为种鹅提供足够的水面，供其嬉戏、交配。

2. 喜干性

尽管鹅属于水禽类，有喜水的天性，但其在陆地上生活时特别喜爱干燥的地方。夜间鹅总是喜欢选择在干燥、柔软的垫草上休息和产蛋，如果鹅舍内潮湿、垫草泥泞会使鹅的羽毛非常脏乱，容易造成羽毛脱落和折断。鹅在下水活动时，羽毛被洗掉泥巴的同时也会因羽毛上的油脂被洗去而失去淋水性，影响其保温性能。特别是雏鹅在潮湿（或者说湿度很大）的地方，很难正常生长发育，发病率、死亡率都很高。因此，鹅休息活动的场所必须经常保持干燥，垫草更要干燥。育雏室的湿度保持在60%～65%，超过65%以上会造成危害。

【重点提示】 管理上必须有“见湿见干”的措施，即鹅游水洗浴上岸后，让它在干燥的地方尽快抖干水、理干羽毛，安静地休息一段时间，否则对鹅的生长发育不利。

3. 合群性

雁类在野生状态下，抵御天敌的能力较弱，喜群居和成群飞行。这种群体活动的本性在驯化家养之后仍然保留，所以鹅的休息、行走和觅食都是成群结队地进行。经过训练的鹅在放牧条件下可以成群远行数里而不紊乱，如果有鹅离群失散，则会感到不安、高声鸣叫，一旦得到同伴的回应，失散的鹅则寻声而归群。鹅相互间也不喜殴斗。这种合群性使鹅适于大群放牧饲养和圈养，管理也比较容易。

【重点提示】 在实际生产过程中，如果发现个别的鹅总是离群，神态呆滞，站立不动，说明该鹅很可能是病鹅，应该隔离治疗。

4. 广食性

鹅是杂食性禽类，喜欢采食植物性饲料，以觅食大量青绿饲料为主，对粗纤维的消化能力较强，只要保证每天约250g的精饲料，就能够保证种鹅良好的繁殖性能，因而饲养成本低，饲料报酬高，适合我国人多地少、粮食比较紧张的国情。

【重点提示】 在冬季缺少青绿饲料的时期，可以将农作物粉碎后作为主要的饲料成分；将玉米带穗青贮后可以作为冬季和早春种鹅的饲料，也可以把墨西哥玉米进行青贮，使用效果比较理想。

5. 就巢性

就巢性，又称抱窝性，是禽类在进化过程中形成的一种繁衍后代的本能，其表现是雌禽伏卧在有多个种蛋的窝内，用体温使蛋的温度保持在37.8℃左右，直至雏禽出壳。鹅经过人类的长期选育，有些品种的鹅已经丧失就巢的本能（如四川白鹅、太湖鹅、豁眼鹅等），但较多的鹅种由于人为选择了鹅的就巢性，使这一行为仍保持至今，一般母鹅每产一窝蛋（8～12枚）就会停产，并表现出就巢性。如果让母鹅孵蛋，就一直要到雏鹅出壳后，就巢性才会逐渐消失。就巢性的存在明显地减少了鹅持续产蛋的时间，造成鹅的产蛋性能远远低于鸡和鸭。

6. 警觉性

鹅的听觉很灵敏，警觉性很强，遇到陌生人或其他动物时，群内的公鹅会伸颈、靠近地面，高声鸣叫进行攻击；夜间有异常动静时就会发出尖利的鸣叫声。鹅的这种应激行为一般在雏鹅早期就开始表现，雏鹅对人、畜及偶然出现的鲜艳色泽物或声、光等刺激均有害怕感觉，甚至某只鹅无意间弄翻食盆发出的声响，其他鹅也会异常惊慌，迅速站起惊叫，并拥挤于一角，有的鹅甚至用喙啄击或用翅扑击，故有些地方有用鹅看家的习惯。

【重点提示】 应尽可能保持鹅舍的安静，避免发生惊群而造成损失。人接近鹅群时，也要事先做出鹅熟悉的声音，以免使鹅骤然受惊而影响采食或产蛋。同时，要防止猫、狗、老鼠等动物进入圈舍。

7. 耐寒怕热

鹅全身覆盖羽毛，起着隔热保温的作用，成年鹅的羽毛比鸡的羽毛更紧密贴身，且鹅的绒羽浓密，保温性能更好，较鸡具有更强的抗寒能力。鹅的尾脂腺发达，在梳理羽毛时，经常用喙压迫尾脂腺，挤出分泌物，再用喙涂擦全身羽毛，使羽毛润湿，不被水所浸湿，起到防水御寒的作用。故鹅即使是在0℃左右的低温下，仍能在水中活动，在10℃左右的条件下，也可保持较高的产蛋率。相对而言，鹅比较怕热，在炎热的夏季，喜欢整天泡在水中，或者在树荫下纳凉休息，导致觅食时间减少，采食量下降，产蛋率也下降。许多鹅种往往在夏季停止产蛋。

8. 生活规律性

鹅具有良好的条件反射能力，其活动表现出极强的规律性。如在放牧饲养时，一天之中的放牧、收牧、交配、采食、洗浴、歇息、产蛋等都有比较固定的时间。而且这种生活节奏一经形成便不易改变，如原来每天喂食 4 次的，突然改为喂食 3 次，鹅会很不习惯，并会在原来喂食的时间，自动群集鸣叫，引起骚乱；原来的产蛋窝被移动后，鹅会拒绝产蛋或随地产蛋。

【重点提示】 在生产中一经制定的操作管理规程要保持稳定，不要轻易改变。

9. 对药物敏感

鹅对很多药物如氟哌酸、磺胺类等都很敏感，使用不当即引起中毒事故。在用磺胺类药物防治鹅病的细菌性疾病过程中，如果应用不当或剂量过大会引起鹅发生急性或慢性中毒症。其毒害作用主要是损害肾、肝、脾等器官，并导致鹅发生黄疸、过敏、酸中毒以及免疫抑制等，往往会造成大批鹅死亡。

第三节 鹅的消化和繁殖

一 鹅的消化

1. 食性

鹅是体型较大和容易饲养的一类草食水禽。鹅的颈粗长而有力，对青草芽、草尖和果穗有很强的衔食性。同绵羊相似，鹅吃百样草，除莎草科苔属青草及有毒、有特殊气味的草外其他都能吃，是唯一能利用含纤维较高的粗饲料的家禽。鹅具有强健的肌胃、比身体长 10 倍的消化道以及发达的盲肠。鹅的肌胃压力比鸡大 2 倍，是鸭的 1.5 倍；肌胃内有一层硬角质膜，利用沙石可把食物磨碎。鹅的肠道较长，盲肠发达，对青草中粗纤维的消化率可达 45% ~50%，特别是消化青饲料中蛋白质的能力很强。

2. 鹅的消化器官

鹅的消化器官包括喙、口腔、舌、咽、食道、食道膨大部、胃（腺胃和肌胃）、肠（小肠、盲肠和大肠）和泄殖腔（图 2-3）。

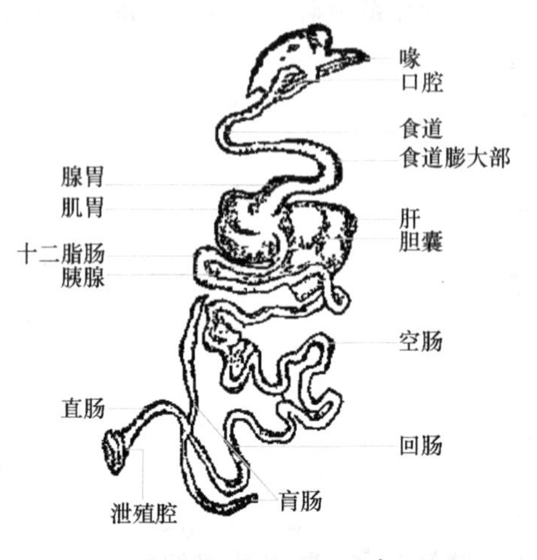

图 2-3　鹅的消化器官

（1）喙　喙即嘴。鹅喙分上、下 2 片，上喙长于下喙，质地坚硬，扁而长，呈凿子状，便于采食草类。喙边缘呈锯齿状，上下喙的锯齿互相嵌合，在水中觅食时具有滤水保食的作用。

（2）口咽　鹅口咽部器官比较简单，是一个整体，没有将其分开的软腭，也没有唇、齿，唇颊部很短；活动性不大的舌，能帮助采食和吞咽。口咽黏膜下有丰富的唾液腺，这些腺体很小，但数量很多，能分泌黏液，有导管开口于口咽的黏膜面。饲料在口腔内停留的时间很短，不经咀嚼即咽入食管。

（3）食管、嗉囊　鹅食管和嗉囊位于咽后与腺胃之间，食道与气管并行，略偏于颈的右侧；食道较宽阔，有弹性，便于吞咽较大的食团。食管在颈段形成纺锤形膨大部，组织结构与食道相似，相当于鸡的嗉囊，具有储存食物和软化食物的作用。正常情况下，食物在嗉囊内停留 3～4h。

（4）胃　鹅胃由腺胃（前胃）和肌胃（又称砂囊或肫）两部分组成。腺胃呈纺锤形，体积小，储存食物有限，主要功能是分泌胃液和推动食团进入肌胃；鹅腺胃壁黏膜上有许多乳头，乳头虽比鸡的小，但数量较多；腺胃分泌含有盐酸和胃蛋白酶的胃液通过乳头排到腺胃腔中。食糜在腺胃中停留时间短，胃液的消化作用主要在肌胃而不是在腺胃。肌胃位于腺胃后方，为扁椭圆形双凸体，由坚硬的类角质膜和强大而厚的平滑肌构成，主要功能是对食物进行机械性消化，加上沙砾的配合，能把坚硬的食物磨碎。食物在肌胃停留的时间，视饲料的坚硬程度而异，细软食物约1min就可推到十二指肠，而坚硬食物的停留时间可达数小时之久。

【重点提示】 沙砾在肌胃内的作用很重要，如将肌胃内沙砾移去，鹅的饲料消化率下降25%～30%。在离地饲养时，必须为其提供适宜的沙砾供其采食。

（5）小肠 鹅的小肠相当于体长的8倍左右，可分为十二指肠、空肠和回肠。十二指肠开始于肌胃幽门口，呈双层马蹄状弯曲，长23～42cm；十二指肠有胆管和胰管的开口，并以此为界向后延伸为空肠。空肠位于腹腔右侧，长90～160cm，形成5～8圈长袢，空肠腹侧中部有一盲突状卵黄囊憩室，是胚胎期间卵黄囊柄的遗迹。空肠与回肠无明显差异，一般以卵黄囊憩室为分界线，向上靠近十二指肠的为空肠，向下与大肠相连的为回肠。回肠短而直，与盲肠相连。小肠的肠壁（除十二指肠）黏膜内有很多肠腺，分泌含有消化酶的肠液，对食物进行消化。

（6）大肠 鹅没有结肠，大肠由盲肠和直肠构成。盲肠有2条，长约25cm，位于小肠与大肠的交界处，呈盲管状，盲端游离；盲肠能将小肠内未被酶分解的食物及纤维进一步消化，并吸收水分和电解质。如果将鹅的盲肠切除，会引起纤维消化率降低，粪便含水量升高。直肠短而直，上接回肠，后通泄殖腔。距大、小肠连接处约1cm的盲肠壁上有一膨大部，由位于盲肠内的大量淋巴结组成，称为盲肠扁桃体。

（7）泄殖腔 泄殖腔为消化、生殖、泌尿三系统的共同通道，略呈球形，内腔面有3个横向的环形黏膜褶，将泄殖腔分为3部分。前部为粪道，与直肠相通；中部叫泄殖道，输尿管、输精管或输卵管开口在这里；后部叫肛道，直接通向肛门，肛道壁内有肛腺，分泌黏液，背侧壁还有腔上囊（又称法氏囊）开口（图2-4）。

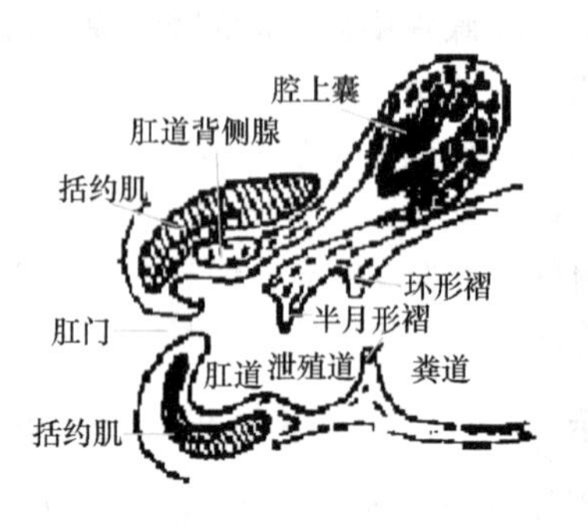

图 2-4　幼禽的泄殖腔结构

（8）肝脏及胆囊　肝脏是鹅体内最大的腺体，约占体重的1.5%～3.6%。肝脏呈黄褐色或暗红色，分左、右2叶，各有1个肝门。鹅在肝脏中可以聚存大量的脂肪，采取填肥的方法，可使肝脏增加到原来重量的几倍到几十倍，有利于肥肝生产。肝脏右叶有一呈三角形的胆囊，起储存胆汁的作用。当十二指肠中有食物时，胆囊即行收缩并排空胆汁使之进入肠道。

（9）胰腺　胰腺是长条形、淡粉色的腺体，位于十二指肠的肠袢内，分背叶、腹叶和脾叶3部分。胰腺实质分为外分泌部和内分泌部。外分泌部分泌的胰液经2条开口于十二指肠末端的导管进入十二指肠腔消化食物；内分泌部称为胰岛，呈团块状分布于胰腺腺泡中，分泌胰岛素等激素，随静脉血循环。

3. 鹅的消化特点

青饲料是鹅主要的营养来源，甚至完全依赖青饲料也能很好生存。鹅之所以能单靠吃草而活，主要是依靠肌胃强有力的机械消化、小肠对非粗纤维成分的化学性消化及盲肠对粗纤维的微生物消化三者协同作用的结果。鹅肌胃很大，肌胃率（肌胃重除以体重的百分率）约为5%，高于鸡（1.65%），而鹅肌胃容积与体重的比例仅是鸡的一半，这表明鹅肌胃肌肉紧密厚实。据测定鹅肌胃产生的压力可达35.33～37.33kPa，这样大的压力不但能磨碎坚硬的食物，甚至能把玻璃球压碎，这也是鹅能食草、利用粗纤维的依据。同时，肌胃内的沙砾，在肌胃强有力地收缩下，可以磨碎粗硬的饲料。在机械消化的同时，来自腺胃的胃液借助肌胃的运动得以与食糜充分混合，胃液中的盐酸和蛋白酶协同作用，把蛋白质初步分解为蛋白际、蛋白胨及少量的肽和氨基酸。

与其他畜禽相似，鹅小肠的消化主要靠胰液、胆汁和肠液的化学性消化作用。胰液和肠液含有胰淀粉酶、胰蛋白酶、肠肽酶、胰脂肪酶、肠脂肪酶等多种消化酶，能使食糜中的蛋白质、糖类（淀粉和糖原）、脂肪逐步分解最终成为氨基酸、单糖、脂肪酸等；而肝脏分泌的胆汁则主要促进对脂肪及水溶性维生素的消化吸收。鹅的小肠黏膜以一连串的折叠为特征，肠壁上有很多长而扁的绒毛以加大吸收面积；此外，小肠运动也对消化吸收有一定的辅助作用。小肠的逆蠕动能使食糜往返运行，增加在肠内的停留时间，便于食物被更好地消化吸收。小肠中经过消化的养分绝大部分在小肠内被吸收，食物经消化成为可吸收的养分，通过肠黏膜绒毛丰富的毛细血管吸收入血液进入肝脏储存或送往身体各部。

鹅盲肠较为发达，容积较大，能容纳大量的粗纤维，盲肠内环境（pH 6.5 ~7.5，高度厌氧）适合厌氧微生物的繁殖和粗纤维的利用，是纤维素的消化场所。经小肠消化吸收的内容物先进入直肠，再依靠直肠的逆蠕动将其推入盲肠。盲肠内容物可在盲肠内停留 6 ~8h。除食糜中带来的消化酶对盲肠消化起一定作用外，盲肠消化主要是依靠栖居在盲肠的微生物的发酵作用。盲肠中的细菌能将粗纤维发酵，最终产生挥发性脂肪酸、氨、胺类和乳酸；同时，盲肠内细菌还能合成维生素 B 族和维生素 K。盲肠能吸收部分营养物质，特别是对挥发性脂肪酸的吸收有较大作用。与鸡鸭相比，虽然鹅盲肠内的微生物能更好地消化利用粗纤维，但由于盲肠内食糜量很少，而盲肠又处于消化道的后端，很多食糜并不经过盲肠。因此，粗纤维的营养意义不如想象中的那样重要。许多研究表明，只有当饲料品质十分低劣时，盲肠对粗纤维的消化才有较重要的意义。事实上鹅是依赖频频采食、增大采食量而获得大量养分的。农谚“家无万石粮，莫饲长颈项”，“鹅者饿也，肠直便粪，常食难饱”，正是反映了这一消化特点。因此，在制订鹅饲料配方和饲养规程时，可采取降低饲料质量（营养浓度），增加饲喂次数和饲喂数量，来适应鹅的消化特点，提高经济效益。

二 鹅的繁殖

1. 鹅的生殖器官

（1）公鹅的生殖器官 公鹅的生殖器官包括睾丸、附睾、输精管和阴茎（图2-5）。

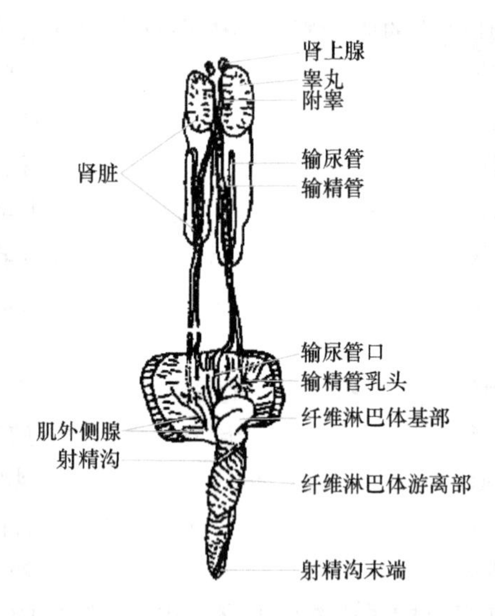

图2-5 公鹅的生殖器官

1）睾丸有2个，呈椭圆形，左右对称，位于同侧肾前叶的前下方。睾丸内的实质由许多弯曲的精细管构成，性成熟时在精细管内形成精子。

2）鹅的附睾不很明显，主要是由睾丸输出管构成，最后汇成很短的附睾管。

3）输精管是由附睾管延续而来的一对弯曲的细管，末端稍膨大形成储精囊，开口于泄殖腔内的具有勃起功能的输精管乳头上。

4）阴茎是鹅的交配器官，比较发达，长约5～8cm，位于泄殖腔肛道底壁的左侧。阴茎表面有一螺旋状的射精沟，阴茎勃起时射精沟边缘闭合而形成暂时性的封闭管道，将精液输入母鹅生殖道内。

（2）母鹅的生殖器官 母鹅的生殖器官通常是由左侧卵巢和左侧的输卵管组成。右侧的卵巢和输卵管只保留原痕迹（图2-6）。

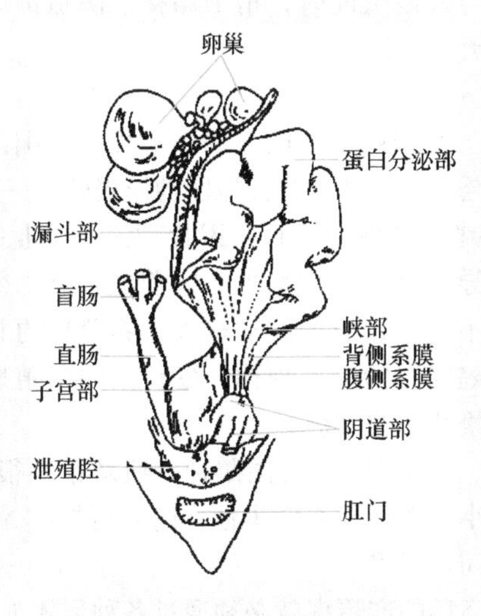

图2-6 母鹅的生殖器官

1）卵巢位于左肾前叶的腹腔顶壁。卵巢含有大量不同发育阶段的各级卵泡，突出于表面，大小不等，呈一串葡萄状，大的肉眼可见。临近性成熟时，卵巢活动剧烈，卵泡开始发育，逐渐积聚卵黄而增大，逐次成熟，排出卵泡（蛋黄）。

2）输卵管是一条长而弯曲的管道，从卵巢向后一直延伸到泄殖腔。输卵管由漏斗部、蛋白分泌部、峡部、子宫部和阴道部等组成。漏斗部边缘呈不整齐的指状突起，叫输卵管伞，长约9cm，当卵巢排卵时，它将卵卷入输卵管内。漏斗部有腺体，且管壁有纵行皱褶，交配后精子沿输卵管上行并储存在这些纵行皱褶内。精子在此最长可存活32天，蛋受精率以1周内为高。蛋白分泌部又叫膨大部，是输卵管最长的部分，长约33cm，内有大量的腺体，分泌蛋白和盐类，形成蛋清。卵子借助输卵管蛋白分泌部的蠕动力量而进入峡部。峡部为输卵管较为狭窄的部分，黏膜内的腺体分泌一部分蛋白和形成纤维性壳膜。子宫部是输卵管最膨大的部分，长约12cm，肌层较厚；黏膜内的腺体分泌钙质、色素和角质层，形成蛋壳。阴道部是输卵管最后一段，长约12cm，呈"S"形，开口于泄殖腔的左侧，阴道部腺体不发达，与公鹅交配时，精子储存于阴道部。鹅蛋在子宫部成熟后，到达阴道部等待产出。

2. 鹅的繁殖特点

（1）季节性 鹅繁殖存在明显的季节性，我国南方地区种鹅繁殖期为9~10月至次年5月；北方地区种鹅繁殖期一般为每年的2~7月。"一年养鹅半年产蛋"一直是困扰种鹅养殖业的难题。种鹅繁殖的季节性不但导致种鹅利用率低、饲养成本高、效益低，而且也会使鹅产品供应不均衡，市场波动较大，养殖户的利益难以得到保障。如何改变种鹅固有的繁殖规律，延长鹅的繁殖期，提高种鹅生产力，是提高鹅繁殖率的关键。

（2）就巢性（抱窝性） 我国鹅种一般就巢性很强，绝大多数大中型鹅种及部分小型鹅种都有就巢性，时间可持续5~6周，甚至更长。鹅在就巢期间卵巢和输卵管萎缩，停止产蛋，采食量也明显下降。所以，要提高鹅的产蛋率就必须通过各种形式消除鹅的就巢性。

（3）择偶性 鹅在自然繁殖情况下，基本属于一雄一雌的繁殖形式。在小群饲养时，每只公鹅常与几只固定的母鹅配种，当重新组群后，公鹅与不熟识的母鹅互相分离，互不交配，年龄较大的种鹅更为突出。在不同个体、品种、年龄和群体之间都有选择性，这一特性严重影响种蛋受精率。但不同品种择偶性的严格程度是有差异的。

【重点提示】 生产中，种鹅组群要早，让它们年轻时就生活在一起，产生"感情"，形成默契，能提高受精率。

（4）迟熟性 鹅是长寿动物，成熟期和利用年限都比较长。一般中小型鹅的性成熟期为6~8个月，大型鹅种则更长。母鹅利用年限一般可达5年左右，通常在第三个产蛋年度产蛋率最高，公鹅也可以利用3年以上。

（5）其他 鹅有在水上交配的习性，并且在水上交配比陆地交配的受精率高。鹅的精子在雄鹅生殖道内没有专门的保存器官，但在母鹅生殖道内能保持长时间的受精能力，因此，在停止自然交配或人工授精后的很长时间，母鹅还能产受精蛋。一般精子在母鹅生殖道内能存活 9～10 天。

第三章
鹅的常见品种

第一节　鹅的品种分类

养鹅的目的主要是根据人们的需要获得多而好的肉、蛋、肝、绒等鹅产品，因此，在不同生态环境和一定的社会经济条件下形成了鹅的品种类型。

1. 按地理特征分类

以往对鹅的品种，大多以地理环境分布为依据来分类，如中国鹅、法国鹅、英国爱姆顿鹅、埃及鹅、加拿大鹅及德国鹅等。

2. 按经济用途分类

从鹅的主要经济用途看，鹅的品种分羽绒型、蛋用型、肉用型、肥肝型。

（1）肉用型　凡仔鹅在60～70日龄体重达3kg以上的鹅种均适宜作肉用鹅，主要有四川白鹅、皖西白鹅、浙东白鹅、固始鹅以及引进的莱茵鹅等，多属中、大型鹅品种，其特点是早期增重快、肉质好、上市日龄早。

（2）蛋用型　目前鹅蛋已成为都市人喜爱的食品，且售价较高，国内一些大型鹅产品加工、经营企业争相收购鹅蛋，将其加工成再制蛋后进入超市。我国豁眼鹅、籽鹅的产蛋量是世界上最多的鹅品种，一般年产蛋可达14kg左右，饲养较好的高产个体可达20kg。这两个品种个体相对较小，除产蛋用外，还可利用该鹅作母本，与体型较大的鹅种进行杂交生产肉鹅。这样可充分利用其繁殖性能好的特点，繁殖更多的后代，降低肉鹅种苗生产成本。

（3）肥肝型　引进品种主要有朗德鹅、图卢兹鹅等，国内品种主要有狮头鹅和溆浦鹅。这类鹅经填饲后的肥肝重达600g以上，优异的则达1kg以上。它们也可用作产肉，但习惯上被作为肥肝专用型品种。

（4）羽绒型　各品种的鹅均产羽绒，专门把某些鹅种定为羽绒型似乎不科学，但在鹅品种中，以皖西白鹅的羽绒洁白、绒朵大而品质最好。一些客商在收活鹅时，如果为相同体重的白鹅，皖西白鹅的价格要高。特别是养鹅进行活鹅拔毛时，更应选择这一品种。但皖西白鹅产蛋量较少，繁殖性能差，如以肉毛兼用为主，可引入四川白鹅、莱茵鹅等进行杂交。其他白鹅，如浙东白鹅、四川白鹅、承德白鹅等也具有较好的产绒性能。

3. 按体型大小分类

国内外一般都以活体重的大小将鹅分为大、中、小型三类，是目前最常用的分类方法。

（1）小型品种鹅　小型品种鹅的公鹅体重为3.7～5.0kg，母鹅为3.1～4.0kg。国内属于小型鹅种的有乌鬃鹅、太湖鹅、五龙鹅及东北地区的豁鹅和籽鹅等。

（2）中型品种鹅　中型品种鹅的公鹅体重为5.1～6.5kg，母鹅为4.4～5.5kg。国内中型鹅品种有皖西白鹅（安徽、河南）、溆浦鹅（湖南）、雁鹅（安徽）、合浦鹅（广西）、马岗鹅（广东）、浙东白鹅（浙江）、四川白鹅（四川、重庆）；国外中型鹅品种有莱茵鹅（德国）等。

（3）大型品种鹅　大型品种鹅的公鹅体重为10～12kg，母鹅为6～10kg。我国大型鹅品种有狮头鹅，是世界上著名的大型品种之一；国外的如托罗士鹅，成年公鹅体重达10～12kg，母鹅达8～10kg。

4. 按产蛋性能的高低分类

不同品种鹅的产蛋性能差异较大。高产品种鹅年产蛋量高达150～200枚，如豁眼鹅；中产品种鹅年产蛋量为60～80枚，如太湖鹅、雁鹅、四川白鹅等；低产品种鹅年产蛋量为25～40枚，如国内的狮头鹅和国外的托罗士鹅、图卢兹鹅、朗德鹅等。

5. 按性成熟的早晚分类

根据性成熟日龄可将鹅品种分为早熟型、中熟型和晚熟型。早熟型品种鹅开产期在130日龄左右，多为小型鹅种和部分中型鹅种；中熟型品种鹅开产期在150~180日龄左右；晚熟型品种鹅为开产期在200日龄以上的大型鹅种。

6. 按羽毛颜色分类

鹅按羽毛颜色不同分为白鹅和灰鹅两大类。我国北方多为白鹅，南方灰、白鹅均有，但白鹅多数带有灰斑；国外鹅品种以灰鹅占多数。

第二节　常见优良品种

一　国内鹅的优良品种

我国养鹅历史悠久，是世界上鹅品种资源最多的国家，有许多优良的鹅品种。

1. 豁眼鹅

【产地与分布】又称豁鹅，因两眼睑均有明显的豁口而得名。原产于山东莱阳地区（五龙鹅），后经闯关东者带至东北各省，现广泛分布于山东（五龙鹅）、辽宁、吉林、黑龙江、新疆、广西、内蒙古、安徽、福建、湖北等地。

【外形特征】体型较小、紧凑，羽毛为白色。头中等大小，额前长有表面光滑的肉质瘤，眼呈三角形，上眼睑有一疤状缺口，为该品种独有的特征；颈长呈弓形。公鹅体躯较短，呈椭圆形；母鹅体躯稍长，呈长方形，前躯挺拔高抬，成年母鹅腹部丰满略下垂，腿脚粗壮（图3-1）。喙、肉瘤、胫、蹼呈橘红色。山东产区的鹅颈较细长，有咽袋，腹部紧凑，有腹褶者占少数；东北三省的鹅多有咽袋和较深的腹褶（图3-1）。

【生产性能】在放牧条件下，多养到4~5月龄便将肉鹅屠宰出售。活重3.25~4.51kg的公鹅，半净膛屠宰率为78.3%~81.2%，全净膛屠宰率为70.3%~72.6%。在半放牧饲养条件下，母鹅年产蛋量为100枚左右；平均蛋重为120~150g；蛋壳白色，厚0.45~

0.51mm；蛋形指数为1.41～1.48。性成熟期一般为7～8月龄；在公母配种比例为1:（6～7）的情况下，种蛋受精率为85%左右，受精蛋孵化率为82%～90%。

图3-1 豁眼鹅

2. 太湖鹅

【产地与分布】原产于长江三角洲的太湖地区，遍布于浙江省嘉湖地区、上海市郊县以及江苏省大部。

【外形特征】体型较小、紧凑，全身羽毛紧贴。肉瘤较小，呈姜黄色，圆而光滑。颈细长呈弓形，无咽袋。全身羽毛洁白，偶在眼梢、头顶、腰背部有少量灰褐色斑点。喙、胫、蹼均为橘红色，喙端色较淡，爪白色。

【生产性能】70日龄左右即可上市，平均体重为2.5～2.8kg。仔鹅半净膛屠宰率为78.6%，全净膛屠宰率为64%；成年公鹅半净膛屠宰率为84.9%，全净膛屠宰率为75.6%；成年母鹅半净膛屠宰率为79.2%，全净膛屠宰率为68.8%。在大群饲养条件下，平均每只母鹅年产蛋量约为60～70枚，平均蛋重为135g左右。蛋壳颜色白色，蛋形指数为1.44。性成熟较早，母鹅在160日龄即可开产。在公母配比1:（6～7）的情况下，种蛋受精率可达90%以上，受精蛋孵化率为86%以上。

3. 乌鬃鹅

【产地与分布】原产于广东省清远县，故又名清远乌鬃鹅。中心产区位于清远市北江两岸的江口、源潭、洲心、附城等10个乡，分布在粤北、粤中地区和广州市郊；主要产区在清远县北江两岸。

【外形特征】因颈背部有一条由大渐小的深褐色鬃状羽毛带而得名。乌鬃鹅体质结实，被毛紧贴，头小、颈细、腿短，体躯宽短、背平。公鹅体型比母鹅大，呈橄核形，肉瘤发达，雄性特征明显；母鹅呈楔形。羽毛大部分呈乌棕色。成年鹅的头部自喙基和眼的下缘起直至颈椎末端有一条由大渐小的鬃状黑褐色羽毛带；颈部两侧的羽毛为白色，翼羽、肩羽和背羽乌鬃，并在羽毛末端有明显的棕褐色镶边，故俯视呈乌棕色，故称乌鬃鹅。胸羽灰白色，性羽灰黑色，腹尾的羽绒白色。在背部两边，有一条自肩部直至尾根 2cm 宽的白色羽毛带，在尾翼间不被覆盖部分呈现白色圈带。喙和肉瘤呈黑色、较深，胫、蹼为黑色（彩图 1）。

【生产性能】在以放牧为主、补喂配合饲料的条件下，1～70 日龄的饲料利用率为 2.3∶1，70 日龄体重为 2.5～2.7kg。在半舍饲条件下，75 日龄体重为 3.2kg 左右；公鹅的半净膛屠宰率为 88.8%，母鹅的为 87.8%；公鹅的全净膛屠宰率为 77.9%，母鹅的为 78.1%。每年分 4～5 个产蛋期，平均年产蛋量为 30 枚左右。母鹅开产日龄为 140 天左右，有很强的就巢性。公母配种比例 1∶(8～10)，种蛋受精率为 87.7%，受精蛋孵化率为 92.5%，雏鹅成活率 84.9%。

4. 籽鹅

【产地与分布】原产于东北松辽平原，分布于黑龙江、吉林、辽宁等省。以产蛋多而著名。

【外形特征】该鹅体型较小、紧凑，体躯呈蛋圆形，颈细长，有小肉瘤，头上有缨状头髻，颌下偶有咽袋，全身羽毛白色。喙、胫、蹼均为橙黄色。腹部一般不下垂。

【生产性能】成年公鹅体重 4～4.5kg，母鹅体重 3～3.5kg。母鹅在 180 日龄开产，年产蛋量为 100～180 枚，平均蛋重 131g，蛋壳为白色。公母配种比例 1∶(5～7)，受精率 90% 以上；母鹅无就巢性。

5. 南溪白鹅

【产地与分布】南溪白鹅是四川的优良种鹅。南溪县地处长江上游，位于四川盆地南部的沿边丘陵地带。

【外形特征】全身羽毛洁白，啄，胫、蹼呈橘红色。成年公鹅体型大、头颈粗壮，体躯较长，额部有一半圆形的肉瘤；成年母鹅头清秀、颈细长、肉瘤不明显。

【生产性能】公鹅在 180 日龄左右性成熟，平均体重为 3.85kg，最大体重可达 6.28kg，屠宰率为 75.91%；成年母鹅平均体重 3.39kg，最大体重达 5.81kg，屠宰率为 73.45%。母鹅在 200～230 日龄开产，平均年产蛋量为 60～80 枚，高的可达 100～200 枚，平均蛋重 150g。公母配种比例为 1:(3～4)，种蛋受精率为 84.15%，受精蛋孵化率为 61%～87.2%。

6. 酃县白鹅

【产地与分布】湖南酃县沔水流域的沔渡、十都等地，与酃县相邻的资兴、桂东、茶陵和江西省的宁冈等地均有分布。

【外形特征】体型小而紧凑，近似短圆柱体。头中等大小，公鹅有较小的肉瘤，母鸡肉瘤偏平。全身羽毛白色；喙、肉瘤、胫、蹼橘红色；皮肤黄色，爪白玉色。公母鹅均无咽袋。

【生产性能】成年公鹅体重为 4.25kg，母鹅为 4.1kg。对 6 月龄鹅进行屠宰测定半净膛率和净膛率，公鹅分别为 82.0% 和 76.4%，母鹅分别为 84.0% 和 75.7%。开产日龄为 120～210 天，多在 10 月至次年 4 月间产蛋，分 3～5 个产蛋期，全繁殖季节平均产蛋量为 46 枚。公母配种比例为 1:(3～4)，种蛋受精率约为 98.2%。

7. 兴国灰鹅

【产地与分布】原产于江西省兴国县。2007 年 10 月，兴国灰鹅获国家地理标志产品保护。

【外形特征】属小型偏中等型，羽毛呈灰色。成年鹅喙为青色，胫脚呈黄色，背部羽毛呈灰色，胸、腹部羽毛为灰白色，背翅羽毛形成波纹。公鹅额前有一明显肉瘤，似头戴一顶小帽；母鹅腹部有明显腹褶。

【生产性能】兴国灰鹅耐粗食，喜群牧，抗逆性强，在冬春两季生长速度最快。冬鹅日增重普遍在 55g 以上，65 日龄左右即可出笼；春鹅日增重在 50g 以上，70 日龄左右即可出笼。一般可长到 4kg，大的有5kg。兴国灰鹅母性好，每产蛋10~12枚后就自然就巢，而且就巢性好，有护理雏鹅的本能。年产蛋3~4窝，开产日龄为180~210天，公鹅配种比例1:(5~6)，种蛋受精率为80%左右。

8. 浙东白鹅

【产地与分布】主要产于浙江东部的奉化、象山、宁海等地，分布于鄞县、绍兴、余姚、上虞、嵊县、新昌等地。

【外形特征】成年鹅体型中等，体躯呈长方形。全身羽毛洁白，约有15%左右的个体在头部和背侧夹杂少量斑点状灰褐色羽毛；喙、胫、蹼幼年时呈橘黄色，成年后变为橘红色，爪为玉白色；额上方肉瘤高突成半球形，随年龄增长突起越明显，肉瘤颜色较喙色略浅；眼睑金黄色；颈细长，无咽袋。成年公鹅高大雄伟，肉瘤高突，耸立头顶，昂首挺胸；成年母鹅肉瘤较低，腹部宽大下垂（彩图2）。

【生产性能】浙东白鹅的肥育上市日龄一般都在70日龄左右（体重约3.2~4.0kg）。经填饲后，肥肝平均重392g，最大为600g。一般每年有4个产蛋期，少数母鹅，一年有5个产蛋期，每期产蛋量为8~13枚，一年可产蛋40枚左右，平均蛋重149g，蛋壳白色。母鹅一般在150日龄左右开产，公鹅4月龄开始达到性成熟，初配控制在160日龄以后。公母配种比例一般是1:(10~15)；公鹅可利用3~5年，以第二、三年为最佳时期；种蛋受精率为90%以上。

9. 四川白鹅

【产地与分布】产于四川省温江、乐山、宜宾、永川和达县等地，广泛分布于江安、长宁、翠屏、高县和兴文等平坝和丘陵水稻产区。

【外形特征】全身羽毛洁白、紧密，喙、胫、蹼呈橘红色。公鹅体型稍大，头颈较粗，体躯稍长，额部有一呈半圆形的肉瘤；母鹅头清秀，颈细长，肉瘤不明显。成年公鹅平均体重为4.3~5kg，母鹅为4.3~4.9kg（彩图3）。

【生产性能】四川白鹅90日龄重为3.52kg，平均日增重34.8g。肥嫩的烫皮仔鹅是产地的畅销食品之一。经填饲肥肝平均重345g，最大为520g。公鹅性成熟期为180日龄左右，母鹅于200～240日龄开产，年平均产蛋量为60～80枚，平均蛋重为146g，蛋壳白色；母鹅无就巢性。公母配种比例为1:（3～4）；种蛋受精率在85%以上，受精蛋孵化率为84%左右。

10. 皖西白鹅

【产地与分布】产于安徽省西部丘陵山区和河南省固始一带。主要分布在皖西霍邱、寿县、六安、肥西、舒城、长丰等县以及河南的固始等县。

【外形特征】体形中等，体态高昂，细致紧凑。全身羽毛白色，颈长呈弓形；肉瘤发达呈橘黄色，圆而光滑无皱褶；喙呈橘黄色，喙端色较淡；胫、蹼呈橘红色。公鹅肉瘤大而突出，颈粗长有力；母鹅颈较细短，腹部轻微下垂。少数个体头顶后部生有球形羽束，称为“顶心毛”；约6%的鹅颌下带有咽袋（彩图4、彩图5）。

【生产性能】一般初生重90g左右，60日龄达3.0～3.5kg，90日龄达4.5kg左右。放牧饲养8月龄且不催肥的鹅，其半净膛和全净膛屠宰率分别为79.0%和72.8%。一般母鹅年产2期蛋，年产蛋量在25枚左右，平均蛋重142g。产蛋多集中在1月及4月，每产1期蛋，就巢1次。公鹅4月龄性成熟，母鹅6月龄可开产。公母配种比例为1:（4～5），种蛋受精率平均达88.7%，受精蛋孵化率达91.1%，健雏率为97.0%。母鹅就巢性很强，数量占98.9%。皖西白鹅羽绒洁白质量好，尤其以绒毛的绒朵大而著称，平均每只鹅产绒量为349g，其中产绒毛量为40～50g。

11. 雁鹅

【产地与分布】原产于安徽省六安地区的霍邱、寿县、六安、舒城、肥西及河南省的固始等县，现分布于安徽各地及与安徽省接壤的地区，在安徽的郎溪、广德一带雁鹅饲养量较大。在江苏分布区通常称雁鹅为灰色四季鹅。

【外形特征】体型中等，体质结实，全身羽毛紧贴。头部圆形略方，头上有黑色肉瘤，质地柔软，呈桃形或半球形向上方突出；肉瘤的边缘和喙的基部大部分有半圈白羽，眼睑呈黑色或灰黑色，喙扁阔，呈黑色；颈细长，个别鹅颌下有小咽袋；胸深广，腹下有皱褶；胫、蹼多数呈橘黄色，个别有黑斑，爪黑色。成年鹅羽毛呈灰褐色和深褐色，颈的背侧有一条明显的灰褐色羽带；体躯的羽毛从上往下由深渐浅，至腹部成为灰白色或白色，除腹部白色羽毛外，背、翼、肩及腿羽皆为镶边羽，即灰褐色羽镶白边，排列整齐。

【生产性能】在放牧条件下，5～6个月的雁鹅体重达5kg以上；在较好饲养条件下，2月龄可长到4kg。一般母鹅年产蛋量为25～35枚，蛋壳白色，平均蛋重为150g。母鹅一般在8～9月龄开产；公鹅4～5月龄有配种能力。母鹅就巢性较强，一般每年就巢2～3次。公鹅对母鹅有一定的选择性，故公母配种比例一般为1∶5；种蛋受精率为85%以上，受精蛋孵化率为70%～80%。

12. 扬州鹅

【产地与分布】由扬州大学联合扬州市农林局、畜牧兽医站等单位利用国内鹅种资源协作攻关培育而成，被誉为我国第一个新鹅种。主要产于江苏省高邮市、仪征市等地。

【外形特征】成年公鹅体重5.57kg，母鹅为4.17kg。头中等大小，高昂；前额有明显的半球形肉瘤，呈橘黄色；颈匀称，粗细、长短适中；体躯方圆、紧凑，羽毛洁白，绒质较好，偶见眼梢或头顶或腰背部有少量灰褐色羽毛的个体；喙、胫、蹼呈橘红色，眼睑为淡黄色。公鹅比母鹅体型略大（彩图6）。

【生产性能】70日龄平均重3.45kg，公鹅平均半净膛率为77.30%，母鹅为76.50%；70日龄公鹅全净膛率为68%，母鹅为67.70%。母鹅的平均开产日龄218天，平均年产蛋量为72枚，平均蛋重140g，蛋壳为白色。公母鹅配种比例为1∶(6～7)，种蛋平均受精率为91%，受精蛋平均孵化率为88%。

13. 狮头鹅

【产地与分布】狮头鹅是我国唯一的大型鹅种，因成年鹅的头形如狮头而得名。原产于广东省饶平县溪楼村，主要产区在澄海县和汕头市郊，现在北京、上海、黑龙江、广西、云南、陕西等多个省区均有分布。

【外形特征】体形硕大，呈方形，头大颈粗，前躯略高；头部前额肉瘤发达，向前突出，覆盖于喙上；两颊有左右对称的肉瘤1～2

对，呈黑色；颌下咽袋发达，一直延伸到颈部；加上脸部的皮肤松软，形成“狮形头”。喙短、质坚实、呈黑色，与口腔交接处有角质锯齿；眼皮突出、多呈黄色，外观眼窝似下陷，胫粗蹼宽，都为橘红色，有黑斑；体内侧有似袋状的皮肤皱褶。全身背面、前胸羽毛及翼羽均为棕褐色，由头顶至颈部的背面形成如鬃状的深褐色羽毛带，全身羽毛腹面呈白色或灰白色（彩图7）。

【生产性能】成年公鹅体重8.85kg，母鹅为7.86kg。在以放牧为主的饲养条件下，70～90日龄上市的未经肥育的仔鹅，平均体重为5.84kg（公鹅为6.18kg、母鹅为5.51kg），半净膛屠宰率为82.9%（公鹅为81.9%、母鹅为81.2%），全净膛屠宰率为72.3%（公鹅为71.9%、母鹅为72.4%）。狮头鹅是国内产肥肝性能最好的品种，肥肝平均重为600g，最重达1.4kg，肥肝占屠体重达13%，肝料比为1∶40。产蛋季节在每年9月至次年4月，2年龄以上的母鹅，平均年产蛋量为28枚，平均蛋重217g。母鹅开产日龄为160～180天，一般控制在220～250日龄。母鹅可使用5～6年，盛产期在2～4年龄；种公鹅配种一般在200日龄以上。公母配种比例为1∶(5～6)，放牧鹅群在水中自然交配；母鹅就巢性强，每产完1期蛋后，就巢1次。在正常饲养条件下，30日龄雏鹅的成活率在95%以上。

除以上品种外，我国常见的优良品种还有阳江鹅（彩图8），泰州鹅（彩图9）、大白沙鹅（彩图10）、溆浦鹅、钢鹅、长乐鹅、伊犁鹅等。

二 国外鹅的优良品种

国外的鹅品种也较丰富。欧洲鹅种一般体形硕大、头颈短粗、偏于矮胖、头顶无肉瘤、颈羽有点卷曲、喙较尖而短、鸣声低沉、仔鹅生长迅速、肥肝性能好，但是成熟迟、产蛋少、繁殖力低。

1. 朗德鹅

【产地与分布】朗德鹅又称西南灰鹅，原产于法国西南部的朗德省。目前，不少国家都从法国引进朗德鹅，现已成为世界著名的肥肝生产专用品种。我国大部分地区均有引种饲养。

【外形特征】朗德鹅体型中等偏大，成年公鹅体重7～8kg，母鹅为6～7kg。毛色呈灰褐色，颈部、背部接近黑色，胸部毛色呈银灰色，腹下部则呈白色，也有部分白羽个体或灰白色个体。通常情况下，灰羽毛较松，白羽毛较紧贴，喙呈橘黄色，胫、蹼为肉色，灰羽在喙尖部有一深色部分（彩图 11）。

【生产性能】仔鹅生长迅速，8 周龄体重可达 4.5kg 左右。肉用仔鹅经填肥后，活重可达 10～11kg，肥肝重量可达 700～800g。母鹅性成熟期为 180 日龄，一般在 2～6 月产蛋，平均年产蛋量为 35～40 枚，平均蛋重 180～200g。公母配比为 1∶3，种蛋受精率较低，约 65%～75%。该品种产绒量较高，对人工拔毛的耐受性强，每年拔毛 2 次，产羽绒 350～450g。

2. 莱茵鹅

【产地与分布】原产于德国莱茵河流域，现广泛分布于欧洲各国，是世界著名的优良鹅种。我国江苏、山东、吉林、上海和重庆等地都已引进了该鹅种并进行生产。

【外形特征】莱茵鹅体型中等偏小，额上无肉瘤，颈短粗，无咽袋和腹褶。初生雏鹅头、背部羽毛为灰褐色，从 2～6 周龄开始逐渐转变为白色，成年时全身羽毛洁白，喙、胫、蹼均呈橘黄色，眼呈蓝色（图 3-2）。

图 3-2　莱茵鹅

【生产性能】成年公鹅体重 5.0～6.0kg，母鹅为 4.5～5.0kg。前期生长速度快，仔鹅 8 周龄活重可达 4.0～4.5kg。肉料比为 1∶(2.5～3)。莱茵鹅合群性强，能适应大群舍饲，是理想的肉用鹅种；产肥肝性能中等，在一般填饲条件下，肥肝重 350～400g。种公鹅 210 日龄即可配种，母鹅开产日龄为 210～240 天，年产蛋量为 50～60 枚，蛋重 150～190g。公母配比为 1∶(3～4)，种蛋受精率平均为 85% 以上，受精蛋孵化率为 80%～85%。

3. 丽佳鹅

【产地与分布】丽佳鹅是著名的肉蛋兼用型品种。原产于丹麦，我国于 2001 年引种饲养。

【外形特征】头长而直，喙短而基部粗，眼睛呈淡蓝色，体宽粗壮、胸圆；喙、胫、蹼均为橘黄色；羽毛坚硬而紧贴体躯，颈部蓑羽为纯白色。雏鹅毛色呈黑白夹杂，4 周龄开始逐渐转白，8 周龄时羽色变为全白。

【生产性能】商品代初生重约为 89. 5g，6 周龄体重约为 2. 73kg，8 周龄体重约为 4. 12kg，成年鹅体重为 7kg 左右。母鹅开产日龄为 293 日龄，开产体重为 5. 89kg，入舍母鹅平均产蛋 44. 2 枚，种蛋受精率约为 89%，受精蛋孵化率为 84% 左右。

第四章
鹅的营养需要与饲料配合

第一节 鹅的营养

鹅为维持生命和生产所需的主要营养物质有能量、蛋白质、碳水化合物、脂肪、矿物质、维生素和水等。

一 能量

能量是鹅一切生理活动的物质基础，是鹅饲料营养成分中用量最多的，也是缺口最大的资源。鹅的呼吸、循环、消化、吸收、排泄、体温调节、运动、生产等都需要能量。在营养学中，禽类所需的饲料能量一般用代谢能卡/千克（cal/kg）、千卡/千克（kcal/kg）来衡量。国际上，一般以焦耳（J）或千焦（kJ）、兆焦（MJ）为能量单位，1cal≈4.184J。

碳水化合物、脂肪以及来源于体内蛋白质分解产生的能量是鹅维持生命和生产的能量来源。碳水化合物在常用植物性饲料中含量最高，为鹅的主要能量来源。脂肪是鹅重要的功能物质，是能量储存的最好形式，单位重量的脂肪含热量高，且同等重量的脂肪比糖所占的体积要小得多。当鹅摄入的能源物质超过需要量时，鹅体将剩余的营养物质转为脂肪储存于皮下、肌肉、肠系膜间以及肾脏周围等部位，以便在营养缺乏时分解产能，满足机体的需要。当日粮能量水平过低时，会使鹅的健康恶化，导致酮血症、毒血症。若日粮中能量过高，谷物饲料比例过大，轻则引起消化紊乱，重则发生消化道疾病。另外，如果日粮中能量水平偏高，鹅体会出现脂肪沉积过多而肥胖，而体脂过高对雌性激素有较大的吸收作用，损害母鹅的繁殖性能。

【重点提示】 一般在鹅能量供给不足的情况下，蛋白质才分解供能。但蛋白质作为能量的利用效率不如碳水化合物和脂肪，反而还会增加肝、肾脏负担，且蛋白质作为能源的代价昂贵。因此，在配合日粮时，应将能量和蛋白质控制在适宜的水平。

二 蛋白质

蛋白质是构成鹅体各种组织的物质基础，也是组成酶、激素的主要原料之一，关系到整个新陈代谢的正常进行，而且不能由其他营养物质代替。鹅对蛋白质水平的要求比鸡、鸭低，对日粮蛋白质水平变化的反应也没有对能量水平变化的反应明显。因此有的学者认为蛋白质不是大部分鹅营养的限制因素，但是一般认为，蛋白质对于种鹅、雏鹅是重要的。有研究证明，提高日粮蛋白质水平对6周龄以前的鹅有明显的增重作用，以后各阶段的增重与粗蛋白质水平的高低没有明显关系。通常情况下，成年鹅饲料的粗蛋白质含量以15%左右为宜，雏鹅为20%即可。过多的蛋白质和氨基酸不能被鹅利用，被合成尿素后排出体外。

鹅对蛋白质的需要实质上是对氨基酸的需要。鹅体内的蛋白质由23种氨基酸组成，这些氨基酸可分为必需氨基酸和非必需氨基酸。必需氨基酸是维持鹅机体正常生理机能、产肉、产蛋所必需的，在鹅体内不能合成，或合成的数量和速度不能满足鹅正常的生长、生产的需要，只能由饲料提供；非必需氨基酸则是在鹅体内合成量多或需要量小，不经饲料供应也能满足正常需要的氨基酸。成年鹅需要8种必需氨基酸，即赖氨酸、蛋氨酸、色氨酸、苏氨酸、亮氨酸、异亮氨酸、苯丙氨酸和缬氨酸；而生长阶段的雏鹅和仔鹅则除了上述8种必需氨基酸外，还需要要组氨酸和精氨酸。任何一种必需氨基酸的缺乏都会影响鹅体蛋白质的合成，造成鹅生长发育不良。在养鹅生产中，由于鹅的日粮主要由禾本科籽实及油饼类配合而成，很容易造成蛋氨酸、赖氨酸、精氨酸、苏氨酸和异亮氨酸达不到鹅营养标准需要的数量，从而限制其他氨基酸合成蛋白质，使饲料蛋白质利用率降低。

【重点提示】 在鹅的精料中应适当补充人工合成的氨基酸（如赖氨酸、蛋氨酸）添加剂，使日粮中氨基酸含量平衡，从而满足鹅的营养需要。

三 碳水化合物

饲料中的碳水化合物被鹅摄入体内后，受胃肠道消化液的作用，分解成葡萄糖后被吸收入血液，再经血液运送到各种组织，进行生物氧化以产生能量，维持生命的机能活动和体温。鹅血液中的葡萄糖含量是相对恒定的，多余的部分则进入肝脏合成肝糖原储存起来。当机体需要时，糖原又重新分解为葡萄糖而进入血液。碳水化合物是形成机体器官不可缺少的成分，如五碳糖（核糖）是细胞核的组成成分，半乳糖与类脂是神经组织的必需物质。

碳水化合物可分为无氮浸出物和粗纤维两类。前者在谷物、块根、块茎中含量丰富，比较容易消化吸收，营养价值较高，是鹅能量和育肥的主要营养来源；后者主要成分是纤维素、半纤维素和木质素，通常在秸秆和秕壳中含量最多，纤维素通过消化最后被分解成单糖供鹅吸收利用。鹅是草食家禽，粗纤维也是其能量的主要来源之一，且能在腺胃提供的酸环境（pH 3.04）及肠液提供的弱碱环境的化学作用下，与盲肠中的纤维素分解菌三者协同作用，使纤维素得以消化分解。鹅采食适量的粗纤维可起到填充作用，并能刺激胃肠蠕动、消化液的分泌，促进胃肠道发育，有助于消化和排泄。有资料报道，5% ~10% 的粗纤维含量对鹅比较合适，幼鹅饲料粗纤维含量应该稍低一些。

【重点提示】 鹅饲料中粗纤维的添加量不可过高，太高会降低饲料的利用率，特别是在育雏期和产蛋期，不能饲喂过多的粗纤维。

四 脂肪

脂肪在营养中的作用主要有以下几个方面：一是构成机体组织的重要组成成分之一，参与细胞构成和修复。二是鹅能量的重要来源，当摄入的能源物质超过需要量时，机体将剩余的能源物质转为体脂肪储存。三是可以提供必需脂肪酸，如亚油酸、亚麻酸和花生四烯酸。四是脂肪作为有机溶剂，直接影响脂溶性维生素的吸收。饲料中适量的脂肪进入小肠后可促进维生素 A、维生素 D 和维生素 K 等脂溶性维生素的吸收。如果脂肪供应不足，则易发生脂溶性维生素缺乏症。五是禽产品的组成成分，如鹅肉和肥肝。在肉用鹅日粮中添加 1% ~2% 的油脂可满足其高能量的需要，同时也能提高能量的利用率和抗应激能力。但饲料或日粮中的油脂含量过高，则极易酸败变质，影响适口性和产品质量，生产上应尽量避免。在配制鹅饲料时，由于纯粹的脂肪（动、植物油脂）来源少，价格较贵，且不宜存放，一般不采用，只有在特殊需要（如填制肥肝）时才应用。

五 矿物质

矿物质又称无机物或灰分，它不仅是构成鹅骨骼、羽毛等机体组织的主要成分，而且对调节鹅体内渗透压，维持酸碱平衡和神经肌肉机能、正常兴奋性都具有重要作用。同时，一些矿物元素还参与血红蛋白、甲状腺素等重要活性物质的形成，对维持正常代谢发挥着重要的功能。另外，矿物质也是蛋壳的重要原料。

1. 钙和磷

钙和磷是鹅体内含量最多的矿物质，占体内矿物质总量的 65% ~70%，其中 99% 以上的钙存在于骨骼中，余下的钙存在与血液、淋巴液和其他组织中。骨骼中的磷含量占全身总磷量的 80% 左右，其余的磷分布于各组织器官和体液中。钙是构成骨骼和蛋壳的重要成分，参与维持肌肉和神经的正常生理功能，促进血液凝固，并且是多种酶的激活剂。磷不仅参与骨骼的形成，在碳水化合物和脂肪代谢，维持细胞膜的功能和机体酸碱平衡方面也起着重要作用。日粮中钙、磷缺乏时，产蛋母鹅就会产出软壳蛋、薄壳蛋，导致孵化率下降；幼鹅出现佝偻病和软骨病等。

【重点提示】 鹅的饲料中钙、磷的含量要充足，且比例要适宜，一般应保持1.3:1，产蛋期为（3～4）:1，同时也应供给足够的维生素D，这样钙、磷才能很好地被机体吸收和利用。

2. 钠和氯

钠、氯主要存在于体液和软骨组织中。钠不仅能维持动物体内的酸碱平衡，保持细胞和血液间渗透压的平衡，调节水盐代谢，维持神经肌肉的正常兴奋性，还有促进动物的生长发育等作用。氯除维持渗透压平衡的作用外，还有促进食欲、帮助消化等作用。鹅没有储存钠的能力，所以钠很容易缺乏。钠缺乏时表现为采食量减少，生长缓慢，产蛋率下降，并发生啄癖。

【重点提示】 一般植物性饲料中的钠和氯都不能满足鹅的需要，因此，在日粮中必须补充适量的食盐，一般为日粮的0.25%～0.5%。

3. 微量元素

在鹅体内具有生理功能的必需矿物质元素有22种，其中占鹅体重在0.01%以下的元素称为微量元素。微量元素对鹅的健康和生长起着重要的作用，鹅需要的微量元素的主要功能及缺乏症症状见表4-1。

表4-1 微量元素的主要功能及缺乏症症状

元素名称	主要作用	缺乏症症状
铁	血红素的组成成分，主要与红细胞运氧、释氧，生物氧化供能等重要生命活动有关	食欲不振，营养不良，贫血，羽毛生长不良
钴	维生素 B_{12} 的组成成分	贫血，骨粗短症，关节肿大，运动失调和生长停滞
锌	为骨和羽毛生长所需，促进蛋白质合成，影响生殖和免疫能力	丧失食欲，生长停滞，关节肿大，羽毛发育不良；母鹅产软壳蛋，孵化率下降

（续）

元素名称	主要作用	缺乏症症状
铜	有助于铁的利用，影响钙、磷在软骨基质上的沉积，影响繁殖、神经系统的正常功能，甚至影响生长发育	贫血，骨质疏松，羽毛褪色
碘	以甲状腺素的形式发挥其生理作用，对细胞的生物氧化、生长、繁殖以及神经系统的活动均有促进作用	生长受阻，繁殖力下降，甲状腺肿大
硒	为谷胱甘肽过氧化物酶的成分，能防止细胞膜被代谢中生成的过氧化物破坏	脑软化病、白肌病以及肝坏死
锰	参与骨骼形成，影响蛋白质和脂肪代谢	骨短粗症，滑腱，蛋壳品质及孵化率下降

六 维生素

维生素是维持鹅正常生理活动和生长、产蛋、繁殖所必需的营养物质。绝大多数维生素在体内不能合成，必须由饲粮提供。鹅对维生素的需要量甚微，但其作用极大，起着调节和控制新陈代谢的作用，保证细胞结构和机能正常。维生素分为以下两大类：一类是脂溶性维生素，包括维生素 A、D、E、K。这类维生素与脂肪同时存在，如果条件不利于脂肪的吸收时，维生素的吸收也受到影响。脂溶性维生素可在体内储存，较长时间缺乏时才会出现临床症状。另一类是水溶性维生素，包括维生素 B_1、B_2、B_6、B_{12}、泛酸、叶酸、胆碱、烟酸、生物素等，还有维生素 C。水溶性维生素除 B_{12} 外，供应量超过需要量的部分很快从尿中排出，因此，必须由饲料不断补充，防止缺乏症的发生。饲料中某种维生素缺乏会引起鹅维生素缺乏，生产中维生素添加剂的用法与用量应参照说明书使用。鹅需要的维生素的主要功能及缺乏症症状见表 4-2。

七 水

水是鹅生命活动不可缺少的重要物质。水分约占鹅体重的 70%，是一切物质进入鹅体的溶剂，参与物质代谢、营养物质的运输，能缓

表 4-2　维生素的主要功能及缺乏症症状

维生素	主要来源	主要功能	缺乏症症状
维生素 A	青绿多汁饲料	促进骨髓生长，保护呼吸、消化、泌尿生殖系统和皮肤的健康，维持正常视觉以及眼睛视网膜中的杆状细胞和锥状细胞对光的敏感性	步态不稳，易患夜盲症、干眼症，甚至失明，鼻、眼出现干酪样物质，母鹅产蛋率减少，孵化率下降，易患各种疾病
维生素 D	鱼肝油、维生素 D 制剂	促进肠道对钙、磷的吸收，促进骨骼钙化和骨骼发育	雏鹅出现腿畸形、佝偻病，生长缓慢；种鹅蛋壳变薄、孵化率低
维生素 E	小麦、苜蓿粉和维生素 E 制剂	在鹅体内起催化、氧化作用，维护生物膜的完整性，有保护生殖机能、提高机体免疫力和抗应激能力的作用，并与神经、肌肉组织代谢有关	繁殖功能紊乱、胚胎退化、脑软化、种蛋受精率及孵化率下降；雏鹅肌肉营养不良（白肌病），免疫功能及抗应激能力下降
维生素 K	青绿多汁饲料、鱼粉和维生素 K 制剂	催化肝脏中凝血酶原以及凝血因子的合成。通过凝血因子的作用，使凝血酶原变为凝血酶，以维持正常的凝血时间	皮下或肌肉发生出血，小伤口不易止血，创面的愈合时间延长；种蛋孵化率和健雏率都低
维生素 B_1（硫胺素）	禾谷类加工副产品、谷类、青绿饲料和优质干草、维生素 B_1 制剂	参与碳水化合物的代谢，抑制胆碱酯酶活性，减少乙酰胆碱水解，具有促进胃肠蠕动和腺体分泌的功能	厌食，消化不良，体重减轻，外周神经受损，出现多发性神经炎、角弓反张、强直和频繁痉挛，补充维生素 B_1 后迅速恢复

（续）

维生素	主要来源	主要功能	缺乏症症状
维生素 B_2（核黄素）	干酵母、动物性蛋白质、核黄素制剂	参与碳水化合物、蛋白质和脂肪的代谢，具有促进生物氧化的作用	仔鹅生长缓慢，腿部瘫痪，鹅蹼弯曲成拳状（卷曲爪）、跗关节着地、用跗关节行走，皮肤干燥而粗糙；种鹅生长缓慢、腹泻、垂翅、产蛋率下降，种蛋孵化率降低
烟酸（尼克酸）	麦麸、青草、发酵产品和烟酸制剂	在能量利用及脂肪、碳水化合物和蛋白质代谢方面都有重要作用，具有保证皮肤黏膜正常机能、消化和神经系统功能正常	雏鹅食欲减退，生长迟缓，羽毛不丰满、蓬乱，口腔和食管上部易发生炎症，皮肤和脚偶尔有鳞状皮炎，骨粗短，关节肿大；成年鹅发生“黑舌病”，羽毛脱落，产蛋率、孵化率下降，生长不良
维生素 B_6（吡哆醇）	干酵母、豆类、禾谷类籽实和维生素 B_6 制剂	参与蛋白质代谢，与红细胞生成和内分泌有关	生长缓慢和体重下降，羽毛生长不良，贫血，繁殖力下降，抽搐
泛酸	动物性饲料、磨粉副产品、干草饲料、油饼和泛酸钙制剂	参与各种酶促反应，是体内能量代谢不可缺少的成分	雏鹅生长受阻，羽毛松乱、生长不良，进而表现为皮炎，眼睑出现颗粒状小结痂并粘连，皮肤和黏膜变厚和角质化；种鹅繁殖力下降，孵化过程中胚胎死亡率升高

（续）

维生素	主要来源	主要功能	缺乏症症状
叶酸	动物性饲料、苜蓿粉、豆饼	参与蛋白质和核酸代谢，能促进红细胞和血红蛋白的形成	生长不良，羽毛褪色，出现血红细胞性贫血与白细胞减少，产蛋率、孵化率下降，胚胎死亡率高
生物素	青绿多汁饲料、谷物、豆饼、干酵母	是鹅体内许多羧化酶的辅酶，广泛参与体内脂肪、碳水化合物和蛋白质代谢	生长缓慢，喙、眼睑、泄殖腔周围及趾蹼部有裂口，发生皮炎，胫骨粗短是缺乏生物素的典型症状；孵化率降低，胚胎骨骼畸形，呈鹦鹉嘴症
胆碱	肝粉、鱼粉、酵母、豆饼及谷物籽实与胆碱制剂	参与脂肪代谢、神经传导、肾上腺合成，促进代谢，防治脂肪肝	胫骨粗短，关节变形出现滑腱症；生长迟缓，种鹅产蛋率下降，死亡率升高
维生素 B_{12}	肉骨粉、鱼粉、肝脏、肉粉等动物性饲料	参与核酸和蛋白质的生物合成，维持造血机能的正常运转，加速红细胞的生成、发育与成熟	生长停滞，羽毛粗乱，贫血，肌胃糜烂，饲料转化率低，骨粗短，种蛋孵化率降低，弱雏增多
维生素 C（抗坏血酸）	青绿饲料	参与胶原的生物合成，影响骨骼和软组织的正常结构；具有解毒和抗氧化作用，能提高机体的免疫力和抗应激能力	鹅黏膜自发性出血，生长停滞，代谢紊乱，抗感染和抗应激能力降低，蛋壳变薄

冲体液的突然变化，协助调节体温。如果饮水不足会影响饲料的消化吸收，阻碍分解产物的排出，导致血液浓稠，体温升高，生长和产蛋都会受到影响。当体内损失1% ~2%的水分时会引起鹅食欲减退，损失10%的水分会导致鹅代谢紊乱，损失20%则发生死亡现象。高温季节缺水的后果比低温更严重。鹅体水分的来源主要有饮用水、饲料含水和代谢水，其中饮用水是鹅获得水的主要来源，占机体需水量的80%以上。据测定，鹅吃1g饲料要饮水3.7g，在气温12 ~16℃时，鹅平均每天饮水1 000ml。

【重点提示】 鹅一般养在靠水的地方，在放牧中也常补给水，不容易发生缺水的现象，如果采用舍饲集约化饲养，则要注意保证饮水的需要。

第二节 鹅常用饲料及其特点

一 能量饲料

在饲料干物质中粗纤维含量低于18%，粗蛋白质含量低于20%的饲料称为能量饲料。能量饲料包括禾谷类籽实、糠麸类、块根块茎等。这类饲料含有丰富的能量和较低的粗纤维，容易消化吸收，是鹅能量的主要来源，但营养物质往往不平衡，单一使用效果不佳；而能量饲料大多数属粮食及其副产品，成本较高。

1. 谷实类饲料

谷实类饲料主要有玉米、高粱、小麦、稻谷等。其营养特点是能量含量高、有效能值高、粗纤维含量低、适口性好、易消化，但粗蛋白质含量低，品质也较差，赖氨酸、色氨酸和蛋氨酸缺乏；且矿物质中钙少磷多，钙磷比例不当，且磷多以植酸磷形式存在，鹅利用率低；另外，还缺少维生素D。除放牧时让鹅觅食外，谷物类饲料都应根据实际情况进行粉碎、切碎、浸泡及蒸煮等加工调制。麸饼类及较大的谷粒、籽实如稻谷、玉米、小麦、大麦等，有坚硬的外壳和表皮，不易被鹅消化吸收，必须经过粉碎或磨细才能投喂（尤其是雏鹅）；但不宜过细，太细的饲料鹅不易采食和吞咽，一般粉碎成小碎粒即可。较坚硬的谷粒如玉米、小麦等，经浸泡后可增大体积，增加柔软度，使鹅喜食，也易于消化。雏鹅开食用的碎米，可先浸泡 1h 后再喂给，以利于开食和消化，但浸泡时间过久（尤其在高温季节）会引起饲料发酵变质，适口性降低。谷粒和籽实以及块根、瓜类如红薯、萝卜（包括胡萝卜）、南瓜等饲料，蒸煮后可增加适口性、提高消化率，但在蒸煮过程也会破坏一些营养成分。用于鹅肥肝生产饲喂的玉米不要进行粉碎，整粒通过蒸煮后即可使用。使籽实类饲料发芽是解决维生素来源不足的一种方法，一般冬季应用较多。用发芽的饲料喂鹅，可提高种鹅的产蛋率和孵化率。

【重点提示】 在实际生产中，谷物类饲料应与蛋白质饲料、矿物质饲料和维生素饲料配合使用。

（1）玉米 玉米号称“饲料之王”，在谷实类饲料中可利用能量的含量最高，是配合饲料中的主要能量饲料。玉米粗纤维含量少，适口性好，消化率高，是鹅的优质能量饲料。玉米的颜色有黄、白之分，黄玉米含有少量胡萝卜素，有助于蛋黄和皮肤的着色。玉米难干燥，如不及时晾晒或烘干，极易发霉变质，使鹅造成霉菌毒素中毒。储存玉米时，含水量应保持在 13% 以下。

【重点提示】 玉米粉碎后易酸败变质，变质后的玉米粉发苦，口味较差，不宜长久储存。

（2）高粱 高粱与玉米相比，代谢能含量低一些，粗蛋白质含量与玉米相近，但品质较差；且高粱含有较多的单宁，影响了饲料的适口性和养分的消化率。因此，在鹅日粮中应限量使用，不宜超过 15%，低单宁高粱的使用量可适当提高。

（3）小麦 小麦与玉米相比，含代谢能稍低，粗纤维少，适口性好，粗蛋白质含量较高，但苏氨酸、赖氨酸缺乏，钙、磷比例也不当。用小麦作为主要谷物原料时，需要添加较高水平的生物素。小麦中含有 5% ~8% 的戊糖，可能会引起肠道内容物的黏稠度增大，如果用量超过 30%，要特别注意，对于雏鹅的用量要更加注意。

（4）大麦 大麦有皮大麦与裸大麦之分，用作饲料的为皮大麦。大麦能量水平低于玉米与小麦，由于皮大麦外包颖壳，粗纤维含量比玉米高一倍以上，但粗蛋白质含量较高。皮大麦表面尖硬，适口性较差，不易消化，最好脱壳或发芽后饲喂。在大麦比小麦便宜的地方可以部分或全部替代小麦。大麦在鹅饲料中的用量一般约为15%～30%，雏鹅应限量。

（5）稻谷 稻谷粗纤维含量较高，粗蛋白质的含量比玉米稍低，氨基酸的含量与玉米相近。其表面粗糙，适口性差，消化率低，如用作饲料，不要超过日粮的10%。稻谷脱壳后的糙米及制米筛分出来的碎米是好饲料。糙米中所含代谢能及粗蛋白质与玉米相似，适口性好，易消化，适宜喂育雏期鹅，缺点是糙米价格较高，成本较大。

（6）小米（粟谷） 小米的籽粒小，适口性好，对鹅有兴奋作用，但成本较高。

2. 糠麸类饲料

糠麸类饲料是谷类籽实加工制米或制粉后的副产品，主要有小麦麸和大米糠。该类饲料营养特点是无氮浸出物含量较低，粗蛋白质含量与品质介于豆科籽实与禾本科籽实之间，粗纤维与粗脂肪含量较高，因此消化能比谷类籽实的低；矿物质含量丰富，但利用率低，尤其是钙磷比例严重不平衡；B族维生素含量丰富，但胡萝卜素和维生素D、K缺乏。

（1）小麦麸 小麦麸是生产面粉的副产物，是高纤维、低容量、低代谢能的一种饲料。但是蛋白质含量相当高，其氨基酸水平与小麦相似，含维生素B族较多。小麦麸结构蓬松，适口性好，有轻泻性，在鹅日粮中的比例不宜太多。一般雏鹅和产蛋鹅的麦麸用量占日粮的5%～15%，育成期占10%～25%，育肥鹅少用。

（2）米糠 米糠是糙米加工成白米时的副产物。米糠中粗纤维含量较多，影响鹅的消化率，影响能量使用。一般雏鹅日粮中米糠占5%～10%，育成鹅占10%～20%。

> **【重点提示】** 米糠中含油量很高，储存不当时，脂肪易氧化而发热霉变，因此必须用新鲜米糠配料。

（3）次粉 次粉又称四号粉，是小麦加工成面粉时的副产品，为胚芽、部分碎麸和粗粉的混合物。其适口性好，但与小麦相似，多喂时也会产生黏嘴现象，制作颗粒饲料时则无此问题，一般使用量可占日粮的10%～20%。

【重点提示】 发霉、结块的次粉不能使用。

3. 块根、块茎和瓜类

常见的淀粉类的块根块茎饲料主要有甘薯（红苕）、马铃薯（土豆）、胡萝卜、南瓜等。这类饲料含水量高（自然状态下可达70%～90%）。干物质中淀粉含量高，粗纤维含量少；蛋白质含量低，且品质也差；矿物质含量不平衡，钾多，钙、磷含量极少；B族维生素含量较高。该类饲料适口性好，鹅喜欢吃，但养分往往不能满足需要，饲喂时应配合其他饲料。

【重点提示】 在饲喂块根、块茎和瓜类饲料时要注意切碎。

二 蛋白质饲料

凡粗纤维含量低于18%，粗蛋白质含量不低于20%的饲料称为蛋白质饲料。这类饲料营养丰富，特别是蛋白质含量高，易于消化，能值高，含钙磷多，B族维生素含量也丰富。蛋白质饲料是养鹅生产中的主要饲料之一，主要来源有植物性蛋白质饲料、动物性蛋白质饲料和单细胞蛋白质饲料三大类。

1. 植物性蛋白质饲料

植物性蛋白质饲料主要包括豆科籽实、饼粕类和其他制造业的副产品。鹅常用的是饼粕类饲料，它是豆科籽实和油料籽实提油后的副产品，其中压榨提油后的块状副产品称作饼，浸出提油后的碎片状副产品称作粕。常见的有大豆饼（粕）、棉籽饼（粕）、花生饼（粕）等，这类饲料粗蛋白质含量高，蛋白质中的必需氨基酸含量也较平衡，故蛋白质的利用率高于禾谷类饲料蛋白质的利用率；无氮浸出物含量低；粗脂肪含量因种类、加工工艺不同而变化较大，一般情况下，饼类含油量高于粕类；粗纤维含量一般不高，但棉籽饼、葵籽饼、花生饼等粗纤维含量高；矿物质含量与谷类籽实相似，也是钙少磷多；B族维生素含量丰富，胡萝卜素含量较少；该类饲料如用量过大，适口性较差；这类饲料往往含有一些抗营养因子，如不脱毒就大量利用，易发生中毒。

(1) 大豆饼（粕） 在所有饼粕类蛋白质饲料中，大豆饼（粕）的产量最大，品质好，使用最广。其蛋白质含量达40%～50%，必需氨基酸组成中赖氨酸含量高，与玉米配合使用效果较好，但是蛋氨酸和胱氨酸含量不足。大豆饼中含残留油较多，所以比大豆粕的代谢能值高，粗蛋白质含量低。豆饼（粕）的缺点是含有胰蛋白酶抑制因子、血凝素、皂角素等物质，会影响蛋白质的利用，可以通过加热处理来破坏这些有害物质。目前，国内一般多用3min、110℃热处理，其用量可占鹅日粮的10%～25%。

(2) 花生饼（粕） 花生饼（粕）是花生榨油后的副产品，分去壳与不去壳两种，其营养成分差异较大，以去壳的较好。花生饼（粕）成分与大豆饼基本相同，略有甜味，适口性好，可代替大豆饼（粕）饲喂。其脂肪含量较高，很容易发霉，特别是在温暖潮湿条件下，黄曲霉繁殖很快，并产生黄曲霉毒素，这种毒素经蒸煮也不能去掉。因此，花生饼（粕）必须在干燥、通风、避光条件下妥善储存，其用量约占日粮的5%～10%。

【注意】 发霉的花生饼不能饲用。

(3) 菜籽饼（粕） 油菜籽榨油后所得副产品为菜籽饼（粕），菜籽饼（粕）的蛋白质含量为35%～40%，低于大豆饼和花生饼；含硫氨基酸丰富，达6.0%左右，赖氨酸含量在1.5%～2.5%，精氨酸含量在饼粕类中最低。菜籽饼与棉籽饼配合使用，可改善赖氨酸和精氨酸的比例。菜籽饼（粕）含有的多种抗营养因子，可严重降低饲料的适口性，引起胃肠道炎症，降低养分消化率，引起动物甲状腺肿大、抑制生长、影响繁殖。目前生产上合理利用菜籽饼（粕）有两种方法：一是限量使用，以日粮的5%～8%为宜；二是进行脱毒处理。

(4) 棉籽饼（粕） 棉籽经脱壳取油后的副产品是棉籽饼（粕），含粗蛋白质32%～40%，蛋白质中赖氨酸和蛋氨酸含量较低，精氨酸含量较高；粗脂肪含量较高，是维生素E和亚油酸的良好来源，但不利于保存；粗纤维含量比大豆饼（粕）高，有效能值低于大豆饼（粕）。棉籽饼（粕）中含有毒的游离棉酚，对鹅的代谢和体组织有破坏作用，过多使用会引起中毒。可采用长时间蒸煮或用0.05%的硫酸亚铁溶液浸泡取毒，以减少棉酚对鹅的毒害作用。其用量一般可占日粮的5%～8%。

2. 动物性蛋白质饲料

动物性蛋白质饲料主要是水产品、肉类、乳和蛋等加工的副产品，还有屠宰场和皮革厂的废弃物及缫丝厂的蚕蛹等，主要包括鱼粉、肉粉、肉骨粉、血粉及蚕蛹粉等。动物性蛋白质饲料的蛋白质含量高（多在50%以上），必需氨基酸含量较多，蛋白质生物学价值较高；不含粗纤维，消化利用率高；矿物质元素丰富，比例平衡，利用率高；维生素丰富，特别是维生素B_{12}含量高；一些动物性饲料含有未知的生长因子，有利于家禽生长。但动物性蛋白饲料含有一定量的油脂，容易酸败，影响产品质量，且容易被病原菌污染。

（1）鱼粉 鱼粉是鹅的优质蛋白质饲料，有进口鱼粉和国产鱼粉两类。进口鱼粉一般由鲥鱼、鲱鱼、沙丁鱼等全鱼制成，蛋白质含量高，一般在60%～70%，赖氨酸和蛋氨酸含量也高；另外，鱼粉中富含脂溶性维生素，水溶性维生素中的核黄素、生物素、维生素B_{12}的含量也丰富，钙、磷含量丰富且比例适宜；此外还含有未知的生长因子。进口鱼粉以秘鲁和智利的质量最好；国产鱼粉质量差异较大，粗蛋白质含量多在40%以下（高者可达60%，低者不到30%），粗纤维含量高，盐分含量也高。品质优良的鱼粉呈黄色，干燥而不结块，脂肪含量不超过8%，水分不高于15%，含盐量低于4%。由于鱼粉价格较高，在鹅日粮中用量一般不超过5%，主要是配合植物性蛋白饲料使用。

【注意】 饲喂鱼粉时要注意其添加比例，防止盐中毒。

（2）肉粉、肉骨粉 肉骨粉或肉粉是以动物屠宰后除去可食部分之后的残骨、脂肪、内脏、碎肉等为主要原料，经过脱油后再干燥粉碎而得的混合物。屠宰场和肉品加工厂将人不能食用的碎肉、内脏等处理后制成的饲料为肉粉，连骨带肉一起处理加工成的饲料为肉骨粉；含磷量在4.4%以上的为肉骨粉，在4.4%以下的为肉粉。产品中应不含毛发、蹄、角、皮革、排泄物及胃内容物。因原料来源不同，骨骼所占比例不同，其营养物质含量变化很大，粗蛋白质含量在20%～55%，赖氨酸含量丰富，但蛋氨酸、色氨酸含量较鱼粉低，钙、磷、维生素B_{12}含量高，缺乏维生素A、D、E、烟酸等。该产品的用量以控制在5%以下为宜。新鲜肉骨粉应呈黄色，有香味，水分小于10%，发黑而有异味的肉骨粉不能使用，以免引起鹅瘫痪、瞎眼、生长停滞甚至死亡。

【重点提示】 肉骨粉不耐久藏，应避免使用脂肪已氧化酸败的变质肉骨粉；应注意监控肉骨粉的卫生指标（如是否来源于患病动物，尤其是患疯牛病及被沙门氏菌和其他有害微生物污染的动物等）。

（3）血粉 血粉是畜禽鲜血经脱水加工而成的一种产品，是屠宰场的主要副产品之一，是一种来源广、产量大的蛋白质饲料。血粉的蛋白质含量很高（80%～90%），赖氨酸含量丰富（7%～8%），比鱼粉高近1倍，此外色氨酸、组氨酸和苏氨酸含量也高，但蛋氨酸含量偏低，异亮氨酸缺乏。血粉味苦，适口性差，日粮中的用量不宜过高，一般占1%～3%。

【注意】 血粉是属于高能、高蛋白质，但氨基酸组成不平衡的蛋白质饲料，宜与其他蛋白质饲料配合使用。

（4）蚕蛹粉 蚕蛹粉是缫丝过程中剩留的蚕蛹经加工干燥粉碎后的产品，含有较高的脂肪，易酸败变质，影响鹅的肉、蛋品质。脱脂蚕蛹粉含蛋白质60%～68%，含蛋氨酸、赖氨酸和核黄素较高，一般在鹅日粮中的用量可占5%左右。

【重点提示】 蚕蛹粉用量过大会影响产品品质。

（5）羽毛粉 羽毛粉是将家禽的羽毛经高压加热，再加水分解后干燥、粉碎所得的产品。羽毛粉含粗蛋白质80%以上，但蛋白质品质差，占很大比例的是角蛋白。蛋白质中赖氨酸、蛋氨酸、色氨酸含量很低，甘氨酸、丝氨酸、异亮氨酸、胱氨酸含量高；矿物质、粗脂肪和维生素含量都低。羽毛粉适口性差，消化率低，而且氨基酸组成不平衡，故其饲用价值不高，应控制用量，一般在日粮中的添加量不超过3%。

3. 单细胞蛋白饲料

主要包括一些微生物和单细胞藻类，如各种酵母、蓝藻、小球藻类等。单细胞蛋白饲料的蛋白质含量较高，品质较好；维生素含量较丰富，特别是酵母，是B族维生素最好的来源之一；矿物质含量不平衡，钙少磷多；核酸含量较高，细菌类含20%，酵母类含6%～12%，藻类含3.8%。在日粮中添加单细胞蛋白饲料，可以改善饲料蛋白质品质、补充B族维生素和提高饲料的利用效率。目前，在饲料中应用较多的是饲料酵母。饲料酵母含粗蛋白质40%～50%，赖氨酸含量偏低，B族维生素含量丰富。但酵母带苦味，适口性差，在日粮中所占比例一般不超过5%。

三 青绿饲料

青绿饲料是指富含水分和叶绿素的植物性饲料，主要包括牧草类、叶菜类、水生类、根茎类等。青绿饲料鲜嫩可口，营养丰富，水分含量高，栽培或野生的陆生青饲料含水量为70%～85%，水生青饲料含水量为90%～95%，因此，青绿饲料中干物质含量少，营养含量低。青绿饲料蛋白质的品质好，尤其是赖氨酸含量较多，可以弥补禾谷类籽实中赖氨酸含量不足的缺陷。青绿饲料是养鹅生产上维生素营养的良好来源，特别是胡萝卜素、B族维生素含量丰富，但缺乏维生素D。另外，青绿饲料含粗纤维少，幼嫩多汁，适口性好，消化率高，是鹅特别喜爱的一种饲料，尤其适于幼龄鹅的采食。新鲜状态下青绿饲料所含有的各种酶、有机酸能调节胃肠道pH，促进消化，提高消化利用率，而其所含有的未知生长因子能够促进鹅的生长和繁殖。农村流传的“鹅吃百样草”、“青草换鹅”、“不喂鹅青草，下蛋必定少”等谚语，都说明青绿饲料营养价值高，可以满足鹅的营养需要。青绿饲料在使用前，应进行适当处理，如清洗、切碎或打浆，这样有利于采食和消化。在调制和饲喂过程中，应特别注意避免有毒物质，如氢氰酸、亚硝酸盐的影响，农药中毒以及寄生虫感染等；另外，也应避免某些饲料如牛皮菜、甜菜叶等因草酸含量过多而导致缺钙的影响。在使用过程中，应考虑植物不同生长期对养分含量及消化率的影响，做到适时刈割。由于青绿饲料具有季节性，为了做到常年供应，满足家禽的需要，可根据具体情况，有选择的人工栽培一些牧草或蔬菜。

【重点提示】 青绿饲料干物质含量少，有效能值低，在放牧饲养条件下，对雏鹅、种鹅要注意适当补充精饲料，通常精饲料与青绿饲料的质量比为雏鹅1:1、中鹅1:2.5、成鹅1:3.5。

四 粗饲料

凡是在饲料干物质中粗纤维含量等于或大于18%的饲料都称为粗饲料，主要包括青干草和秸秆类饲料。不同类型的粗饲料质量差别较大，一般嫩的优于老的，绿色的优于枯黄的，叶片多的优于叶片少的。常用的优质粗饲料有青干草、甘薯藤、花生藤、槐叶粉等。这类饲料木质化程度相对较低，粗纤维含量较低（18%～30%），蛋白质和维生素组成较全面，适口性好，也比较容易消化。粗饲料来源广泛、成本低廉，但粗纤维含量高，不易消化，体积大，适口性差，经加工再养鹅还可以利用一部分，尤其是优质干草在粉碎后如豆科干草粉，仍是较好的饲料，是冬季鹅粗蛋白质、维生素及钙的重要来源。青干草主要指苜蓿、三叶草、黑麦草等，一般是植物在尚未开花之前适时收割再干制而成的饲料，因仍具有绿色，故而得名。青干草可作为维生素和蛋白质的补充料，成为配合饲料的重要组成部分，其干燥方法可分为自然干燥和人工干燥。自然干燥是利用阳光或环境温度使饲料脱水，所制成的干草，营养成分损失20%左右，其中胡萝卜素损失70%～80%，粗蛋白质损失20%～50%；但由于阳光照射，维生素D的含量显著增加。人工干燥是利用各种热源进行干燥，其优点是营养损失少，仅为自然干燥的10%～30%，但维生素C损失严重，且缺乏维生素D。由于粗纤维不易消化，其用量要适当控制，一般不宜超过10%；干草粉在日粮中的比例通常为20%左右。

【注意】 粗饲料宜粉碎后饲喂，并注意与其他饲料合理搭配。

五 青贮饲料

青贮饲料是指在厌氧条件下，经乳酸杆菌发酵调制保存的青绿多汁饲料。青贮可防止饲料养分因继续氧化分解而损失，可有效解决青绿饲料保存困难、年供应不均衡等问题。青贮饲料经青贮发酵后有酸香味、质地变软，能降低某些饲料的异味和硝酸盐含量，增强适口性；此外，饲料中含有的乳酸，能刺激消化液的分泌，从而提高了饲料的消化效率。

1. 青贮设备

设备需满足青贮所需的条件，即能密闭、不进水、不漏气，容器内部表面光滑平坦，用窖、壕、塔和塑料袋均可。

2. 青贮方法

(1) 常规青贮 为便于装填时压实，减少空隙，形成厌氧环境以有利于乳酸菌发酵，须将适时收割的原料切碎（一般长 3.3cm 左右)。装填时要一层一层的装填，尤其是周边部位压得越紧越好。为了保证发酵质量、适口性和营养价值，装填时不要带入杂质。装填完毕后，立即密封、覆盖，隔绝空气，严防水侵入；随时检查，发现漏气、漏水，立即修补。

(2) 半干青贮 原料收割后经适当晾晒，使原料含水量尽快降到 45%～55%，然后切碎，立即装填、压紧、密封、覆盖。天气热时，注意发酵温度不要超过 40℃。半干青贮可减少饲料养分的损失，干物质含量比常规的鲜料青贮要高一倍。

(3) 混合青贮 即将水分及营养成分含量不同的几种饲料搭配后进行青贮。一般可将含干物质多的与含水分较多的搭配，含糖量少的与含糖量多的搭配，如 5kg 统糠与 50kg 牛皮菜（由 100kg 晒至 50kg）混合青贮，豆科牧草与禾本科牧草混合青贮等。这样既可保证青贮的成功，也有利于提高青贮料的营养价值。

(4) 添加剂青贮 这种方法除在装填原料时加入适当添加剂外，其他操作方法与常规青贮相同。使用添加剂的目的在于保证乳酸菌繁殖的条件，促进青贮发酵，改善青贮饲料的营养价值，有利于青贮饲料的长期保存。常用的青贮添加剂有发酵促进剂、发酵抑制剂、好气性变质抑制剂和营养性添加剂四大类。

3. 青贮饲料的使用

饲料青贮后经30~50天便可开封启用。青贮饲料的适口性好，对鹅的饲喂效果较好，但不能作为唯一的饲料，必须按营养需要与其他饲料配合使用。青贮饲料在饲喂前或饲喂过程中要进行品质鉴定，确保饲喂优良的青贮饲料。生产中一般采用简便易行、快速准确的感官鉴定法：色泽与原料近似，呈绿色或黄绿色，有芳香酸味为上等；色泽略变，呈黄褐色或暗绿色，芳香味弱，稍有酒糟味为中等；若严重变色，呈褐色或黑色，并霉变和有明显的腐败气味，为青贮失败，不能作饲料用。

【重点提示】 开始饲喂时，饲喂量必须由少到多，逐渐增加。一般每天喂鹅150~200g。

4. 青贮饲料的管理

青贮饲料一旦开封启用，就必须连续取用，每次取出的数量应依喂量而定，随用随取，保持新鲜，取出久置会降低其适口性及品质。取用方法应是由表及里一层一层地取，使青贮饲料的表面始终保持一个平面，切忌打洞式取用。取后立即封盖，以防二次发酵或浸入雨水，或掉进泥土而造成浪费。

【注意】 凡霉烂变质的青贮饲料，应及时取出抛弃，防止鹅食用后中毒。

六 矿物质饲料

鹅的生长发育、机体代谢都需要钙、磷、钠等多种矿物质元素，常规饲料中的矿物质含量往往不能满足鹅的营养需要。所以，在鹅的日粮中需要加入专门的矿物质饲料来补充。一般常用的有食盐、含钙和磷的饲料及微量元素饲料。

1. 食盐

食盐是鹅必需的矿物质饲料，能同时补充钠和氯，不仅具有刺激唾液分泌，促进消化的作用；还能改善饲料味道，增进食欲，维持机体细胞的正常渗透压。在日粮中的添加量一般为0.25%~0.5%。

【注意】 鹅对食盐敏感，当饲料中食盐含量偏高或混合不匀时，可引起鹅食盐中毒。饲料中若有鱼粉，应将鱼粉中的含盐量计算在内。

2. 钙、磷饲料

（1）钙源饲料 常用的钙源饲料有石灰石粉、贝壳粉和蛋壳粉，另外，还有工业碳酸钙、磷酸钙及其他钙源饲料。

1）石灰石粉简称石粉，其基本成分为碳酸钙，含钙量不低于35%，是补充钙质的最廉价的矿物质饲料，但要注意镁的含量不得过量。禽类日粮中石粉的用量一般控制在0.5%～3%。过高容易影响有机养分的消化吸收，使泌尿系统发生炎症与结石，最好与骨粉按1:1的比例配合使用。如果石粉添加太多还会导致饲料中钙的含量增高，影响其他物质的吸收利用，特别是二价离子，如铜、铁、锰等，有时会导致上述物质缺乏的症状表现。

2）贝壳粉由软体动物的外壳加工而成，主要成分为碳酸钙，含钙量大约为34%～38%。

3）蛋壳粉由蛋壳经灭菌、干燥、粉碎而成，含钙量在30%～37%。蛋壳在晒干粉碎前应经过高压消毒，以清除传染病原。

4）碳酸钙俗名双飞粉，为工业用材料，也可作为饲料的钙源和添加剂预混料的稀释剂，含钙量可达40%。

（2）磷源饲料 只提供磷源的矿物质饲料主要有磷酸及磷酸盐，如磷酸二氢钠和磷酸氢二钠，各含磷25%和21%，同时也提供19%和32%的钠。其他的一些磷源饲料也同时含有一定量的钙，称为钙磷平衡饲料。

1）骨粉是由动物杂骨经热压、脱脂、脱胶后干燥、粉碎制成的，其基本成分是磷酸钙。钙磷比为2:1，是钙磷平衡的矿物质饲料。骨粉中含钙30%～35%，含磷13%～15%。骨粉在日粮中的用量为1%～2%。要防止使用掺假的骨粉，以免给生产带来损失。

【注意】 未经脱脂、脱胶和灭菌的骨粉易酸败变质，并有传播疾病的危险，应特别注意。

2）磷酸钙盐是补充磷和钙的矿物质饲料。最常用的是磷酸氢钙和磷酸二氢钙，动物对其中的钙、磷吸收利用率也较高。使用磷酸盐矿物质饲料时要注意其中的氟含量不得超过0.2%，否则会引起鹅发生氟中毒。

【重点提示】 有的产品磷含量不足，而氟含量超标，在购买磷酸钙盐时要注意质量是否符合标准。

3. 微量元素饲料

微量元素饲料虽属于矿物质饲料，但在生产上，常以微量元素添加剂预混料的形式添加到日粮中，主要用于补充鹅生长发育和产蛋所需的各种微量元素。鹅对微量元素的需要量极微，不能直接加到饲料中，否则混合不均可能导致部分鹅食入过多而中毒；部分鹅也可能食入不足，从而影响其健康和生产性能。在添加前必须把微量元素化合物按照一定的比例和加工工艺配合成预混料，再添加到日粮中。

七 维生素饲料

维生素饲料是指由工业合成或提纯的维生素制剂，不包括富含维生素的天然青绿饲料，习惯上被称为维生素添加剂。鹅需要的维生素，除由常规饲料，特别是青绿饲料、酵母、糠麸提供外，主要靠工业合成的维生素添加剂来补充。鹅对维生素的需要量受多种因素的影响，如环境条件、饲料加工工艺、储存时间、饲料组成、鹅的生产水平与健康状态等都会增大鹅对维生素的需要量。因此，维生素的实际添加量远高于饲养标准列出的最低需要量。

八 饲料添加剂

饲料添加剂是指在配合饲料时添加的各种微量成分。其目的在于满足鹅生产的特殊需要，如保健、促生长、增食欲、防饲料变质、改善饲料及畜产品品质等，从而提高养鹅生产的经济效益。饲料添加剂可分为营养性添加剂和非营养性添加剂。

1. 营养性添加剂

营养性添加剂是主要用于平衡鹅日粮成分，以增强和补充日粮营养为目的的微量添加成分。营养性添加剂包括氨基酸、维生素添加剂、微量元素添加剂等。

2. 非营养性添加剂

非营养性添加剂不是鹅必需的营养物质，但添加到饲料中可以产生良好的效果，有的可以预防疾病、促进生产、促进食欲，有的可以提高产品质量和延长饲料的保质期限等。常用的有抗生素添加剂、抗氧化添加剂、防霉剂、酶制剂、益生素、酸化剂等。

第三节 鹅的饲养标准和饲料配方

一 鹅的饲养标准

1. 饲养标准的内容

鹅的饲养标准主要包括能量、蛋白质，必需氨基酸、矿物质及维生素等指标。饲养标准中每项营养指标都有特殊的作用，缺少、不足或超量均可能对鹅产生不良影响。维生素的需要量是按最低需要量制定的，鹅在发挥最佳生产性能和遗传潜力时的维生素需要量要远远高于最低需要量。在生产实际中，考虑到鹅的种类、生产水平、饲养方式与饲料原料差异及加工储存过程中的损失，维生素的添加量往往在适宜需要量的基础上，再加上一个保险系数（安全系数），以确保鹅获得定额的维生素并在体内有足够的储存量，此添加量一般称为“供给量”。

2. 我国参照的饲养标准

按中国饲料情况和养鹅生产实践，有关学者推荐了我国的肉鹅饲养标准及鹅的营养需要量（表4-3、表4-4）。

表4-3 肉鹅饲养标准

营养成分	0~3周龄	4~8周龄	8周龄~上市	维持饲养期	产蛋期
代谢能/(MJ/kg)	11.53	11.08	11.91	10.38	11.53
粗蛋白质（%）	20.00	16.50	14.00	13.00	17.50
赖氨酸（%）	1.00	0.85	0.70	0.50	0.60
精氨酸（%）	1.15	0.98	0.84	0.57	0.66

（续）

营养成分	0~3周龄	4~8周龄	8周龄~上市	维持饲养期	产蛋期
蛋氨酸（%）	0.43	0.40	0.31	0.24	0.28
蛋氨酸+胱氨酸（%）	0.70	0.80	0.60	0.45	0.50
色氨酸（%）	0.21	0.17	0.15	0.12	0.13
丝氨酸（%）	0.42	0.35	0.31	0.13	0.15
亮氨酸（%）	1.49	1.16	1.09	0.69	0.80
异亮氨酸（%）	0.80	0.62	0.58	0.48	0.55
苯丙氨酸（%）	0.75	0.60	0.55	0.36	0.41
苏氨酸（%）	0.73	0.65	0.53	0.48	0.55
缬氨酸（%）	0.89	0.70	0.65	0.53	0.62
甘氨酸（%）	0.10	0.90	0.77	0.70	0.62
钙（%）	1.00	0.90	0.90	1.20	3.20
有效磷（%）	0.45	0.40	0.40	0.45	0.50
粗纤维（%）	4.00	5.00	6.00	7.00	5.00
粗脂肪（%）	5.00	5.00	5.00	4.00	5.00
维生素A/(国际单位/kg)	15 000	15 000	15 000	15 000	15 000
维生素 D_3/(国际单位/kg)	3 000	3 000	3 000	3 000	3 000
胆碱/(mg/kg)	1 400	1 400	1 400	1 200	1 400
核黄酸/(mg/kg)	5.00	4.00	4.00	4.00	5.50
泛酸/(mg/kg)	11.00	10.00	10.00	10.00	12.00
维生素 B_{12}/(μg/kg)	12.00	10.00	10.00	10.00	12.00
叶酸/(mg/kg)	0.50	0.40	0.40	0.40	0.50
生物素/(mg/kg)	0.20	0.10	0.10	0.15	0.20
烟酸/(mg/kg)	70.00	60.00	60.00	50.00	75.00
维生素K/(mg/kg)	1.50	1.50	1.50	1.50	1.50
维生素E/(mg/kg)	20.00	20.00	20.00	20.00	40.00
维生素 B_1/(mg/kg)	2.20	2.20	2.20	2.20	2.20

（续）

营养成分	0~3周龄	4~8周龄	8周龄~上市	维持饲养期	产蛋期
吡哆醇/(mg/kg)	3.00	3.00	3.00	3.00	3.00
锰/(mg/kg)	100.00	100.00	100.00	100.00	100.00
铁/(mg/kg)	96.00	96.00	96.00	96.00	96.00
铜/(mg/kg)	8.00	8.00	8.00	5.00	5.00
锌/(mg/kg)	80.00	80.00	80.00	80.00	80.00
硒/(mg/kg)	0.30	0.30	0.30	0.30	0.30
钴/(mg/kg)	1.00	1.00	1.00	1.00	1.00
钠/(mg/kg)	1.80	1.80	1.80	1.80	1.80
钾/(mg/kg)	2.40	2.40	2.40	2.40	2.40
碘/(mg/kg)	0.42	0.42	0.42	0.30	0.30

表4-4　我国鹅的营养需要量

营养成分	0~3周龄	4~6周龄	7~12周龄	种鹅
代谢能/(MJ/kg)	10.87~11.70	11.29~12.12	11.29~12.12	9.2~10.45
粗蛋白质（%）	15.8~17.0	11.6~12.5	10.2~11.0	13.0~14.8
赖氨酸（%）	0.89~0.95	0.56~0.60	0.47~0.50	0.58~0.66
蛋氨酸（%）	0.40~0.42	0.29~0.31	0.25~0.27	0.23~0.26
含硫氨基酸（%）	0.79~0.85	0.56~0.60	0.48~0.52	0.42~0.47
色氨酸（%）	0.17~0.18	0.13~0.14	0.12~0.13	0.13~0.15
苏氨酸（%）	0.58~0.62	0.46~0.49	0.43~0.46	0.40~0.45
钙（%）	0.75~0.80	0.75~0.80	0.65~0.70	2.60~3.00
总磷（%）	0.67~0.70	0.62~0.65	0.57~0.60	0.56~0.60
有效磷（%）	0.42~0.45	0.37~0.40	0.32~0.35	0.32~0.36
钠（%）	0.14~0.15	0.14~0.15	0.14~0.15	0.12~0.14
氯（%）	0.13~0.14	0.13~0.14	0.13~0.14	0.12~0.14

二 配方设计

日粮配合需根据饲养标准结合具体的饲养条件、品种、年龄等进行饲料的科学配合。设计饲料配方时既要考虑鹅的营养需要及生理特点，又要合理地利用各种饲料资源，才能设计出成本最低、饲养效果和经济效益最佳的饲料配方。

1. 鹅日粮配方设计的原则

(1) 保证饲料的安全性 配合鹅的日粮时，应把安全性放在首位，慎重选料和合理用料。慎重选料就是注意掌握饲料的质量和等级，最好在配料前先对各种饲料进行检测。凡是霉败变质、被毒素污染的饲料都不准使用。饲料本身含有毒物质者，如棉籽饼、菜籽饼等，应控制用量，做到合理用料，防止中毒。要充分估计到有些添加剂可能发生的毒害，应遵守其使用期和停用期规定。

(2) 选用合适的饲养标准 目前，国内企业主要根据传统经验配制肉鹅的日粮，或参考鸡的饲养标准配制，误差较大，往往给企业造成巨大的损失，甚至为此付出了惨痛的代价。因此，应深入研究鹅的营养需要，制定或选择适宜的鹅饲养标准。实践中，首先应根据鹅的品种类型、饲养方式、生产性能等参考国内外鹅的饲养标准制定符合本品种的饲养标准，作为饲料配方营养含量的依据。配制配合饲料时应首先保证能量、蛋白质及限制性氨基酸、钙、有效磷、地区性缺乏的微量元素与重要维生素的供给量，并根据鹅生长阶段、季节、饲养管理方式等条件的变化，对饲养标准作适当的增减调整。

(3) 符合鹅的生理特性 配制日粮时，饲料原料的选择既要满足鹅的需要，又要与鹅的消化生理特点相适应，包括饲料的适口性、容重和粗纤维含量等。如鹅等食草性家禽，能够利用一定的粗饲料，故必须保证日粮中有一定的粗纤维，其含量在日粮中一般占5%～8%。粗纤维含量低时，会引起鹅消化不良、啄羽等；但日粮中粗纤维含量也不宜过高，一般不宜超过10%，否则会降低饲料的消化效率和营养价值。

(4) 因地制宜，选择配方原料 配方中的原料要充分利用当地生产的和价值便宜的饲料，最好是在不降低或不很降低饲养效率和经济效益的前提下，就地取材，物尽其用可降低生产成本。

（5）选用饲料种类要多样化 这样不但可以促进营养物质的互补和平衡，提高整个日粮的营养价值和利用率，还可以改善饲料的适口性，增加鹅的采食量，保证鹅群稳定增产。

（6）日粮配合要相对稳定 日粮配方可按饲养效果、饲养管理经验、生产季节和养鹅户的生产水平进行适当的调整，但调整的幅度不宜过大，一般控制在10%以下。如果日粮突然变化过大，会引起应激反应，降低鹅的生产性能。生产中确实需要改变日粮配合时，应逐渐过渡，以免影响鹅的食欲，降低生产性能。

（7）掌握相应的参数 包括鹅的营养需要（饲养标准）、所用饲料的营养物质含量（饲料成分及营养价值表）以及饲料原料的价格。

（8）各种饲料组合应大致有个比例 谷物类占40%～60%，可以由2～5种饲料提供能量；糠麸类占10%～30%，可以由1～3种提供能量与B族维生素；饼粕类占10%～20%，由1～2种提供蛋白质；动物性饲料占3%～10%，由1～2种补充蛋白质及必需脂肪酸、胱氨酸和赖氨酸；矿物质饲料占2%～8%，由2～3种补充钙和磷等；干草粉占3%～5%；添加剂占0.05%～0.25%，按比例补充维生素和抗菌、抗球虫、驱虫等药物；食盐占0.25%～0.5%。青饲料可按日粮的30%～50%喂给。

2. 日粮配合的办法

日粮配方设计的方法包括手工配方法和计算机配方法，其中手工配方法容易掌握，但完成配方的速度慢。日粮配合的理想工具是计算机，计算机可以应用先进的线性规划法，迅速完成配方，而且可以把成本降到最低。计算机配方法现有软件出售，其运算简单，不作详细介绍。下面只介绍手工配方方法，供小型养鹅场或个体户参考。

手工配方法主要有试差法和线性规划法等。其中试差法又称凑数法，该方法是先按饲养标准规定，根据饲料的营养价值先粗略地把所选用的饲料试配合，再计算其中的主要营养指标含量，然后与饲养标准比较，再进行调整计算，直至所配饲粮达到饲养标准规定为止。由于试差法运算简单、容易掌握，可借助笔算、珠算或电子计算器完成，在实践中应用仍相当普遍，现举例如下。

【示例】选择玉米、小麦麸、大豆饼、进口鱼粉、骨粉、工业合成蛋氨酸、碳酸钙、添加剂预混料，来设计雏鹅（0～3 周龄）的日粮配方。

第一步：列出雏鹅的饲养标准，以及所用各种饲料原料的营养成分，见表 4-5、表 4-6。

表 4-5　雏鹅（0～3 周龄）的饲养标准

代谢能/（MJ/kg）	粗蛋白质（%）	赖氨酸（%）	蛋氨酸+胱氨酸（%）	钙（%）	总磷（%）	有效磷（%）	钠（%）	氯（%）
10.87～11.70	15.8～17.0	0.89～0.95	0.79	0.75～0.80	0.67～0.70	0.42～0.45	0.14～0.15	0.13～0.14

表 4-6　各种饲料原料营养成分表

饲料名称	代谢能/（MJ/kg）	粗蛋白质（%）	钙（%）	磷（%）	赖氨酸（%）	蛋氨酸+胱氨酸（%）
玉米	14.04	8.6	0.04	0.21	0.24	0.32
小麦麸	6.56	14.4	0.18	0.78	0.49	0.28
大豆饼	11.04	43.0	0.32	0.5	2.24	0.75
鱼粉（进口）	12.12	60.5	3.91	2.90	3.90	1.62
骨粉	—	—	30.12	13.46	—	—

第二步：初步确定各物质比例——比例为玉米 54%、小麦麸 13%、大豆饼 26.4%、进口鱼粉 3.0%、骨粉 2.4%、食盐 0.3%、添加剂 0.5%、工业合成蛋氨酸 0.4%。

第三步：反复试算调整，直到符合标准为止，如表 4-7 所示。

表 4-7　拟定的鹅饲料配方计算结果

饲料类别及名称		配比（%）	代谢能/（MJ/kg）	粗蛋白质（%）	钙（%）	磷（%）	有效磷（%）	赖氨酸（%）	蛋氨酸+胱氨酸（%）	钠（%）	氮（%）
能量饲料	玉米	54.0	14.04×0.54=7.58	8.6×0.54=4.64	0.04×0.54=0.02	0.21×0.54=0.11	0.21×0.54×0.3=0.03	0.24×0.54=0.13	0.32×0.54=0.17	—	—
	小麦麸	13.0	6.56×0.13=0.85	14.4×0.13=1.87	0.18×0.13=0.02	0.78×0.13=0.10	0.78×0.13×0.3=0.03	0.49×0.13=0.06	0.28×0.13=0.04	—	—
蛋白质饲料	大豆饼	26.4	11.04×0.264=2.91	43.0×0.264=11.35	0.32×0.264=0.08	0.50×0.264=0.13	0.50×0.264×0.3=0.04	2.24×0.264=0.59	0.75×0.264=0.20	—	—
	进品鱼粉	3.0	12.12×0.03=0.36	60.5×0.03=1.82	3.91×0.03=0.12	2.9×0.03=0.09	2.9×0.03=0.09	3.9×0.03=0.12	1.62×0.03=0.05	—	—
矿物质	骨粉	2.4	—	—	30.12×0.024=0.72	13.46×0.024=0.32	13.46×0.024=0.32	—	—	—	—

（续）

饲料类别及名称		配比（%）	代谢能/（MJ/kg）	粗蛋白质（%）	钙（%）	磷（%）	有效磷（%）	赖氨酸（%）	蛋氨酸+胱氨酸（%）	钠（%）	氯（%）
矿物质	食盐	0.3	—	—	—	—	—	—	—	39 × 0.003 = 0.12	60 × 0.003 = 0.18
添加剂饲料	预混料	0.5	—	—	—	—	—	—	—	—	—
	蛋氨酸	0.4	—	—	—	—	—	—	98 × 0.004 = 0.39	—	—
合计		100	11.70	19.68	0.96	0.75	0.51	0.90	0.85	0.12	0.18
饲料标准		—	11.70	17.0	0.80	0.70	0.45	0.95	0.85	0.15	0.14
浮动数		—	0	+2.68	+0.16	+0.05	+0.06	-0.05	0	-0.03	+0.04

三 典型的饲料配方（表4-8～表4-12）

表4-8 鹅的饲料配方（一）（%）

饲料	0～3周龄	4周龄～上市
玉米	48.75	46.0
小麦粗粉	5	10
小麦次粉	5	10
碎大麦	10	20
脱水青饲料	3	1
肉粉	2	2
鱼粉	2	—
干乳	2	—
大豆粕	20	8.75
石粉	0.5	0.5
磷酸氢钙	0.5	0.5
碘化食盐	0.5	0.5
微量元素预混料	0.25	0.25
维生素预混料	0.5	0.5

表4-9 鹅的饲料配方（二）（%）

饲料	雏鹅 0～4周龄	生长鹅 4～8周龄	生长鹅 8周龄～上市	育成鹅 （维持）
玉米	39.96	38.96	43.46	60.0
高粱	15.0	25.0	25.0	—
大豆粕	29.5	24.0	16.5	9.0
鱼粉	2.5	—	—	—
肉骨粉	3.0	—	1.0	—
糖蜜	3.0	1.0	3.0	3.0
麸皮	5.0	5.0	5.4	20.0
米糠	—	—	—	4.58

（续）

饲料	雏鹅 0~4 周龄	生长鹅 4~8 周龄	生长鹅 8 周龄~上市	育成鹅 （维持）
玉米麸质粉	—	2.5	2.5	—
油脂	0.3	—	—	—
食盐	0.3	0.3	0.3	0.3
磷酸氢钙	0.1	1.5	1.4	1.5
石灰石粉	0.74	1.2	0.9	1.1
蛋氨酸	0.1	0.04	0.04	0.02
预混料	0.5	0.5	0.5	0.5

表 4-10　鹅的饲料配方（三）（%）

饲料	0~10 日龄	11~30 日龄	31~60 日龄	60 日龄以上
玉米	61	41	11	11
麸皮	10	25	40	45
草粉	5	5	20	25
大豆饼	15	15	15	15
鱼粉	2	3	4	—
肉骨粉	3	7	6	—
贝壳粉	2	2	2	2
砂粒	1	1	1	1
食盐	1	1	1	1
预混料	另加	另加	另加	另加

表 4-11　后备鹅（9~26 周龄）的饲料配方（%）

饲料	1	2
玉米	59.0	50.0
小麦麸	30.0	22.2
米糠	—	10.0
大豆饼	8.0	15.0

（续）

饲料	1	2
骨粉	1.4	1.6
石粉	0.7	0.4
食盐	0.4	0.3
添加剂	0.5	0.5

表 4-12　种鹅的饲料配方（%）

饲料	1	2	3	4
玉米	55.0	40.0	53.0	60.0
小麦麸	9.5	9.0	12.0	13.2
高粱	—	—	10	—
大麦	—	20.0	—	—
大豆饼	12.0	16.0	12.0	17.5
菜籽饼	2.5	—	—	—
棉籽饼	3.0	—	—	—
花生饼	6.0	6.0	—	—
进口鱼粉	3.0	—	4.0	—
骨粉	1.2	—	—	1.3
磷酸氢钙	—	1.2	1.5	—
碳酸钙	7.0	—	—	—
石粉	—	7.0	6.7	7.2
食盐	0.3	0.3	0.3	0.3
添加剂	0.5	0.5	0.5	0.5

实例一

某地一养鹅场新建的饲料库房打了水泥地面，将购买的几十吨饲料原料堆放在库房内。后因种种原因推迟生产，在饲料存放期间也未对存放的饲料原料及时抽查检验。几个月后，当开始加工饲料进行养鹅时，发现雏鹅有成批死亡现象，后经分析研究，认定是饲料原料发生霉变引起的雏鹅中毒，造成成批死亡。古人云“兵马未动，粮草先行”。养鹅之前，经营者应该根据自身的企业定位、品种结构、饲养规模、出栏周期、饲料品种与需求数量等做出仔细安排。在饲料储存过程中应注意：饲料及原料放置时应铺设垫板、留有空隙，以便通风，并预留通道，以便取放；而不能将饲料及原料直接放置在水泥地面，特别是不能放置在完工不久的水泥地面上。如果养殖生产计划发生变动，应及时调整库存数量，以确保既有库存备用，也可调剂余缺。

实例二

××饲养雏鹅获得一定管理经验后，开始自行配制饲料，于第二天上午开始饲喂，喂后不久鹅群即出现异常。开始时发现一部分鹅大量饮水，口鼻流出淡黄黏液状分泌物，有的出现嗉囊扩张肿大。当××急忙请技术人员来诊治时，只见圈舍内有的鹅胸腹朝天，两脚在前后交替划动，像在水中游泳一样；有的鹅四处乱冲乱撞；有的鹅闭眼昏睡，站立不稳，头向后仰，不停转动；有的鹅腹泻，排粪频数，两脚无力，卧地不起；有的鹅颈向后弯，行走困难。技术人员观察鹅群状况后，又检查询问到××配制饲料时的食盐用量，发现××把鹅饲料中盐的添加量0.3%误当成3%，将食盐用量扩大了10倍。技术人员断定，这是严重的食盐中毒。在鹅饲料中添加适量食盐能改善饲料的适口性，促进消化，提高食欲，鹅日粮中一般以添加0.25%～0.5%的食盐为宜，当饲料中食盐量超过3%，即可致鹅中毒，引起死亡，而且鹅比其他家禽更容易发生食盐中毒，雏鹅比成年鹅更容易中毒，同一鹅群体壮的比体弱的更容易中毒。

实例三

××通过熟人介绍到邻村有养鹅经验的农户家登门学习养鹅经验。养过鹅的人告诉××，鹅是草食型家禽，喜欢采食青绿嫩草，并且吃草多，消化快，要想养好鹅，一定要有充足的青草来源，最好适当种些牧草，再准备一些农作物的糠渣糟粕和其他能利用的下脚料作为粗饲料，加上适当数量的精饲料，做好卫生消毒和防疫，就可以养好鹅。××听了人家的介绍，心里盘算，自己家道路两边、房前屋后、零星闲地、渠沟附近，到处都长满了野草，现在村里又没有人养牛、放羊，田间地头、沟渠两旁野生的杂草也就派不上用场，任其一年四季自生自灭，不如用这些野草养鹅，而且多少只也都没有问题。经过几天的盘算后，××从孵化场买回了2 000多只雏鹅开始饲养。雏鹅小的时候食量有限，××用买来的饲料和割回的细草嫩叶饲喂，小鹅倒还可以，但随着小鹅日渐长大，采食量增加了许多。××一天到晚，清晨太阳没出来就开始劳作，但割回的野草满足不了这2 000多只半大仔鹅的采食需要，而且野草本身并不完全具备仔鹅新陈代谢、生长发育所需的营养成分，致使仔鹅生长缓慢，个个瘦弱。××真的犯了愁。在养鹅生产中，如果缺少青绿饲料和可以代用的非糠饲料，哪怕是仅使鹅获得饱胀感的填充饲料，就必须多用精饲料，其结果是增加了投入成本，减少了利润收入。养鹅过程中的无数经验表明，在鹅的饲料配制上，必须因地制宜，因时制宜，因人制宜，因鹅（大小）制宜。

第五章
鹅的繁殖技术

第一节 鹅的选种与选配

一 选种

种鹅肩负着繁育优质后代、确保饲养效果的重任，所以对它的选择应该慎之又慎。

1. 选种季节

每年的春季是选留种鹅最为理想的季节。其原因有：一是我国多数鹅种的性成熟期是在7月龄左右，在春季留种，种鹅正好在下半年的7~9月（农历）开产，届时市场上出售的鹅苗少，雏鹅价格较高。二是春季气温逐渐升高，青草萌发，可为雏鹅的生长发育提供了良好的环境条件和丰富的饲料来源，有利于提高雏鹅的成活率，使其体质健壮。种鹅的育成期正值夏季，有小麦、油菜茬地和收后的水稻田可以放牧，既利于种鹅的生长发育，又降低饲料成本。由于我国不同地区的气候差异较大，选留种鹅的具体时间也略有差异。大部分地区在每年的12月至次年2月留种较适宜。北方地区留种的最佳时间应在4月左右，而南方的广西、广东等地在3~4月留种较为适宜。

2. 种鹅选择的基本要求

选留种鹅时要按品种（品系）标准进行鉴定，首先要外貌符合品种特征，其次要考虑生产用途。通过检查淘汰操作不当或标记不清的鹅，然后淘汰不合格的鹅，这些鹅的类型包括：体形小者；不健康者，如泄殖腔周围羽毛肮脏不顺、消瘦等；畸形者，如喙弯曲扭转或不正常，眼睛发育不良、瞳孔分裂，颈部弯曲，拱背、脊椎弯曲，无尾，龙骨弯曲、过短、畸形、隆起，弓形腿、腿弯曲或畸形，趾弯曲、掌部肿胀或细菌感染，羽毛覆盖明显不好，以及其他发育不正常或明显不如同群的个体。

3. 选种步骤

（1）雏鹅的选择 雏鹅的选择应分2次进行。第一次在出壳后、开食前，选择注射过小鹅瘟疫苗的鹅苗，此次雏鹅的选择时间最好在出雏后12~24h为宜，这时雏鹅的绒毛已干燥，能站立活动；若过早进行选择，往往由于绒毛未干，脐部收缩不全而影响选择的准确性。选留的出壳雏鹅血统应记录清楚，要求其来自第2~4年高产个体或群体的种蛋。选留种雏的绒毛、喙、脚的颜色和出壳重应具备该品种的特征；体重大小符合该品种要求，群体整齐；卵黄吸收良好；毛干后能站立，叫声洪亮，毛色光亮，无杂毛，活泼有神；用手握雏鹅的嗉囊部将其提起，两脚能迅速收缩。对于那些过早或过迟出壳，不符合品种要求且为杂色的，体重过大或过小，脐部突出、脐带有血痕的，腹部较大、卵黄吸收不良、腹部有硬块的，绒毛蓬松无光泽、两眼无神、站立不稳、挣扎无力的雏鹅应予以淘汰。

第二次选择雏鹅在30日龄时进行，此期是雏鹅出壳后生长速度最快的时期。要求雏鹅体型结构良好，羽毛生长情况正常，生长发育快，脱温体重高于同群、同龄雏鹅的平均体重，体质健壮，无发病史，所有雏鹅的体型外貌和生理特性都符合该品种特征。此期主要淘汰那些脱温体重小，生长发育不良，羽毛生长慢，体型结构不良，外貌和生理有缺陷的雏鹅。

（2）后备鹅的选择 在鹅70~80日龄进行，将生长发育快、体重大、健康状况良好、羽色等外貌特征符合品种要求的留作种鹅。公鹅要求体型大、体质强壮，发育均匀，肥度适中，头中等大小，两眼灵活有神，喙甲粗短并紧合有力，颈粗而稍长，胸宽深、腹部平整，脚粗壮有力，脚间距宽，叫声洪亮。母鹅要求体格壮实，头大小适中，眼睛灵活，颈细长，体型圆长，前躯较浅狭，后躯宽深，臀部宽广，两脚结实，脚间距离宽。选留数应比计划的留种数多出10%~20%，以便为产蛋前进行的第三次选择提供一定数量的候选鹅群。

（3）育成鹅的选择 在后备种鹅进入性成熟期、转入种鹅生产阶段前，即130日龄至开产前进行第三次选留。选留的公鹅要求雄性特征明显，外貌特征符合品种要求，体型大，体质健壮，躯体各部位发育匀称，头大脸阔，眼大且明亮有神；喙长而钝，紧合有力；颈粗长；胸部宽阔，背直而宽，腹面平整，体型呈长方形与地面近于水平，尾稍上翘；脚粗壮有力，胫长，两脚间距宽，蹼厚大，站立时轩昂挺直，鸣声响亮；用手提公鹅颈部离开地面，其两腿用力向侧蹬动，同时双翅频频拍打；并注意检查公鹅的生殖器官发育情况及其精液品质。淘汰那些体型不正常，体质弱，健康状况差，羽毛混杂，肉瘤、喙、趾、蹼颜色不符合品种要求，阴茎发育不良、阳痿和有病的个体。选留的母鹅要求身体健康，外貌清秀，大小适中，头部清秀，颈细长，眼大而明亮；胸饱满，腹深，体型长而圆，臀部宽且丰满，肛门大而圆润，两耻骨间距宽，末端柔软且较薄，耻骨与胸骨末端的间距宽阔；两脚结实，两脚间距宽，蹼大而厚；羽毛紧密，两翼贴身，尾羽不多且不坚；皮肤有弹性，胫、蹼和喙的色泽鲜明；行动灵活而敏捷，觅食力强，肥瘦适中。

【小知识】>>>>

对公鹅生殖器官的具体检查方法是用手挤压其泄殖腔，阴茎很容易勃起伸出，且伸出泄殖腔的长度不短于3cm。

（4）成年种鹅的选择 在第一产蛋期过后进行。选择产蛋量多、产蛋高峰期持续时间长、蛋大、体型大、适时开产的母鹅留作种鹅。

【重点提示】 体型外貌不是鹅生产性能的直接指标。为更准确地评定种鹅的生产水平，育种场必须做好其主要经济性状的观测和记录工作，并根据这些资料及遗传力进行更为有效的选种。若条件许可，最好进行种鹅的综合评定。

二 选配

选配就是有目的、有计划地人为决定公母种鹅的交配，选配的任务是尽量选择亲和力好的公母种鹅，保证产生优良的后代；另外，选配还可以避免鹅群因混交乱配造成品质退化。目前种鹅的选配多采用同质选配和异质选配两种。同质选配选择生产性能或其他经济性状相同的优良公母种鹅交配，以增加亲代和后代的相似性，巩固和加强优良性状，如鹅的纯种繁育多用同质选配。异质选配是选择具有不同生产性能的优良公母种鹅交配，这种选配可以增加后代基因型的比例，降低后代与亲代的相似性，能使后代获得亲代双方的优良特性，属于鹅的品种间杂交。

【重点提示】 在繁育实践中，两种选配方法不可机械分割，而应根据具体情况灵活应用。

第二节　鹅的配种

一 种鹅的适配年龄与利用年限

鹅的性成熟时间的早晚与品种和饲养管理有关，良好的饲养管理条件可缩短鹅性成熟的时间。一般母鹅养至7~8月龄开始产蛋，即表明其已达到性成熟；公鹅性成熟一般需要达到4~5月龄。

【重点提示】 鹅到达性成熟之后，并不意味着即可以参加繁殖生产，如果过早进行配种，会影响其自身的生长发育及后来的生产能力。鹅的适配年龄，应在其体成熟之后，即比性成熟推迟2~3个月，再进行配种繁殖。

鹅是长寿家禽。种鹅的利用年限比较长。测定结果表明，母鹅在第一个产蛋年度产蛋率低，第二年比第一年多产蛋15%~25%，第三年比第一年多产蛋30%~45%，4~6年龄以后产蛋率逐渐下降。所以母鹅的利用年限一般为3~4年。一般种鹅群的组成比例如下：1年龄母鹅占30%，2年龄母鹅占35%，3年龄母鹅占25%，4年龄母鹅占10%。种公鹅在1.5~3年龄时精液品质最好，利用年限一般为3年。

二 种鹅的配种比例

公母配种比例适当与否对种蛋的受精率影响很大。公鹅过多，不仅浪费饲料，还会因互相争斗、争配而影响受精率；公鹅过少，也会影响受精效果。鹅的配种性别比例随品种类型而差异较大，公鹅与母鹅的比例一般是：小型鹅1:(6~7)，中型鹅1:(4~5)，大型鹅1:(3~4)。配种比例除了因品种类型而异之外，还受季节、饲养管理条件、公母鹅合群时间长短、种鹅年龄等因素的影响。一般青年公鹅和老年公鹅要少配，体质强壮的公鹅可多配；水源条件好，春夏季节可以多配，水源条件差，秋冬季节可以少配；此外，还要注意克服公母鹅固定配偶交配的习惯。

【重点提示】 在生产实践中，公母鹅的比例应要根据种蛋受精率的高低进行适当调整。

三 配种地点

虽然公母鹅既可以在水面又可在陆地进行自然交配，但鹅喜欢在水中交配，且受精率比在陆地上交配高。因此要求有较宽阔的水面作为水上运动场，以水深1m左右为宜，且水面最好是清洁的未受工业、生活污水污染的缓慢流动的活水，不可有杂物、杂草杆等，以防止损伤公鹅的阴茎，影响其种用价值。运动场的水面过大，导致鹅群分散，配种机会少；若水面过窄，则会引起公鹅因争偶而咬斗，从而干扰鹅群配种，影响受精率。一般每100只鹅有$50m^2$水面，以保证种鹅群能撒得开，便于交配进行。

【重点提示】 为提高鹅蛋的受精率，配种前宜将公鹅和母鹅赶下水。

四 配种时间

配种时间应根据公母鹅两方面的生理情况而定。就母鹅而言，母鹅大部分在清晨至上午8：00左右产蛋，在产蛋之后配种，受精率高。公鹅早晨和傍晚的性欲最旺盛，优良种公鹅上午可交配3~5次。所以上午是最佳配种时间，并可在下午4：00左右复配。在配种期间每天上午应多次让鹅下水，尽量使母鹅获得复配机会。鹅群嬉水时，不让其过度集中或分散，应任其自由分配，然后梳理羽毛休息，以提高种蛋的受精率。特别是在棚养条件下，种鹅繁殖季节要充分利用早晨开棚放水和傍晚收牧放水的有利时机，每天至少放水配种4次，以提高受精率。

五 配种方法

1. 自然交配

将选择好的种鹅按比例放在适宜的环境中，让其自行交配，一般受精率比较高。自然交配最好有水面，鹅在水中嬉戏交配容易成功。配种季节一般为春、夏、秋初。自然交配有大群配种和小群配种两种方式。

（1）大群配种 一般利用池塘、河湖等水面，按一定的公母比例将公母鹅合群饲养，让鹅嬉戏交配。群的大小视种鹅群的规模和配种环境的面积而定。这种配种方式的受精率较高，尤其是放牧的鹅群受精率更高，适用于农村种鹅群和鹅的繁殖场。此方法管理方便、省时省力，但无法进行有计划地选配，易引起某些与生殖有关的传染病蔓延。

【重点提示】 在生产中，往往有个别凶恶的公鹅霸占大部分母鹅，导致种蛋的受精率降低现象。这种公鹅应及时淘汰，以利于提高种蛋的受精率。另外，体质较差和年龄较大的种公鹅，没有竞配力，不宜做大群配种用。

（2）小群配种 专业育种场常采用小群配种，即在一个饲养小间内只放1只公鹅，按比例放入几只母鹅组成一群；公母鹅均编脚号或肩号，每只母鹅晚上在固定的产蛋窝产蛋，将种蛋记上公母鹅的脚号或肩号。这种方法能明确雏鹅的父母，适用于鹅的育种。

2. 人工辅助配种

在孵化繁殖季节，有的鹅体形大、行动笨或公母鹅体重差异悬殊，导致自然交配困难，因而需要人工辅助交配，以提高受精率。其方法是：在水面或地面上捉住母鹅的两腿和两翅，轻轻摇动引诱公鹅接近；当公鹅踏上母鹅背时，一只手托住母鹅，另一只手把母鹅尾羽向上提起，诱引公鹅接近配种。交配后即放鹅走开活动，并补喂青饲料。人工辅助配种时，最好是间隔5～6天给母鹅配种1

次，1 只公鹅 1 天可配 3～5 只母鹅。

3. 人工授精

人工授精是用人工方法采集公鹅的精液，经稀释后，借助输精器，输入母鹅的生殖道内使之受精。采用这种方法，可以提高种蛋的受精率和孵化率，发挥优良种鹅的配种利用率，节省种公鹅的饲养成本，并可克服某些品种间交配困难的问题，避免生殖系统传染病，便于有计划地选种选配。同时，还可以不受时间、地区的限制，扩大基因库，是改良鹅群的有效措施之一。

六 人工授精技术

1. 采精前的准备

首先选择理想的种公鹅，采精前 2～3 周将其隔离饲养，饲料中添加蛋白质和维生素 E 等，并进行 7～10 天的采精按摩训练。公鹅在这 7～10 天的按摩训练中，可对保定、按摩、射精过程形成良好的条件反射。一般经 3～5 天的训练，按摩 15～30s 阴茎便能勃起射精，经 1 周的调教，大多可建立起条件反射。即使经较长时间的调教，仍是采不出精液的个体不宜作种用。

其次，在采精前准备好采精器具，主要有集精杯、保温杯、刻度试管、吸管、温度计等。所有的器具用前必须洗净、消毒、干燥。另外，还应备有 65% 的酒精 1 瓶，以及酒精棉球、镊子、剪子等，放于经过火焰消毒的瓷盆里，用消毒纱布盖好备用。鹅的集精杯由 2 个棕色玻璃容器组成，外面的形同三角烧瓶，用来装水保温；里面的形似离心管，上面带有精确至 0.1mL 的刻度，用于收集精掖（图 5-1）。

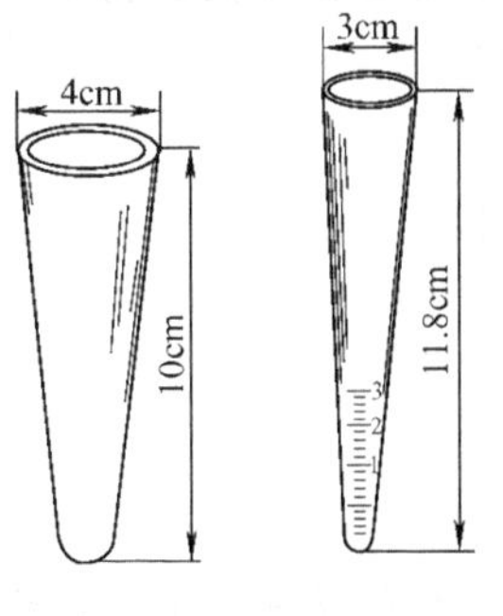

图 5-1　鹅集精杯

2. 采精

对公鹅的采精方法包括按摩法、电刺激法、台鹅法等，其中以按摩法最为常用。按摩法以背腹式效果最好。临采精时，先剪去公鹅泄殖腔孔周围的羽毛，用65%的酒精消毒，再用棉球蘸生理盐水或精液稀释液擦去消毒液。鹅的射精量少，采精前应先在集精杯里放0.3～0.5mL已加温至40℃的稀释液或生理盐水。采精时，助手握住公鹅的两脚，将公鹅两腿自然分开，把鹅头夹在左腋下，鹅尾朝向采精员。采精员左手掌心向下紧贴公鹅的背腰部，并向尾部方向不断按摩，同时用右手大拇指和其他四指握住泄殖腔，环形按摩揉捏，直到泄殖腔周围肌肉充血膨胀；感觉外突时，再改变按摩手法，用左手大拇指和食指紧贴泄殖腔两侧，在泄殖腔上部轻轻挤压，右手的大拇指与食指紧贴于泄殖腔左右侧，两手交互有节奏地挤捏，阴茎即会勃起伸出，射精沟闭锁完全时精液沿着射精沟从阴茎的顶端快速射出，此时用集精杯接住精液。经过调教的公鹅，每次采精过程只需要半分钟。

鉴于公鹅早晨性欲旺盛，所以在早上放牧前采精较好，此时母鹅大多已产过蛋，精液经过稀释可立即授精，受精率较高。公母鹅单圈隔离饲养的，也可在下午进行，一般以隔天采精为好。采精时常会出现公鹅排粪而污染精液的现象，其原因一是按摩的手势不正确，手指揉捏泄殖腔时压迫了直肠；二是公鹅采精前吃得太饱。故采精宜在公鹅空腹时进行，操作时集精杯不要过早靠近泄殖腔孔，以防公鹅偶尔排粪。

3. 精液品质检查

（1）外观检查 正常无污染的精液为乳白色、无异味、不透明的液体。若精液呈粉红色，是混有血液；呈粉白色棉絮状，是混有尿酸盐；呈黄褐色，是混有粪便；呈水渍状，则是混有过量的透明液。凡被污染的精液，应弃之不用。

（2）精液量检查 公鹅射精量随品种、年龄、季节、个体和采精员操作的熟练程度而有较大变化，通常要选择射精量多而稳定的公鹅。每次射精量平均为0.1～1.38mL，精液量可采用有刻度的试管或结核菌素注射器等度量器测定。

（3）活力的检查 精子呈直线运动，表明有受精能力；精子进行圆周运动或摆动则无受精能力。精子的活力是指原精液在37℃下呈直线运动的精子数占全部精子总数的比例，其评定是在显微镜下目测的。若直线前进运动的精子数占100%，则评为1分、90%评为0.9分、80%评为0.8分，依此类推。鹅精子的活力一般不应低于0.7分，常温条件下用于输精的精液，其活力低于0.5的不宜使用。测定方法是：于采精后20～30min内，用同样量的精液与生理盐水各1滴，置于载玻片一端，混匀后盖上盖玻片，置于镜检箱内，在37℃左右条件下用200～400倍显微镜检查。

（4）密度的检查 在生产中，精子密度的检查常与精子活力的检查同步进行。在显微镜下观察，可根据精子稠密程度的不同，将精子密度粗略地分为密、中等、稀三级（图5-2）。镜检时，精子密集，精子间几乎无空隙，每毫升精液有6亿～10亿精子，其密度就为密；若精子间间距明显，每毫升精液有精子4亿～6亿个，其密度就为中等；若精子间间隙很大，每毫升精液的精子数低于3亿个，则其密度为稀。这种评定，与精子活力的评定一样，需要有一定的评定经验，但简单易行，可粗略地确定稀释倍数。另外也可利用比色计或分光光度计对精子密度进行准确测定。

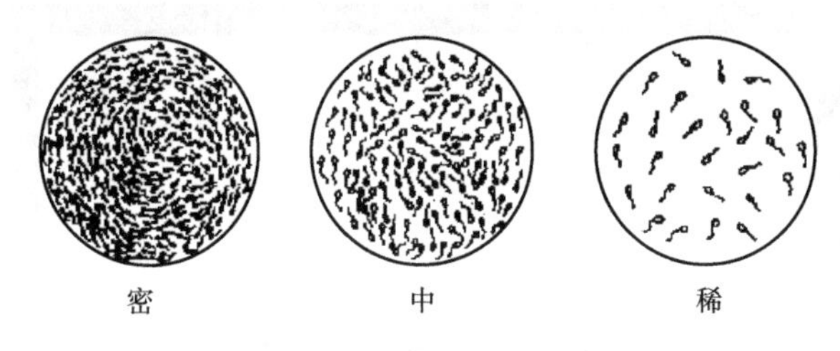

图5-2 精子密度示意图

4. 精液的稀释和保存

新鲜精液在体外存活的时间较短，如果在常温下保存30min以上，会影响受精率。稀释液可以冲淡或螯合精液中的有害因子，有利于精子在体外存活更长的时间，且不影响受精率。有研究者发现，在精液的稀释液中，添加抗菌剂可以防止细菌繁殖。现将效果较好的精液稀释液配方列于表5-1中以供参考，其中以pH为7.1的Lake缓冲液、BPSE液的效果最好。

表 5-1　常用家禽精液稀释液的成分

成分	Lake 液	pH 为 7.1 的 Lake 缓冲液	PH 为 6.8 的 Lake 缓冲液	BPSE 液	Brown 液
葡萄糖	—	0.60	0.60	—	0.500 0
果　糖	1.00	—	—	0.50	—
棉籽糖	—	—	—	—	3.864 4
肌　醇	—	—	—	—	0.220 0
谷氨酸钠（H_2O）	1.920	1.520	1.320	0.867	0.234 0
氯化镁（$6H_2O$）	0.068	—	—	0.034	0.013 0
醋酸镁（$4H_2O$）	—	0.080	0.080	—	—
醋酸钠（$3H_2O$）	0.857	—	—	0.430	—
柠檬酸钾	0.128	0.128	0.128	0.064	—
柠檬酸钠（$2H_2O$）	—	—	—	—	0.231 0
柠檬酸	—	—	—	—	0.039 0
氯化钙	—	—	—	—	0.010 0
磷酸二氢钾	—	—	—	0.065	—
磷酸氢二钾（$3H_2O$）	—	—	—	1.270	—
NaOH（1mol/L）	—	5.8mL	9.0mL	—	—
BES	—	3.050	—	—	—
MES	—	—	2.440	—	—
TES	—	—	—	0.195	2.235 0

注：1. 表中所列成分的用量除标明“mL”的，其余均为“g”，其数值均为加蒸馏水配制成100mL稀释液的用量。

2. BES，即N，N二（2-羟乙基）-2-二氨基乙烷磺酸；MES，即2-（N-吗啉）乙烷磺酸；TES，即N-三（羟甲基）甲基-2-氨基乙烷磺酸。

3. 每毫升稀释液加青霉素1 000单位、链霉素1 000μg。

精液在稀释前应首先检查其质量，然后根据其活力和密度，确定稀释的倍数，常规稀释时，稀释液倍数用1∶1、1∶2、1∶3的效果较好。一只优良的种公鹅的精液，经稀释一般可配20～30只母鹅。

【重点提示】 精液稀释时不可将几只公鹅的精液混合后共同稀释，以免出现凝集现象，使精液品质下降，降低种蛋受精率。

精液采取后，如果其活力低于0.5，则没有保存的必要。在保存精液时，应视保存时间而采用不同的保存方法。如果是短时间（72h以内）保存，保存温度应为2～5℃；如果长时间保存，应采取冷冻超低温（－196℃）保存。无论是采用何种保存方法，在使用精液前，都应把精液的温度提升到38～39℃。

【重点提示】 如果使用冷冻精液，只有当解冻后精子的活力在0.3以上时，才可用于输精。

5. 输精

目前，尚没有专门的鹅输精器，多为改装的代用品。一般都用有刻度的玻璃吸管或刻度精确到微升的移液器，要求管壁较厚，玻璃吸管最好是有0.01mL的刻度，以便于控制剂量，方便操作。输精时，助手将母鹅固定在授精台上，泄殖腔向外朝上，输精员用左手挤压泄殖腔的下缘，迫使泄殖腔张开；再用右手将吸有精液的输精器从阴道口插入（如阴道没有翻出，可从泄殖腔的左方徐徐插入，感到推进无阻挡时，表明输精器已准确进入阴道部），一般深入3～5cm时，左手放松，右手将精液输入。输完1只后，输精吸管要用消毒药棉擦拭管尖，以防污染。输精时间以下午4：00～6：00为宜，一般每隔5天输精1次，每次输入的精子数在3 000万～5 000万个。如果在鹅产蛋期进行第一次输精，剂量还应增加1倍。

【重点提示】 每只公鹅的精液使用1支吸管或移液器头，切不可1支输精管给许多只母鹅输精，以免造成疾病传染和输入精液的混乱。

6. 影响受精率的因素

采用人工授精技术，一般受精率较高，而且平稳，但有时会产生极不理想的效果，这是因为受精率的高低受到以下诸多因素的影响。

(1) 精液品质不合格 如精液浓度低，没有足够的有效精子数；

精子活力不高，死精和畸形精子多，精液被污染而死亡。因此，采精后要对精液定期检测，每次都要用肉眼仔细观察（色泽、精液量、浓度）。采精和输精的器具必须清洁，以保证精液的质量。

（2）母鹅生殖器官有疾病 有的母鹅生理上有缺陷，有的母鹅输卵管有炎症，此时输精大多不能受精。

（3）输精技术不过硬 如输精时输精器没有插入母鹅阴道内，输精间隔时间过长，输精量没有掌握好，没有在最佳的时间内输精，精液保存的时间太长等。

（4）恶劣气候的影响 在最冷或最热的天气里，公鹅的精子质量降低，母鹅产蛋率下降，采出的精液在常温下保存而影响活力，在这种情况下受精率一定低。

第三节 种蛋的孵化技术

一 种蛋的选择

选择质量好的种蛋，并妥善保管，能提高入孵蛋的质量，防止疾病的传播，从而提高孵化率并获得品质优良的雏鹅。鹅产蛋量较少，种蛋成本较高，所以把好种蛋关至关重要。

1. 种蛋的质量要求

（1）种蛋来源 种蛋必须从合格的种鹅场引进。首先，种蛋应来源于遗传性能稳定、生产性能优良、繁殖力高和健康无病的鹅群，特别是无经蛋传播的疾病（小鹅瘟、鹅包涵体肝炎和鹅的鸭瘟病）。其次，种鹅的饲养管理正常，性别比例适当，日粮的营养物质全面，以保证胚胎发育时期的营养需求。

> **【重点提示】** 引进种蛋前，要了解当地的疫病情况，不要从有传染病的疫区引进种蛋。如果采用杂交配套系生产制种时，应搞清制种代次。

（2）种蛋的新鲜程度 保存时间越短种蛋越新鲜，蛋内的营养物质损失也越少，各种病原微生物侵入越少，胚胎活力越强，孵化率越高。由于鹅产蛋率低，筹集种蛋困难，储存期有时不得不稍微延长，一般春秋季保存期不要超过5～7天，春末夏初气温升高后，种蛋保存期不要超过3～5天。

【小知识】>>>>

新鲜种蛋气室小，蛋壳颜色具有一定的光泽；陈旧蛋气室变大，蛋壳颜色不佳，还沾有一些脏物。凡蛋壳发亮、有斑点的多为陈蛋，不宜用来孵化。

(3) 大小和形状符合标准 种蛋的大小决定了孵化所采用的适宜温度，尤其是在采用变温孵化时。种蛋重应符合品种要求，过大孵化率降低，过小则孵出的雏鹅弱小。一般小型鹅蛋重120～135g，中型鹅蛋重135～150g，大型鹅蛋重150～210g。蛋形应呈椭圆形，大小头明显，不能过长、过圆，如细长、短圆、尖头、腰箍等畸形蛋一律不用于孵化。评价蛋形可用蛋形指数，即蛋的纵径与横径之比。鹅蛋的蛋形指数应在1.4～1.5范围内。

(4) 蛋壳质量 蛋壳应致密均匀，厚薄适当（一般为0.4～0.5mm），表面平整，没有一丝裂纹；蛋壳颜色要符合品种特征，敲击响声正常。蛋壳细密厚实，敲击时发出似金属响声的"钢壳蛋"与蛋壳过薄、质地不均匀、表面粗糙的"沙壳蛋"均应剔除。

(5) 清洁度 种蛋表面应该清洁，蛋壳上不得有粪便或其他赃物。不清洁的蛋，壳面常被粪便污染，妨碍气体交换，微生物极易侵入蛋内，引起种蛋腐败变质，污染孵化器，使死胎率增加，孵化率降低，雏鹅质量下降。产蛋箱经常保持清洁干燥，并及时收集种蛋，可将种蛋污染程度降到最低。

【重点提示】 一般情况下，不清洁蛋尽可能不作为孵化用。

(6) 受精率 这是影响孵化率的主要内在指标。判断受精率最准确的方法是在种蛋中抽样，打开后看受精蛋的比例；生产中常用第一批蛋的孵化成绩来判定。在正常饲养管理情况下，鹅种蛋受精率一般在90%以上。

2. 种蛋的选择方法

选择种蛋的常用方法，是用看、摸、听、嗅等感觉器官来判断。

先是看，看蛋色、蛋壳的结构、形状和颜色是否正常，大小是否符合品种标准，蛋壳表面是否清洁等。摸，是用手去摸蛋壳的表面是否粗糙，手感蛋的轻重等。听，是用一只手抓 3 枚蛋，靠腕关节及手指的颤动使蛋边转动边互相敲击或两手各抓 1 枚蛋互相轻轻敲击，由声音判断，检出破蛋、钢壳蛋等。嗅，是用鼻子嗅蛋，有臭味者剔除。如采用上述感官法仍不能准确判断，可借助仪器——照蛋灯或验蛋台，通过光线观察蛋壳、气室、卵黄等情况，看有无散黄、血丝、裂纹、霉点等，如有应予以剔除；此外，气室很大的蛋，一般是储存较久的陈蛋，也要剔除。同时个别蛋通过抽样打开检查（检查内容物性状及受精率）的方法进行选择。检查内容物性状时见到粘壳、气室异常、内壳膜破裂、蛋白或卵黄异常、系带断脱、蛋白稀薄、气室边缘有淡红色的圈而胚盘有出血点等现象，且发生率较高的不宜作为入孵种蛋。

二 种蛋的保存与运输

1. 种蛋的保存

种蛋保存的好坏直接影响到孵化率的高低和雏鹅的成活率。因此，种蛋的保存除了要有专用的种蛋库外，同时应注意提供适宜鹅蛋保存的条件。

（1）温度 禽胚胎发育的临界温度（又叫生理零度）为 23.9℃，高于这一温度胚胎就会恢复发育。如果温度过低（如 0℃），虽然胚胎发育处于静止休眠状态，但胚胎活力会下降，温度低于 -2℃会使胚盘致死。一般认为，种蛋的保存温度应低于 24℃，高于 2℃。最适保存温度为 13～16℃，如果保存的时间短（5 天左右），可用 15℃；保存时间长（超过 5 天），可略降低些，以 10～11℃为宜。

【重点提示】 种蛋保存的温度不能过高或过低。

（2）湿度 保存种蛋的环境湿度，对孵化率也有一定影响。较理想的保存种蛋的相对湿度为 70%～80%，这种湿度与鹅蛋的含水率比较接近，蛋内水分不会大量蒸发。

（3）翻蛋 为了防止胚盘和蛋壳粘连，在种蛋保存期内，应定期翻蛋。一般认为，保存时间在 1 周以内可以不必翻蛋，超过 1 周每天至少翻 1 ~ 2 次，蛋位转动角度达 90°以上。

（4）通风 在种蛋保存期间，要保持通风良好，清洁、无特殊气味，无阳光直射，无冷空气直吹。在堆放化肥、农药或其他强烈刺激性物品的地方，不能存放种蛋。

（5）保存时间 原则上种蛋存放时间越短越好，一般应不超过 7 天。如有特殊需要必须较长时间保存时，可采用充氮法保存。不论采用哪种方法，保存期越长，孵化率越低，故最好用新鲜蛋入孵。

2. 种蛋的运输

种蛋运输是良种引进中不可缺少的环节。启运前，必须将种蛋包装妥善，最好使用专门的纸箱包装。纸箱要求四壁有通气孔，箱内用厚纸片做成方格，每格放 1 枚种蛋，各层之间再用厚纸片隔开。种蛋放置时要大头朝上，小头朝下。运输种蛋的工具要求快速、平稳、安全，途中要避免日晒、雨淋和剧烈颠簸而影响种蛋品质。装卸时要轻装轻放，经过长途运输的种蛋，到达目的地后，要及时开箱，剔除破蛋，取出种蛋，尽快消毒装盘入孵，千万不可存放。

三 种蛋的消毒

种蛋消毒的目的是杀灭蛋壳表面的病原微生物，提高种蛋的孵化率并防止疾病交叉感染。

1. 福尔马林熏蒸法

福尔马林熏蒸法是目前应用最广的消毒法，该法具有效果好、操作简便的特点。熏蒸法在消毒室和孵化机内均可应用。其方法是：将蛋置于可以密封的容器内，按每立方米体积用高锰酸钾 15g、福尔马林 20 ~ 30mL 剂量，先将高锰酸钾晶体倒入适当容器（如瓷碗）后，再倒入福尔马林，让二者反应（注意防止沸腾造成药物外溅，烫伤工作人员），迅速关好门，密闭熏蒸 20 ~ 30min，然后用换气扇排出气体充分通风。

【**重点提示**】 种蛋表面有水气时不宜用福尔马林熏蒸消毒。

2. 新洁尔灭消毒法

一般采用溶液浸泡或喷雾消毒。将 0.1% 的新洁尔灭溶液（5% 的原液 +50 倍水），用喷雾器喷洒在种蛋表面或用 40 ~ 45℃ 的该溶液浸泡 3min，即可达到消毒效果。

【禁忌】>>>>

用新洁尔灭浸泡或喷雾消毒时，切忌与肥皂、碘、升汞和高锰酸钾等配用，以免药物失效。

3. 高锰酸钾或碘液消毒

可用0.2%的高锰酸钾溶液或0.1%的碘液浸泡种蛋1min后，取出晾干。

四 胚胎的发育

鹅卵细胞在输卵管的喇叭部受精后，开始胚胎的早期生长发育。当受精蛋产出体外时，由于外界气温较低，胚胎暂时处于休眠状态，发育停止。停止发育的受精蛋，在一定时间限度内，经适宜的孵化条件，就会恢复发育。鹅的孵化期在30~31天左右，其胚胎发育及照蛋特征见表5-2。

表5-2 鹅胚胎发育及照蛋特征

胚龄/日	发育特征	胚龄/日	发育特征
1~2	胚盘重新发育，器官原基出现。照卵时卵黄表面有一颗颜色稍深、四周稍亮的圆点，俗称“鱼眼珠”或“白光珠”	16	头部和翅上生出羽毛，腺胃可区别出来。照蛋时，血管开始加粗，血管颜色开始加深
3~3.5	卵黄囊血管区心脏开始跳动。照蛋时可见卵黄囊血管区形状像樱桃，俗称“樱桃珠”	17	喙上可分出鼻孔，全身覆有绒毛，肾脏开始工作。照蛋时，血管继续加粗，颜色逐渐加深，左右两边卵黄在大头段连接
4.5~5	头尾分明，内脏器官开始形成。照蛋时可见胚胎及伸展的卵黄囊血管，形似一只蚊子，俗称“蚊虫珠”；卵黄囊颜色稍深，下部似月牙状，俗称“月牙”	18	头部在翼下，胚胎大量吞食稀释的蛋白，尿囊中有白絮状排泄物出现，气室逐渐增大。照蛋时，小头发亮部分随胚胎日龄增加而逐渐缩小

（续）

胚龄/日	发育特征	胚龄/日	发育特征
5.5~6	头部明显增大，可见脚、翼、喙的雏形；卵黄囊血管包围卵黄达1/3。照蛋时，卵黄不易随着蛋转动而转动，俗称“叮壳”；胚胎和卵黄血管形状像一只小蜘蛛俗称“小蜘蛛”	19~21	胚胎的头部全在翼下，眼睛已被眼睑覆盖，逐渐与长轴平行。照蛋时，小头发亮部分逐渐缩小，蛋内黑影部分相应增大
7	胚胎头弯向胸部，四肢开始发育。照蛋时可明显看到胚胎黑色的眼点，俗称“起珠”“单珠”“起眼”	22~23	鼻孔已形成。照蛋时，以小头对准光源，看不到发亮的部分，俗称“关门”、“封门”
8	躯干部增大，胚胎开始活动。照蛋时可见头部及增大的躯干部形似“电话筒”，俗称“双珠”	24~26	喙开始朝向气室端，眼睛睁开；卵黄已有少量进入腹中。照蛋时可以看到气室朝一方倾斜，俗称“斜口”“转身”
9	出现明显的鸟类特征。照蛋时，胚胎活动尚不强，似沉在羊水中，俗称“沉”；正面已布满扩大的卵黄和血管	27~28	两腿弯曲朝向头部，颈部及翅突入气室内，准备啄壳。照蛋时，可见气室中有黑影闪动，俗称“闪毛”
10	四肢成形，趾间有蹼。照蛋可见胚胎在羊水中浮动，俗称“浮”；卵黄扩大到背面，蛋转动时两边卵黄不易晃动，俗称“边口发硬”	28~30	喙进入气室，开始啄壳见嘌，听到雏的叫声，少量雏鹅出壳。起初是胚胎部穿破壳膜，伸入气室，称为“起嘴”，接着开始啄壳，称“见嘌”“啄壳”
11~12	眼裂呈椭圆形，脚趾上现爪，羽毛突起明显。照蛋时转动蛋，两边卵黄容易晃动，俗称“晃得动”；接着背面尿囊血管迅速伸展，越出卵黄，俗称“发边”	30.5~31	出壳
13~15	头部偏向气室，喙具有一定形状，全身躯干覆以羽毛。照蛋时，整个蛋除气室都外布满了血管，俗称“合拢”、“长足”		

五 孵化方法

鹅的孵化方法可分为自然孵化法和人工孵化法。

1. 自然孵化法

自然孵化是利用母鹅天然的就巢性孵化繁殖后代的一种方法，具有设备简单、费用低廉、管理方便、效果较好的特点。在广大农村仍然有不少地方使用。

（1）孵巢的准备 孵巢一般用竹片或稻草编成，直径约45cm，也可用旧的箩筐或竹篮代替，巢内用干净柔软的垫草做成锅形，高度适宜，每巢能孵蛋10～20枚。

（2）种蛋的选择与处理 按种蛋的要求选出合格种蛋，并将选好的种蛋进行编号，注明日期或批次。种蛋用0.2%的高锰酸钾溶液进行浸泡消毒，也可用福尔马林对种蛋和孵巢进行熏蒸消毒。入孵时为使母鹅安静孵化，最好选择晚上将孵蛋母鹅放入孵化巢内。

（3）孵化期的管理 孵蛋母鹅要求就巢性强，最好是产蛋1年以上已有孵化习惯的母鹅。若用没有孵化习惯的母鹅，应先用假蛋或无用的鹅蛋让其试孵，待母鹅安静孵化后才能使用。为保证孵鹅健康，一般隔日上午让母鹅离巢采食、饮水和运动，时间约为1h。离巢后先采食精料，然后到水中吃青饲料、嬉水、沐浴，最后回运动场休息、理毛，待羽毛干透后再放回巢内。孵蛋母鹅入孵后的头2～3天，要注意观察母鹅孵蛋的表现。凡是站立不安、经常进出孵巢或啄打其他就巢母鹅的应及时剔除，换进就巢性强的母鹅。就巢母鹅虽然自己会翻蛋，但不均匀，为了提高孵化率和出雏整齐率，必须人工辅助翻蛋。一般每天2次，每次间隔12h，翻蛋时，将巢中心的蛋放在巢四周，把四周的蛋移入中心。整个孵化过程中需照蛋3次以及时了解孵化后期胚胎发育情况，查出无精蛋、死胚蛋、破裂蛋、死胎蛋。孵化到28天时，要注意雏鹅的出雏，及时将已出壳的雏鹅提出，以免被母鹅踩死。如果雏鹅啄壳较久而未能出壳，应进行人工助产。

【重点提示】 在母鹅孵化期间，要注意保持环境安静，避免惊扰，防止鼠、兽为害。

2. 传统的孵化法

我国民间有许多传统的孵化方法，如缸孵法、炕孵法、炒谷孵化法、摊床孵化法等，其共同优点是设备简单、不需用电、成本低廉；缺点是凭经验探温和调温、初学者不容易掌握、劳动强度大、种蛋破损率高、消毒比较困难等。传统孵化法中各种孵化方法大同小异，孵化过程一般分为给温阶段和自温阶段。不同的孵化方法其给温的方式不同，但其自温阶段均是利用摊床孵化（彩图 12）。如炕孵法是利用取暖的火炕，通过采用控制烧火的次数、增减覆盖物、调整种蛋在炕面上的位置、调节室温等多种措施，使温度控制在种蛋所需要的范围内，从而达到孵化的目的。炒谷孵化法，则是用普通木桶（或竹箩），糊上数层纸，作为盛蛋的孵化箱，利用炒热的稻谷作为主要热源，通过炒谷与蛋的相互叠放，来调节孵化温度。

摊床孵化法就是将孵化到一定时期的胚蛋移至“摊床”上，不需要外加热源，而是利用孵化后期胚胎自身新陈代谢产生的体热，借助室温及其他覆盖物来调节维持胚胎发育所需的温度，实现自温孵化。下面详细介绍摊床孵化法。

（1）摊床的构造 摊床为一 2 ~ 3 层的木制床式长架，层间距离约 80cm，与房屋等长。为便于操作，上、中、下 3 层依次缩短宽度。下层约宽 2. 2m、中层宽 2m、上层堆放杂物或不设。孵化前，在摊床底层先后铺上席子、草秸、草席，摊床边缘钉有 15cm 高的木板，木板四周放置用旧棉被扎制成的条状物，以利于保温和防止胚蛋滚落木床，也可将草把或隔板放在胚蛋的四周，准备好棉被、单被或毯子等覆盖物（图 5-3）。

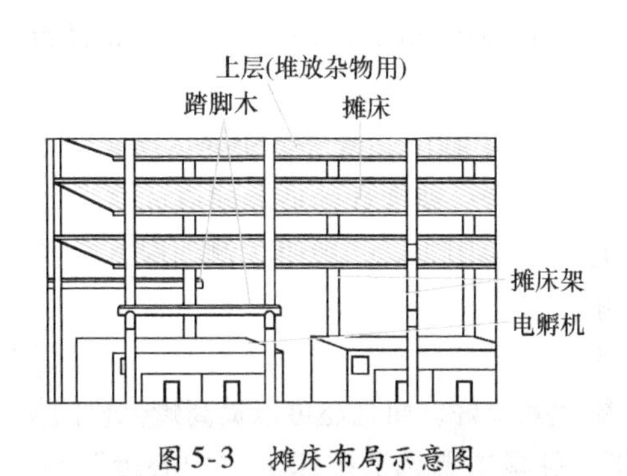

图 5-3 摊床布局示意图

（2）上摊时间 当入孵鹅蛋胚龄达到16天后，就可移至摊床上继续孵化，这称为“上摊”。上摊前一天要适当提高室温，以免上摊后温度一时升不上去。

（3）码放胚蛋层数及密度 胚蛋码放层数与密度应该根据当地的气温、室温情况来决定。初上摊时，胚蛋双层码放，加盖棉被。随着胚龄的增加，胚蛋自温能力增强，上层胚蛋可放松些，减小其密度；或将“边蛋”摆放2层，“中心蛋”只放1层；待孵化至胚龄达19～20天后开始平放为1层；放平后的“边蛋”靠紧一些，“中心蛋”放得松散一些。室温高时平放的时间可以提前，反之则向后推迟。

（4）温度控制 采用棉被、被单、毯子等覆盖物调节温度是控制摊床温度的主要方法，覆盖物应比摊床稍宽些。具体操作时，应根据胚龄、室温、蛋温、胚胎发育情况，通过掌握覆盖物的多少、厚薄、覆盖时间的长短等灵活调节摊床上的胚蛋温度。上摊前胚蛋若及时“合拢”，则上摊后的温度按正常情况调节；如果上摊前胚蛋未“合拢”，则摊床温度应略高些；若胚蛋“合拢”偏早，则摊床温度应略低些。上摊初期，为使胚蛋保持适当温度，需用棉被、被单等物覆盖；随着胚龄的增长，覆盖物要相应地由多到少，由厚到薄，盖的时间要由长到短。当温度过高时，将覆盖物掀起，散发多余的热量。操作时，为了减少“中心蛋”与“边蛋”的温差，防止刚上摊的“边蛋”蛋温过低，可在边蛋部位多加些覆盖物。春季气温低，多盖且盖的时间应长些；夏季少盖且盖的时间应短些；同一天，下半夜到早上多盖，午后到上半夜少盖；气温上升时迟些盖，反之早些盖。摊床孵化时应经常检查温度。方法是用温度计测温，并以眼皮测温辅助进行，温度计的玻璃球应放在“中心蛋”的蛋面上，温度计的位置相对固定。一般眼皮测温时，会受到室温及覆盖物保温性的影响。实际上，在孵化实践中，常常采用机摊结合的方法，孵化室的上部为摊床，下部设孵化机具。这样两者互补，便于晾蛋、喷水，孵化效果好，而且还可以提高孵化机的使用效率。

（5）翻蛋 翻蛋主要调节摊床上“中心蛋”与“边蛋”的温差，且能促进胚胎活动。翻蛋次数可根据“中心蛋”与“边蛋”的温差情况来掌握，在正常情况下，每天翻蛋2次。翻蛋时两人分站摊床边对立操作，两手伸向“中心蛋”，将其围起往边上扒，再将两手臂靠着席子，伸展成直角将“边蛋”推向摊心，使“中心蛋”和“边蛋”位置对调。全批调完后，盖好覆盖物。

（6）门窗的开闭 门窗开闭可根据当地季节、室内温度而定。在气温低的季节，门窗、天窗关闭，门口悬挂棉帘，以利于保温；还可增加火炉以提高空温。气温高的季节，敞开门窗散热；温度过高时，可向蛋面适量喷水降温。

3. 机器孵化

全自动孵化机有自动控温、控湿、报警和自动翻蛋等全面功能，孵化效果较好，易于操作管理，而且孵化机的价格越来越便宜，所以被普遍采用（彩图13）。孵化时须注意以下问题：第一，工作人员必须熟悉孵化机的操作，熟知其各种性能。第二，孵化前，需检查各部件是否齐全，通过试机，检查运转是否正常、平稳，控制器和报警器是否灵敏。第三，检查机内温度是否均匀。第四，做好停电时的准备，有条件的应自备发电机。第五，掌握好落盘时间，适时将孵蛋转入出雏机，一般待胚龄达28天时即可将孵蛋转入出雏机里孵至出雏。第六，入孵前将种蛋先放到孵化室中（24℃左右）12h左右再入孵。

六 孵化的条件

鹅的胚胎孵化需要一定的条件，无论采用哪种孵化方法，都必须满足其发育条件。

1. 温度

温度是鹅胚胎发育所需的首要条件，只有适宜的孵化温度才能保证鹅蛋中各种酶的活性，从而保证正常的胚胎代谢和生长发育。生产中，孵化温度受多种因素的影响，随季节、气候、孵化方法和入孵日龄的不同而略有差异，应在给温范围内灵活掌握。一般情况下，鹅胚胎发育的温度范围为36.5～38.5℃，温度过高过低都会影响胚胎的发育，甚至造成死亡。如胚蛋温度达42℃时，3～4h可使胚胎死亡；低温致死界限较宽，温度低至30℃时，经过30h，鹅胚即会死亡。

机器孵化温度的控制通常采用恒温孵化制度和变温孵化制度两种方案。当种蛋来源少或室温过高，进行分批孵化时，可采用恒温孵化方案，以满足不同胚龄的需要。恒温孵化时，孵化机内新老种蛋交替放置，机内空气温度一般控制在37.8℃。在孵化过程中，应随时检查机内温度是否均匀。孵化机内上下、前后、左右的温差一般不超过0.1~0.2℃。如果温差较大，可以结合上下、前后、左右调盘，使各批蛋受热均匀。变温孵化适于在种蛋来源充足或室温偏低的情况下采用，种蛋整批入孵，孵化器可按照胚胎发育情况适当调整温度。因为鹅蛋较大，脂肪含量较高，胚孵化后期产热较多，所以采用前高后低的变温孵化法效果很好。具体孵化温度应根据季节、室温、胚胎发育情况来定（表5-3）。

表5-3　变温孵化施温标准

品种	孵化室温度/℃	孵化机内温度/℃					备注
		1~6天	7~12天	13~18天	19~28天	29~31天	
中、小型品种	23.9~29.5	38.1	37.8	37.5	37.5	37.2	冬季和早春
	29.5以上	38.1	37.8	37.5	37.2	36.9	春季
		37.8	37.5	27.5	36.9	36.6	夏季
大型品种	23.9~29.5	37.8	37.5	37.5	37.2	36.9	春季
	29.5以上	37.8	37.5	37.2	36.9	36.6	夏季

【重点提示】 孵化过程中，施温不只是对温度单一因素的调控，而是对以温度为主的多种因素的综合调控，应根据具体情况综合掌握。

2. 湿度

适宜的湿度可以控制蛋内水分的蒸发速度，使胚胎正常发育，湿度过大或过小都会影响出雏率。鹅胚在孵化中所需的相对湿度比鸡要高5%~10%。孵化期间孵化机内湿度的总原则是“两头高，中间低”，一般孵化初期湿度为75%~80%，孵化中期可降低到60%，孵化后期提高到65%~70%。

【小知识】>>>>

湿度偏高，蛋内水分不易蒸发，影响胚胎发育；湿度偏低，蛋内水分蒸发快，容易造成绒毛与蛋壳膜粘连现象。

3. 通风换气

胚胎发育过程中，要不断与外界进行气体交换，必须提供新鲜空气才能保证其正常发育。当通风不良时，若二氧化碳急剧增加到1%，会使胚胎发育迟缓，或胎位不正，或导致畸形或引起中毒死亡。通风换气的程度应根据胚胎发育时期的不同而异，孵化机的通风量控制应按胚龄大小开启通风气孔，孵化前期开1/4～1/3，中期打开1/3～1/2，后期全打开。

【重点提示】 通风量的调节还应考虑孵化器内的温度和湿度状况。

4. 翻蛋

翻蛋也称转蛋，其目的是防止胚胎与蛋壳粘连，促进胚胎运动，保持正常胚位。翻蛋还能调节蛋面温度和湿度，使整个蛋面受热均匀，发育整齐，便于集中出雏。翻蛋时动作要轻、稳、慢。在孵化前期和中期，翻蛋对孵化效果影响较大；到孵化后期，特别是出壳前几天可不再翻蛋，而在出雏期间必须停止翻蛋。

【重点提示】 入孵种蛋在蛋盘的放置要平放或大头向上立放或斜立放（大头高于小头），每昼夜必须定时翻蛋，一天应翻蛋8～12次，不能少于4次，翻蛋角度控制在45°～55°。

5. 晾蛋

晾蛋是孵化后期保持胚胎正常温度的主要措施，还可以促进气体交换，刺激胚胎发育（彩图14）。一般当胚龄达14～16天后开始每天上、下午各晾蛋1次，天热时改在早、晚两头晾蛋为好。晾蛋时间随季节、室温、胚龄而异，通常每次晾蛋20～30min，晾到用眼皮感觉蛋壳温度略凉即可，此时蛋温为30～32℃。晾蛋有时结合喷水、翻蛋进行。

七 初生雏的雌雄鉴别

雌雄鉴别可使公母鹅分群饲养，分群管理，使鹅的生长发育整齐。

1. 外形鉴别法

一般雄雏鹅体格较大，身子较长，头较大，颈较长，喙甲较长而阔，眼较圆，腹部稍平贴，站立的姿势比较直。雌雏鹅体格稍小，身躯较短圆，头较小，颈较短，喙甲短而窄，眼较长圆，腹部稍下垂，站立的姿势有点斜。

2. 羽毛鉴别法

有色泽羽毛的鹅，如灰羽鹅，雄鹅羽色总是比雌鹅羽色淡一些。有的鹅种，如英国的西英格兰鹅、美洲的移民鹅等具有自别雌雄的特征。移民鹅的雄雏鹅，羽毛是奶油色（乳黄色）。喙的颜色较浅；雌雏鹅的羽毛为浅黄色，喙颜色较深。

3. 鸣声鉴别法

雌雄雏鹅的叫声不同，一般雄鹅鸣声高、尖、清晰；雌鹅鸣声低、粗、沉着。追赶雏鹅时，低头伸颈，发出惊恐鸣声的为雄雏鹅；高昂着头，不断发出叫声的为雌雏鹅。

4. 翻肛法

一般雄雏鹅生殖器官发达，约为0.3～0.5cm，阴茎状如芝麻，呈螺旋形，只要压翻泄殖腔便可挤出阴茎，比较易鉴别。具体方法是：先把雏鹅捉住，并仰卧固定，然后用拇指和食指把肛门轻轻拨开，再稍压向外翻，使内部外露，如有螺旋状而不大的阴茎突起，即为雄雏鹅；如肛门只有三角瓣形皱褶的，便是雌雏鹅。

5. 捏肛鉴别法

捏肛法是鉴别水禽雌雄的传统方法。此法简单、速度快，熟练者的准确率可达98%。具体操作方法是：左手捉雏鹅使其背朝天，腹朝下，并以拇指和食指在鹅的泄殖腔外部轻轻一捏，若手指可感觉到油菜籽或芝麻粒大小的突起，且尖端可以滑动，根端相对固定的即是雄雏鹅，否则是雌雏鹅。初学时可多捏摸几次。

【重点提示】 采用捏肛鉴别法时，用力要轻，更不能来回搓动，以免伤其肛门。

八 初生雏的分级

当出雏结束、发运之前，要进行一次严格的挑选和分级。畸形雏坚决淘汰，弱雏单独处理，决不可留作种用。强弱雏的鉴别见表5-4。

表5-4 强雏和弱雏的鉴别

项目	强雏	弱雏
出壳时间	30～31天	提早或最后出壳
绒毛	绒毛整洁，长短合适，色泽鲜亮	蓬乱污秽，缺乏光泽，有时绒毛短缺
体重	体重正常符合标准，大小均匀	过大或过小，大小不一致
脐部	干燥，愈合良好，其上覆盖绒毛	愈合不好，脐孔大，触摸有硬块
腹部	大小适中，柔软	特别膨大，触摸有硬块
肛门	清洁	不洁
精神	活泼、反应灵敏，腿干结实，叫声有力	痴呆、闭目、反应迟钝，站立不稳，鸣叫乏力
感触	抓在手中饱满，挣扎有力	瘦弱、松软，挣扎无力

九 孵化效果的检查与分析

1. 孵化效果的检查方法

在整个孵化过程中，要经常检查胚胎发育情况，以便及时发现问题，不断改善鹅的营养、管理条件及种蛋孵化条件，从而提高孵化率和雏鹅质量。孵化效果的检查主要有照蛋检查、胚蛋失重、胚蛋剖检、出雏情况检查4项。

（1）照蛋 照蛋是利用胚蛋内各部分对光的不同通透性特征来判别胚胎发育情况的生物学检查方法，照蛋应在黑暗的环境中进行（彩图15）。照蛋的目的是检查孵化期间鹅胚胎发育情况，检查孵化条件是否适宜，用时还可剔除无精蛋、死胚蛋，有助于更好地改进孵化条件。在孵化过程中，一般需要进行3次照蛋。第一次叫头照，约在鹅胚6～7日龄时进行；第二次叫二照，约在鹅胚15～16日龄时进行；第三次叫三照，约在鹅胚27～28日龄时进行。如图5-4所示为几种常用照蛋器。

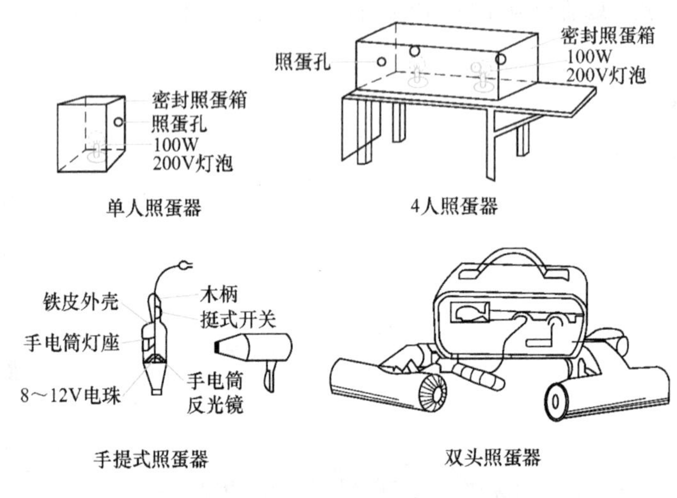

图5-4 各种照蛋器

① 头照的主要目的是了解种蛋的受精情况、早期胚胎发育和死亡情况，及时检出无精蛋、散黄蛋、裂纹蛋和死胚蛋。头照时，发育正常的胚胎应达到“起珠”，气室边缘界限清楚，蛋身泛红，下部色泽尤深，可见明显的放射状血管网及其中心活动的黑点，表明胚胎时刻在活动。若蛋内明亮，无血丝，蛋中央有一卵黄色暗影，则为无精蛋；若卵黄阴影模糊不清又较明亮者为散黄蛋；若内有血环，散在血线、血块，有时血环中心可见小黑点（眼点），即为死胚蛋（图5-5）。头照时如果有70%以上的胚蛋达不到“起珠”标准，死胚较少，说明孵化温度偏低；如有70%以上的胚蛋发育太快，少数正常，死胚蛋超过5%，说明孵化温度偏高；如果胚蛋发育正常，而弱精和死精蛋较多，死精蛋中散黄粘壳的多，则不是孵化问题，而是种蛋保存或运输的问题；如果胚蛋发育正常，白蛋和死胚蛋较多，则可能是公母种鹅比例不当，或饲料营养不全等原因造成。

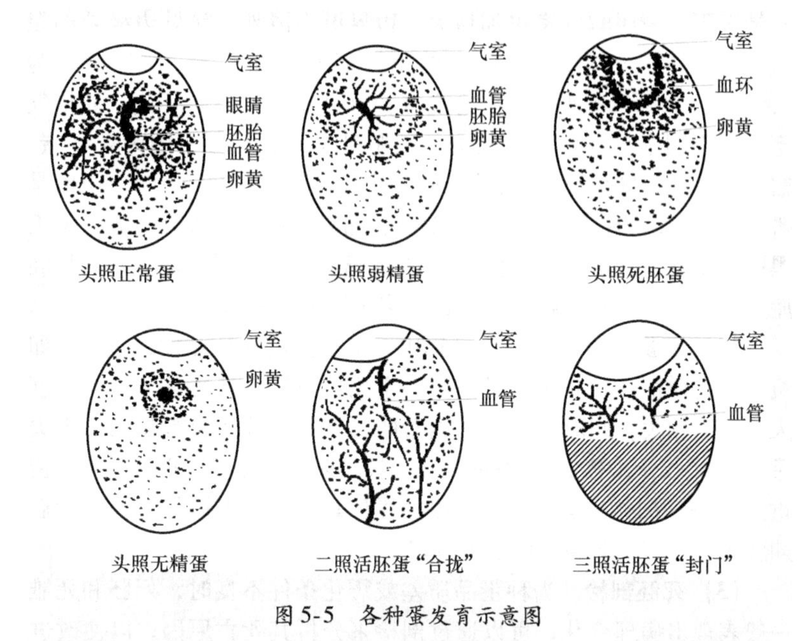

图 5-5　各种蛋发育示意图

② 二照的目的是了解中期胚胎发育情况，以查出死胎蛋。二照时，正常的胚胎气室变大，边缘界限清晰，尿囊血管十分明显，并在蛋的大头互相合拢，若未合拢，不见血管，或血管很细则说明胚胎发育缓慢，属于弱胚蛋。如果气室边缘界限不清，蛋内颜色较亮，胚胎呈可晃动的黑团状或碎块状，不见血管，则是死胎蛋。如果蛋的小头尿囊血管有 70% 以上没合拢，而死胚蛋又不多，说明是孵化至 7 ~ 15 天的胚龄阶段孵化机内温度偏低；如果尿囊 70% 以上合拢，死胚蛋增多，且少数未合拢胚蛋的尿囊血管末端有不同程度的充血或破裂，则是孵化至 7 ~ 15 天的胚龄期间温度偏高；如果胚胎发育参差不齐，差距较大，死胚正常或偏多，部分胚蛋出现尿囊血管末端充血，说明是由于孵化机内温差大或翻蛋次数少，角度不够或停电造成的；如果胚胎发育快慢不一，血管又不充血，则可能是种蛋保存时间长，不新鲜所致。

③ 三照的目的是了解孵化后期的发育情况，以查出死胎蛋。正

常情况下，三照时气室更加增大，边界更为清晰，除见边缘处的粗大血管之外，全是阴影，在蛋的小头部分也无亮区，所以称之为“封门”。如果气室小，小头有亮区，可见血管，为弱胚蛋；如果气室界限不明显，胚蛋颜色较亮，胚胎呈黑团状暗影，则为死胚蛋，需剔出。如果胚蛋在27天就开始啄蛋壳，死胎蛋超过7%，说明是孵化第15天后有较长时间温度偏高；如果气室小、边缘整齐，又无黑影闪动现象，说明是孵化第15天后温度偏低，湿度偏大；如果胚胎发育正常，死胚蛋超过10%则是多种原因造成的。

（2）胚蛋失重 在孵化过程中，由于蛋内水分蒸发，蛋白、卵黄营养物质消耗，胚蛋重量按照一定比例减轻，其失重多少与湿度大小密切相关，同时也受其他因素的影响。通常胚蛋孵化第5天失重1.5%～2%，第10天失重11%～12.5%，出壳时雏鹅的重量为蛋重的62%～65%。孵化中，可以抽样称重测定，根据气室大小和后期胚胎的形态，判断湿度是否适宜。

（3）死胚剖检 当种蛋品质差或孵化条件不良时，死胚和死雏一般表现出病理变化，可以通过剖检来分析其死亡原因，以便改进种鹅饲养管理和孵化管理条件。随意取出一些死胚蛋，煮熟后剥壳观察。检查死胚外部形态特征，判断死亡日龄。注意观察其病理变化，如出血、充血、肥大、水肿、萎缩、畸形等，综合判断死亡原因，必要时将死胚蛋作微生物检验，检查种蛋品质，是否感染传染性疾病。

（4）出雏情况检查 在正常孵化条件下，孵化29天就可见啄壳，啄壳后12h就可见出雏。一般在30天的后半天到31天的前半天是出雏高峰，满31天基本出雏完全。如果孵化条件不正常，出雏时间会提早或推迟，出雏高峰不明显，有的甚至在31天还多数未出雏，应立即查明原因，采取有效措施。初生雏的外形检查，可从雏鹅的卵黄吸收、脐部愈合、绒毛、精神状态和体型方面观察（表5-4）。弱雏比例较大表明孵化条件可能不适宜。

2. 孵化效果分析

（1）胚胎死亡原因分析 一般在正常情况下，鹅胚胎发育过程中有2个死亡高峰时期。第一个高峰时在孵化的7天左右，第二个高峰是孵化的 25 ~ 28 天。通常按入孵蛋计算，其孵化率在 85% 左右，其中无精蛋不超过 5%，头照的死胚蛋占 2%，8 ~ 17 天的死胚蛋占 2% ~ 3%，18 天以后的死胚蛋占 6% ~ 7%，后期死胚率约为前、中期的总和。第一个死亡高峰正是胚胎生长迅速、形态变化显著的时期，各种胎膜相继形成而作用尚未完善，胚胎对外界环境的变化很敏感，稍有不适，胚胎发育便受阻，以致夭折。种蛋储存不当，胚胎活力降低也会造成此时的胚胎死亡。另外，在种蛋储存期用过量的福尔马林熏蒸也会增加第一期死亡率，维生素 A 缺乏会在这一时期造成重大影响。第二个死亡高峰正处于胚胎从尿囊绒毛膜呼吸过渡到肺呼吸的时期，此时胚胎生理变化剧烈，需氧量急剧增加，其自温产热猛增，传染性胚胎病的威胁更为突出，对孵化环境要求高，若通风换气、散热不好，势必有一部分本来较弱的胚胎死亡。另外，由于蛋的放置不是大头向上也会使胎雏姿势异常而不能出壳。

（2）鹅蛋孵化不良现象

1）鹅蛋的受精率平均为 85% ~ 90%，如果无精蛋超过 10% ~ 15%，就是一种异常现象，形成的原因主要有：公母种鹅比例不合适，公鹅过多、过少或种鹅年老、肥胖、跛脚，缺少交配所需的水池，营养不良等；人工输精时深度不够或精液稀释过稀等。

2）胚胎早期死亡多因种鹅的营养水平及健康状况不良、种蛋储存时间过久或保存条件不良、熏蒸消毒程序不合理、种蛋运输时受到剧烈震动、孵化温度过高或过低、孵化期间未能及时翻蛋以及遗传性等引起。

3）第一次验蛋与落盘时死亡多因种鹅营养缺乏、种蛋内侵入病菌、孵化条件不适宜等引起。

4）卵黄粘连壳内膜是由于种蛋保存不当而引起。

5）经常见到蛋壳已被啄破，胚胎又发育良好，但雏鹅就是不能出壳，这通常是破壳期间环境湿度相对较低、通风不良所致。

6）雏鹅在出雏室内死亡多因种蛋落盘过迟、出雏器内湿度过低等引起。

7）卵黄吸收不全多因孵化器内环境湿度过高、翻蛋不当、机内通风不畅缺乏氧气、种蛋感染沙门氏菌等引起。

8）出雏过早则多因孵化器温度过高、蛋重太小、温度计不准确等引起。

9）羽毛干涩、瘦小多见于蛋龄过于分散、通风不良、脐带感染病菌等原因。

10）孵化温度偏低、种蛋储存时间过长等会造成出雏推迟。

十 提高孵化率的途径

1）饲养高产健康种鹅，保证种蛋质量。

2）加强种蛋管理，确保入孵前种蛋品质优良。

3）创造良好、适宜的孵化条件，掌握好孵化温度、湿度，孵化场和孵化器保持通风换气，进行严格消毒。

4）详细记录孵化情况，及时找出原因，采取适当的措施。

5）孵化器的操作人员要认真负责，按操作规程进行孵化。

实例

某地 XX，原来一直经营建筑包工，手头也有一些积蓄，此人思路敏锐，遇事敢想敢干，经过观察分析他开始进行鹅种蛋孵化这门生意。先修建了孵化抱房，请以前搞过种蛋孵化的老人口头传授了一些经验，又雇请了工人，购买了孵化箱。经过收购鹅蛋、升温入孵、掌握温度，1 个月之后，鹅苗终于出壳了，XX 看到叽叽喳喳活蹦乱跳的小雏鹅，更是喜出望外，但是等到第一批共 2 000 只鹅苗全部出齐之后，才发现有相当一部分是属于站立不稳、羽毛蓬乱、闭眼昏睡、个小体瘦、难以出售的弱雏，在接下来几批出壳的鹅苗中，这种现象依然存在。XX 百思不得其解，只得请专门从事鹅蛋孵化的专业技术人员到孵化场现场考察，得出的结论是：XX 的孵化场收购来的鹅蛋，蛋壳表面沾满污物、随意堆放，而且种蛋在入孵之前根本没有进行消毒处理，是导致出壳率低，残、次、病、弱鹅苗多的主要原因。

第六章
鹅的饲养管理

第一节　雏鹅的饲养管理

雏鹅是指孵化出壳后到4周龄或1月龄以内的小鹅，人们常说“鹅好养，雏难育”，可以看出育雏是养鹅生产中的关键环节。实践中发现养鹅0～21日龄阶段的雏鹅死亡较多，雏鹅培育的好坏，直接关系到养鹅的经济效益。

一　雏鹅的特点

1. 新陈代谢旺盛，生长发育快

雏鹅的新陈代谢机能非常旺盛，早期生长速度相对迅速。21日龄时体重为初生重的10倍左右，1月龄时为20倍。为保证雏鹅快速生长发育的营养需要，在培育中要保证充足的饮用水、青绿饲料和精饲料，饲喂含有较高营养水平的日粮。

2. 体温调节机能较差

刚出壳的雏鹅全身仅覆盖着稀薄的绒毛，保温性能差，机体的体温调节机制还没有发育完全，表现为怕冷、怕热、怕外界环境的突然变化，特别是对冷的适应性较差。环境温度稍低时，雏鹅易发生扎堆现象，常出现压伤，甚至死亡。随着羽毛的生长和脱换，雏鹅体温调节机能逐渐增强，对外界环境温度的适应能力也逐渐增强，从而能够较好地适应外界温度的变化。

【重点提示】 育雏开始时，应提供适宜的育雏温度，以保证其正常的生长发育。

3. 消化道容积小，消化吸收能力差

在孵化期间，胚胎所需的养分来源于卵，物质代谢比较简单。出壳后的雏鹅逐渐转变为直接吸收利用饲料中的养分，这有待于消化器官和消化腺的发育与功能逐渐加强。30日龄，特别是20日龄以内的雏鹅，不仅消化道容积小、消化能力差，而且吃下的食物通过消化道的速度比雏鸡快很多。

【重点提示】 雏鹅饲喂要少喂多餐，饲喂易消化、营养丰富的饲料。

4. 抵抗力差

雏鹅个体小，多方面功能尚未发育完善，体质较弱且娇嫩，抵抗能力差，加上密集饲养，很容易感染各种疾病。若饲养密度过高，发病情况会更严重。因此，在日常的管理、放牧时要特别注意减少应激，认真做好卫生防疫工作。

二 育雏前的准备

1. 育雏季节的选择

育雏季节的选择要在保证经济效益的前提下，充分利用自然资源，即综合考虑当地的青饲料供应、气候条件、技术水平、市场需求与种蛋来源等因素。一般来说，都是春季育鹅苗。这时，正是种鹅产蛋的旺季，可以进行大量孵化。气候由冷变暖，育雏较为有利。同时已有大量的时令莴苣、苦荬菜作为雏鹅开食的青饲料；当雏鹅长到20日龄时，青饲料已普遍生长，质地幼嫩，可以全天放牧；进入50日龄育肥时，还可充分利用麦茬田放牧。在广东等南方地区由于冬季气温暖和，宜于种植冷季型牧草，可于11月前后养雏鹅，待育肥结束便刚好赶上春节上市。也有部分地区用夏鹅育雏，一般在早稻收割前60天养雏鹅，到早稻收割时正好利用稻茬田放牧育肥，待开春产蛋又能赶上春孵。

2. 确定饲养方式

雏鹅的饲养方式可分为地面育雏（彩图16、彩图17）、网上育雏（彩图 18）和立体笼养（彩图 19）3 种。地面平养投资少但单位面积饲养密度低，且要准备充足的垫料（厚 5 ~ 10cm），以保证室内温暖、干燥、清洁。采用地面平养所用垫料应具有导热性低、吸水性强、柔软、无毒、对皮肤无刺激等特性，并要求来源广、成本低，适于作肥料和便于无害化处理。常用的垫料有稻草、麦秸、稻壳、树叶、野干草、植物藤蔓、刨花、锯末、泥炭和干土等。网上平养清粪方便，劳动强度小，且减少了鹅体与白痢、球虫接触的几率，一般网眼为 1.25cm × 1.25cm，网高可根据管理人员的身高调节，以方便操作为准（彩图 20）。立体笼养指利用育雏笼，进行立体育雏。笼养能充分利用空间，提高单位面积的利用率，但投资成本高。育雏笼由笼架、笼体、料槽、水槽和托粪盘构成，根据笼的摆放形式分为重叠式和阶梯式。如重叠式笼架一般长 100cm、宽 60 ~ 80cm、高 150cm。从离地 30cm 起，每 40cm 为 1 层，可设 3 层或 4 层，笼底与托粪盘相距 10cm。随着养鹅技术的提高，规模的扩大，这一饲养方法已逐渐推广应用到生产中。

3. 育雏房舍

根据进雏计划、育雏数量计算育雏面积，如地面平养，一般育雏期内每 10 只雏鹅饲养至 4 周龄脱温前应有 $1 \sim 1.5m^2$ 的面积，以满足雏鹅生长发育活动所需。育雏使用的房舍必须在育雏前做好维修、粉刷和补漏维修工作，确保室内温暖、干燥、保温性能良好、光照适宜，空气流通而无贼风，电力供应稳定。地面平养时要求室内地面比室外地面高出 25 ~ 30cm，以保证育雏舍内地面及垫料的干燥。

4. 设备与用具

育雏前必须将舍内照明、通风、保温和加温设备配备齐全，并确保完好无损；同时要准备充足的料槽（彩图 21）、水槽、网床以及照明用的灯泡、加温用的电热育雏伞（彩图 22）、温度计、电子秤和手电筒等。

5. 饲料与药品

进雏前还要准备好开食饲料或补饲料，以保证雏鹅一进入育雏舍就能吃到易消化且营养丰富的饲料，而且整个育雏期饲料须供应充足而稳定。同时，进雏前应准备好与育雏有关的药品，包括消毒药、抗菌药和疫苗等。

【小知识】>>>>

一般每只雏鹅养至4周龄的育雏期内需备饲料3kg左右，优质青绿饲料8~10kg。育雏前应要根据雏鹅的饲养数量，认真计算、备足饲料。

6. 育雏舍的清洁与消毒

一般进雏前5~7天对育雏舍进行彻底清扫，并用高压水枪冲洗地面、墙壁、网床和笼具，然后用涂刷、熏蒸、喷雾和浸泡等方法对育雏舍内墙壁、窗户、育雏设备、用具进行消毒。进雏前2~3天，墙壁可用20%的生石灰水涂刷消毒，地面用20%的漂白粉悬混液喷洒消毒，喷洒后关闭门窗24h，然后敞开门窗，让空气流通，吹干育雏舍，或者舍内用福尔马林和高锰酸钾进行熏蒸消毒（$1m^2$空间用福尔马林28ml，高锰酸钾14g）。地面垫料先在户外经阳光暴晒消毒。育雏用具，如食槽、水槽、竹篱等可用5%来苏儿溶液喷洒一边，然后再用清水冲洗干净，以防止腐蚀雏鹅口腔黏膜。

7. 预温

雏鹅舍的温度应达到28~30℃才能进鹅苗。在雏鹅进舍前2~3天，对育雏舍、育雏伞和保温装置进行温度调试，检查设备是否运转正常。由于墙壁、地面都要吸收热量，所以，必须在雏鹅入舍前36h将育雏舍升温，使育雏舍内温度均匀、平稳。温度计悬挂在高于雏鹅5~8cm处，昼夜观测育雏舍内温度变化。进雏之前还要把水加温，让水温能达到室温。

此外，还需要进行人员分工及培训，制订好免疫计划，准备好育雏记录本及记录表，记录出雏日期、存养数、日耗料量、死亡数、用药及疫苗接种情况，以及体重的称测和发育情况等。

三 雏鹅的选择

雏鹅的质量好坏直接影响育雏效果，所以在育雏前，必须对雏鹅进行选择，确保育雏及后续阶段的饲养效果。首先，应根据本地自然习惯、饲养条件和市场需求，选择适合本地饲养的品种，或选择杂交鹅来饲养。选择外来品种时，首先要了解其生产性能、产品特性及饲养要求，然后才能引进饲养。其次，留种雏鹅必须来源于健康、无病、生产性能高的鹅群并在适宜的采种期内，且其亲本有可靠的防疫程序，一般不选择开产前期种鹅的后代。再次，健壮的雏鹅是保证雏鹅成活率的前提条件，对留种雏鹅更应该进行严格选择。

四 雏鹅的运输

初生雏鹅的运输在其孵出后 8～12h 到达目的地最好，最迟不得超过 24h。雏鹅运输装载工具有方形专用纸箱、竹筐。专用纸箱一般长 60cm、宽 45cm、高 20cm，每个纸箱内分 4 格，每格各装 15 只雏鹅，箱子的四周应开有直径为 2cm 的通风孔。竹筐一般直径为 60cm，边框高度 23cm，每筐装雏鹅 50～60 只。短途运输时一般用经消毒的简易或专用运输工具，如三轮车、拖拉机、汽车等。长途运输可以采用带空调的汽车或空中运输方式。运输一般在雏鹅出壳羽毛干燥后即可进行。在冬季和早春时节的运输途中要注意保温，应携带用具，防止雏鹅受热、闷、挤、冻等事故发生。夏季运输过程中防止日晒雨淋，一般选择晚间运输，以防雏鹅受热。运输途中一般不喂食，路途时间较长时，应设法让雏鹅饮水，以免引起雏鹅脱水而影响成活率。如果运输时间超过 24h，最好采用嘌蛋方式进行运输。

【重点提示】 运输途中，应适时检查雏鹅精神状态，注意容器内的空气对流，以免造成雏鹅因供氧不足而大批死亡。

五 雏鹅的饲养

1. 雏鹅的饲料

刚出壳的雏鹅消化器官的功能没有发育完全，因此不但要饲喂营养丰富、易于消化的全价配合饲料，而且还需优质的青饲料，不要只喂单一的饲料和营养不全的饲料，其消化功能差，要喂一些易消化富含蛋白质的饲料。1～21 日龄的雏鹅，日粮中粗蛋白质水平为 20%～22%，代谢能为 11.30～11.72MJ/kg；21 日龄起日粮中粗蛋白质水平为 18%，代谢能为 11.72MJ/kg。可随日龄的增长及当地饲料来源，配制较合理的配合饲料，与青饲料一起拌喂。

2. 适时开水、开食、开青

饲养雏鹅首先要适时“三开”，即开水、开食和开青。“三开”

时间的早晚和好坏对雏鹅以后的生长发育有很大影响。“三开”过晚，往往有一部分雏鹅因不会采食、饮水而死亡，即使蛋黄吸收不良的大肚皮雏鹅，也应在24h内“三开”。

（1）开水 又称“潮口”，一般在雏鹅出壳后24h左右，当2/3的雏鹅站立走动、伸颈张嘴，有啄食欲望时，即可进行开水，目的是刺激食欲，促使胎粪排出。采用温度大约为20℃的0.05%的高锰酸钾溶液做饮用水，可以防止消化道疾病。如果运输距离较远，最好选用5%～10%的葡萄糖水，其后改用普通清洁饮水。雏鹅第一次饮水，时间掌握在3～5min。雏鹅1～3日龄的饮水最好按比例加入维生素C或速溶多维。饮水器可利用在水盆中倒扣1只杯子或碗而成，使水盆周围溢水。开水时可逐只将鹅头轻轻压下水面，调教数次后雏鹅就可到水槽旁自动饮水了。

【重点提示】 如果不能及早饮水，容易引起雏鹅体内缺水和脱水。育雏舍内饮水器要摆放均匀，位置要求固定，切忌随便移动。饮水器中要保持有洁净的水，保证雏鹅随时都可喝到水，避免长时间断水而引起“暴饮”。天气寒冷时使用温水。

（2）开食 刚出壳的雏鹅虽然体内卵黄能维持其3～4天的营养需要，但鉴于雏鹅从利用卵黄到利用饲料要有一个适应的过渡期，故雏鹅开食时间一般在出壳24h后进行。初生雏鹅及时开食，有利于提高雏鹅的成活率，保证雏鹅初次采食有旺盛的食欲。开食饲料采用全价配合饲料，有的地方还采用老办法，如用浸泡的碎米开食。大群饲养，开食时可将全价配合饲料撒在塑料布上或塑料盘上，以便于全群同时自由采食。第一次喂食不要求雏鹅吃饱，能吃7～8成饱即可，以后每隔2～3h再用同样方法饲喂1次。待雏鹅自动采食后，可改在食盆或饲槽中给食。在农村家庭养鹅户和专业户一般多用小米和碎米，经过浸泡或稍蒸煮后喂给雏鹅。为了使饲料爽口不粘嘴，蒸煮过的饲料，最好用水淘过以后再喂。但这种饲料较单一，最好一开始就喂混合饲料。

（3）开青 鹅喜食青绿饲料，加喂青饲料有利于鹅对饲料营养成分的消化吸收，促进鹅的生长。雏鹅开青可从2～3日龄开始，应采用先“开水”、后“开食”、再“开青”的饲喂程序。过去的方法是将青饲料先切碎，与精料混在一起再喂给；现在一般是先喂精饲料（全价配合）再喂青饲料，这样可以防止雏鹅专挑青饲料吃，而减少精饲料的摄入量。冬季青饲料缺乏的情况下，可采用发芽的麦子或者含粗纤维的草粉与全价配合饲料拌喂。

【重点提示】 青饲料在切细时不可挤压；切碎的青料不可存放过久；不要用油腻的刀切青料，更不要加喂含脂肪较多的动物性饲料。

3. 饲喂制度

雏鹅用的饲料，特别是青绿饲料，必须新鲜、清洁。饲喂要做到定时定量，少放勤添。每次喂完料后即将料槽拿开，让小鹅安静休息。15 日龄内的鹅以每次喂 8 成饱为宜，病弱雏要分开饲养。每次喂料时，要更换新鲜饮水。饲料变换要逐渐进行，一般由熟至生，由软至硬，由舍饲到放牧要逐渐过渡。2～3 日龄，每日喂 6 次，日粮中精饲料占 50%；4～10 日龄，每日喂 6～8 次，其中晚上喂 2～3 次，日粮中精饲料占 30%～40%；11～20 日龄的雏鹅，应以喂青绿料为主，每日喂 5～6 次，其中晚上喂 2 次，日粮精料占 10%～20%，每日喂 6 次，如果天气暖晴，可以开始训练放牧。放牧前不喂料，促使雏鹅在放牧地多采食青草。21～30 日龄，放牧时间适当延长，每日喂 3～4 次，日粮中精料占 8%～10%，此期为转入以放牧青饲料为主的中鹅阶段打好基础。

【小知识】>>>>

鹅没有牙齿，必须借助沙砾的碾磨消化。雏鹅 3 日龄后就可在饲料中掺些沙砾，10 日龄前的沙砾直径为 1～1.5mm，10 日龄后改为 2.5～3mm，每周喂量 4～5g；或设沙砾槽让雏鹅根据需要自由觅食。放牧鹅可不喂沙砾。

六 雏鹅的管理

管理是育雏成败的关键，对提高雏鹅的成活率和生长速度有直接影响，雏鹅的管理主要包括以下几个方面。

1. 温度控制

温度与雏鹅的体温调节、运动、采食、饮水以及饲料的消化吸收有密切的关系。刚出壳的雏鹅体温较低，约为39.6℃，直到10日龄时才逐渐接近成年鹅的体温（41～42℃）。雏鹅毛稀而短，体温调节机能较差，抗寒能力较弱。育雏室的温度过高、过低或变化太大，均不利于雏鹅的生长发育。温度过高时，雏鹅易感染呼吸道疾病或感冒；温度过低时，雏鹅受凉，导致消化不良或死亡数增多。

育雏保温应执行下列原则：群小稍高、群大稍低；弱雏稍高，强雏稍低；夜间稍高，白天稍低；冷天、阴天稍高，热天、晴天稍低。育雏期间要防止温度突然变化。雏鹅对温度的变化非常敏感，不同的育雏温度，其育雏效果也不相同。对于育雏温度要灵活掌握，不同品种、不同季节对育雏温度的要求不同。

在育雏过程中，判断育雏温度是否适宜，除看温度计和通过人的感觉估测外，还可以观测雏鹅的活动状态及表现来判断温度高低。鹅适宜的育雏温度见表6-1。育雏温度适宜时，雏鹅表现为活泼好动，食欲旺盛，呼吸平和，睡眠安静，均匀分布在育雏室内。温度过低时，雏鹅互相拥挤成团，似草垛状，绒毛直立；躯体蜷缩，发出“叽叽”的尖叫声，严重时造成大量的雏鹅被压死、踩死。温度过高时，雏鹅表现为张口呼吸，精神不振，食欲减退，频频饮水，并且远离热源，往往分布于育雏室的四周，特别是分布于门、窗附近。一般雏鹅的保温期为20～30日龄，适时脱温可以增强鹅的体质。过早脱温，雏鹅容易受凉而影响发育；保温太长，则雏鹅体质弱，抗病力差容易得病。完全脱温后，要注意气温变化，在脱温的头2～3天，若外界气温突然下降，也要适当保温，待气温回升后再完全脱温。

表6-1　鹅适宜的育雏温度和相对湿度

日龄	温度/℃	相对湿度（%）
1～5	30～27	60～65
6～10	26～25	60～65
11～15	24～22	65～70
16～20	22～18	65～70

【重点提示】 在育雏期间，温度必须平稳下降，切忌忽高忽低急剧变化。当观察到雏鹅表现出温度过高或过低的行为时，应立即调整温度。

2. 湿度控制

鹅虽属于水禽，但干燥的舍内环境对雏鹅的生长发育和疾病预防至关重要。在低温高湿情况下，雏鹅因体热的大量散发而感到寒冷，易引起感冒、下痢和打堆，增加僵鹅、残次鹅和死亡数，这是导致育雏成活率下降的主要原因。在高温高湿的条件下，雏鹅体热的散发受到抑制，体热的积累造成物质代谢和食欲下降，抵抗力减弱，同时高温高湿易引起病原微生物的大量繁殖，是发病率增加的主要原因，也是在育雏过程中经常发生的现象，是育雏的大忌。因此，育雏舍要注意通风换气，门窗不宜长时间密闭，舍内喂水时切勿外溢，及时清除潮湿垫料，并换上干净、干燥的垫料，保持舍内干燥。鹅适宜的育雏相对湿度参考表6-1。

3. 合理分群，密度适宜

雏鹅的体质强弱差异较大，在育雏期间要根据其体质强弱、体重大小等进行分群，对弱雏要精心饲养，并加强管理。否则，易出现以强欺弱导致挤死、饿死弱雏的事故。雏鹅一般以50～100只为1群，群与群之间要用30cm高的隔栏隔开。此外，在日常饲养管理中，一旦发现体质弱、行动迟缓、食欲不振、粪便异常的雏鹅应及时挑出隔离，加强饲养，并对病雏进行治疗。雏鹅的饲养密度与雏鹅的运动、舍内空气的新鲜与否以及舍内温度有密切的关系。实践证明，密度过大，雏鹅运动不良、腿病增多，鹅群整齐度差，甚至出现啄羽等恶癖；密度过小，则降低育雏舍的利用率。在饲养过程中随着雏鹅的生长，体重的增加，体格变大，应不断调整雏鹅的饲养密度。育雏适宜的饲养密度参考表6-2。

4. 通风与光照

雏鹅生长速度快，体温高，呼吸快，新陈代谢旺盛，随着雏鹅日龄的增加，呼出的二氧化碳、排泄的粪便以及饲料发酵中散发的氨气和硫化氢增多，若不及时进行通风换气，将严重影响雏鹅的健康和生长。因此，育雏舍内必须有通风设备，以经常对育雏舍进行通风换气，保持舍内空气新鲜。

表 6-2　育雏适宜的饲养密度　（单位：只/m^2）

类型	1 周龄	2 周龄	3 周龄	4 周龄
中、小型鹅种	15~20	10~15	6~10	5~6
大型鹅种	12~15	8~10	5~8	4~5

【小知识】>>>>

通风量一般控制在人进入鹅舍时不觉得气闷，没有刺眼、刺鼻的臭味为宜。

在育雏期间，一般要保持较长的光照时间，这不仅有利于雏鹅熟悉环境，增加运动，也便于雏鹅采食、饮水，满足其生长的营养需要。1~3 日龄采用 24h 的光照，4~15 日龄采用 18h 光照，16 日龄后逐渐减为自然光照，但晚间需开灯加喂饲料。光照强度以能满足雏鹅采食、饮水、活动为宜。

5. 放牧与放水

通过放牧可以促进雏鹅新陈代谢，增强体质，提高适应性和抗病力。同时，还可充分利用自然资源，节约饲料，降低成本。雏鹅未出大羽之前对外界环境的适应性不强，从舍饲转为放牧要逐步进行，以免造成应激或损害。雏鹅初次放牧时间应根据气候和健康状况而定，避开寒冷大风和阴雨天，气温 25℃左右天气晴朗时，可在 6~7 日龄左右放牧；天冷的冬春季节，则要在 15~20 日龄才能放牧。第一次放牧必须选择风和日丽的天气进行，牧地要求牧草青嫩、离水源较近。雏鹅放牧时间不宜过长，刚开始放牧时，时间以 20~30min 为宜，以后每天放牧的次数应由少到多，并逐渐减少饲喂次数和饲喂量，以增进放牧时的采食量，待放牧后再酌情补喂精料。

【重点提示】　雏鹅腿部和腹下部的绒毛沾湿后不易干燥，易导致雏鹅受凉、腹泻。放牧时一定做到“迟放早收”。所谓迟放，就是上午第一次放鹅时间要晚一些，应待草上露水干后才能放牧。

鹅喜欢在水中游泳锻炼，适时放水，对雏鹅生长发育极为有利。雏鹅放水，也要根据气候条件和雏鹅健康状况而定。雏鹅放水不宜过早，一般暖和的天气在7~10日龄时开始，阴冷的天气则要等到2周龄。初次放水应在晴暖的天气，让雏鹅在水盆或水深4cm左右的浅水中嬉水锻炼，逐渐适应水中生活，切不可强迫雏鹅待在水中，导致绒毛湿透而受寒。初次放水以2~3min为宜，以后任其自由嬉水，一般每天放水2~3次。放水后要任其在岸上修理羽毛，待干身后再赶回鹅舍。

放牧和放水时要注意鹅群的动态，并定时赶动鹅群，以免有些雏鹅过多休息导致受凉，当大部分雏鹅吃饱后，才能赶雏鹅入棚舍休息。同时还要注意天气变化，如在炎热的天气里，看见雏鹅烦躁不安、急促鸣叫，应及时赶鹅放水降温；预报有暴风雨时不能放牧，以免雏鹅淋雨发病。

6. 注意观察，防止应激

在育雏期间，应定期抽测体重，观察雏鹅生长发育情况，及时发现饲养管理中存在的问题。育雏期间要保持环境安静，5日龄内的雏鹅，每次喂料后，除了给予10~15min的室内活动外，其余时间都应让其休息。育雏舍内光线不宜太强，只要让鹅能看见水和饲料即可。在放牧过程中，不要让狗及其他兽类接近鹅；注意避开汽车、拖拉机等声音。

7. 卫生防疫

雏鹅发病时传播迅速，流行范围广，多种疾病继发、并发、混合感染现象普遍存在，且发病后的治疗效果不佳，因此，应该针对雏鹅发病的病因，做好卫生防疫工作，对提高雏鹅活力，保证鹅群健康十分重要。卫生防疫工作包括环境消毒和卫生清洁、人员与用具等管理以及雏鹅的免疫与防病；雏鹅易发生的疾病有小鹅瘟、禽出血性败血症（简称禽出败）、鹅球虫病等。

8. 防御敌害

在育雏的初期，雏鹅无防御和逃避敌害的能力，鼠害是雏鹅最危险的敌害。因此对育雏室的墙角、门窗要仔细检查，堵塞鼠洞；在农村还要防御黄鼠狼、猫、狗、蛇等敌害，在夜间应加倍警惕，

并采取有效的防御措施。

第二节　中鹅的饲养管理

所谓中鹅是指28日龄或30日龄起至70日龄的鹅，也称生长鹅、仔鹅、育成鹅或青年鹅；留作种用的称为后备种鹅，用作商品育肥的称为肉仔鹅。此阶段是鹅骨骼、肌肉和羽毛生长最快的时期，其觅食能力增强，营养物质需要逐渐增加，对饲料的消化吸收力不断提高，骨骼、肌肉和羽毛迅速生长，对外界环境的适应性和抵抗力不断提高。为适应这些特点，需加强仔鹅的饲养管理，满足其生长发育所需的各种营养物质，为转入育肥期或选留后备种鹅打下良好基础。

一　中鹅的特点

1. 早期生长迅速

一般肉用仔鹅9~10周龄的体重可达3kg以上，即可上市出售。因此，肉用仔鹅生产具有投资少、收益快、获利多的优点。

2. 最能利用青绿饲料

无论是以舍饲、圈养或以放牧方式饲养（彩图23），鹅的生产成本费用较低。特别是我国南方地区气候温和，雨量充足，青绿饲料可全年供应，为放牧养鹅提供了良好条件。

3. 生产具有明显的季节性

虽然采用光照控制可以使鹅的全年产蛋有2个周期，但主要繁殖季节仍为冬春季节。光照控制必须在密闭种鹅舍中进行，广泛采用尚有一定困难。因此，当前或在相当长一段时间内，在我国南方放牧饲养生产肉用仔鹅仍占有很大比重，其上市旺期在每年5月才开始。因此，每年上半年是肉用仔鸭上市的淡季，却正是肉用仔鹅产销的旺季，这就为肉用仔鹅生产及加工产品提供了极为有利的销售条件。

二　中鹅的饲养方式

肉用仔鹅饲养方式大体有舍饲、放牧、舍饲与放牧结合3种方式。舍饲和放牧两种饲养方式各有优点。舍饲多为地面平养或网上平养，这种方式适合于规模化批量生产，但设备、饲料、人工等费用相对增高，如果饲养管理水平达不到要求，效果不及放牧仔鹅增重效果好。放牧方式可灵活经营，并充分利用天然牧地以节省成本，不但有助于鹅的生长发育，更重要的是节省饲料，降低饲养成本，经济效益好。一般放牧中鹅在9周龄体重可达到3kg以上，同时，放牧鹅的胸腿肉率高于舍饲鹅、而皮脂率则相反。但放牧饲养规模有限。从我国当前养鹅业的社会经济条件和技术水平来看，采用放牧补饲方式，小群多批次生产肉用仔鹅更为可行。

1. 放牧饲养

（1）放牧场地的选择 放牧场地要有足够数量的鹅喜欢采食且营养丰富的牧草。鹅喜食的草类很多，一般只要无毒、无刺激、无特殊气味的草都可。如鹅爱吃看麦娘（又名牛茅草、齐齐草）、罔草（扁稗草）的嫩草和草籽；爱吃狗尾巴草（谷莠子）的草叶和种子、酢浆草、蟋蟀草（牛筋草）和藜（灰菜）；还爱吃羊蹄（牛舌头草）、酸模的嫩叶和果实。鹅爱吃的水生植物有：金鱼藻（竹节草）、荇菜、稗（稗子、稗草）、菹草（虾藻、虾草）、野生茭白等。放牧场地要求开阔、平坦，附近应有供鹅饮水或游泳的湖泊、小河或池塘及供鹅遮阴休息的树林或人工凉棚等。

【重点提示】 放牧场地最好远离公路，防止鹅群因汽车鸣笛等嘈杂声音受到惊吓；同时，要注意避开喷施过农药的农田。

（2）放牧时间 放牧时间的长短应根据鹅日龄的大小而定。放牧初期要控制时间，每天上下午各放1次，每次活动时间不要太长，中午要回棚休息2h。如果在放牧中发现仔鹅有怕冷的现象，应停止放牧。以后随日龄增大，逐渐延长放牧时间，直至整个上下午都在放牧。鹅的采食高峰是在早晨和傍晚，早晨露水多，除小鹅时期不宜早放外，待腹部羽毛长成后，早晨尽量早放，傍晚天黑前，是又一个采食高峰，所以应尽可能将茂盛的草地留在傍晚时放。

（3）放牧鹅群的大小 放牧鹅群的大小根据管理人员的经验与放牧场地情况而定，一般以250～300只为宜，由两人放牧管理；若放牧场地开阔，水面较大，对整个鹅群可以一目了然，每群也可扩大到500～1 000只，放牧人员则需要增至3～4人；如果放牧人员经验丰富，群体还可扩大。但不同年龄、不同品种的鹅要分群管理，以免在放牧中出现大欺小、强凌弱，影响个体发育和鹅群的均匀度。

（4）鹅群调教　鹅的合群性较强，胆小，对周围环境的变化十分敏感。放牧前应根据鹅的行为习性进行调教，先将各个小群的鹅并在一起吃食，让它们互相认识、互相亲近，几天后再继续扩大群体，加强合群性。在出牧、归牧、下水、休息时，放牧人员给以相应的信号，使鹅群建立起相应的条件反射，养成良好的生活规律，使之在遇到意外情况时也不会惊叫走散。开始时在周围环境不复杂的地方放牧，让鹅群慢慢熟悉放牧路线；然后进行放牧速度的训练，按照空腹快、饱腹慢、草少快、草多慢的原则进行调教。

（5）观察采食与补饲　如果放牧场地条件好，仔鹅采食的食物能够满足生长发育的营养需要，可以不补饲或少补；放牧场地条件较差，或者当日最后一个“饱”未达到十成饱，或者肩、腿、背、腹正在脱落旧毛、长出新羽时，营养满足不了生长发育的需要，就应该做好补饲。补饲时加喂青饲料和精饲料，每天补饲量应视草情、鹅情而定，以满足需要为佳。补饲时间通常安排在中午或傍晚。刚由雏鹅转为中鹅时，可继续适当补饲，但应随时间的延长，逐步减少补饲量。白天补料可在牧地上进行，这可减少鹅群往返次数而避免劳累。为了使鹅群在牧地上多吃青草，白天补料时不喂青料，只给精料。

【重点提示】　喂料时，要认真观察中鹅的采食动作和食管的充容度。凡食欲不振者，表现为采食时抬头，东张西望，嘴呷含着料，不愿下咽，有的嘴呷角吊几片菜叶，头不停地甩或动作迟钝，或站在旁边不动，有此情形者疑为有病，必须立即将其取出，进行检查并隔离饲养。

（6）放牧时注意事项　放牧人员，不宜随意更换。放牧前要仔细观察鹅群，把病弱和精神不振的鹅留下，出牧时点清鹅数。放牧要逐步锻炼，路线由近渐远，慢慢增加，途中尽量选择平坦路线，要有走有歇，不可蛮赶。每天放牧距离要大致相等，以免累伤鹅群。

放牧时要注意观察鹅群动态，待大部分鹅吃饱后，让鹅下水活动，活动一段时间后再赶到岸上休息。中鹅胆小、敏感，要防止其他动物、有颜色的物品、喇叭声等突然出现引起惊群。平时要注意天气变化，避免鹅群受到烈日暴晒和风吹雨淋，阴雨天应停止放牧。收牧时，要让鹅群洗好澡，清点鹅数后再返回育雏舍。

2. 舍饲

中鹅的全舍饲采用专用鹅舍，要喂给全价配合饲料，还应在日粮中加喂30% ~50%的青绿饲料，舍饲中鹅应常备饮水，让鹅随需随饮。全舍饲的中鹅日粮代谢能为11.297MJ、含粗蛋白质18%、粗纤维 5%、钙 1.6%、磷 0.9%、赖氨酸 1%、蛋氨酸加胱氨酸 0.77%，食盐0.4%。全舍饲鹅生长速度快，但饲养成本高。舍饲时要注意池塘水的清洁，勤换鹅舍垫草，勤清扫运动场。饲料槽和饮水盆数量充足，防止体弱的个体吃不到料，影响生长，拉大体重差异。舍饲的每群育成鹅数量以100 ~200 只为宜，小规模可控制在每群50 ~100 只。鹅的消化速度快，为促进生长，饲喂次数一定要多，一般白天喂3 ~4 次，夜间1 次；如果青、精饲料分喂，青饲料饲喂次数还可增加。有条件的应尽量扩大运动场面积，且运动场内必须堆放沙砾，以防消化不良。

三 中鹅的饲养管理要点

1. 适时脱温

适时脱温可以增强雏鹅的体质。过早脱温时，雏鹅容易受凉，而影响发育；保温时间太长，则雏鹅体质弱，抗病力差，容易得病。可以结合放牧与放水的活动，逐步外出放牧，并可以开始逐步脱温。但在夜间，尤其在凌晨2：00 ~3：00 气温较低时，仍要注意保温。

2. 做好卫生防疫工作

中鹅的初期，机体抗病力还较弱，又面临着从舍饲为主向放牧为主的生活改变，使鹅承受较大的环境应激，容易诱发一些疾病。在这一转折时期，最好在饲料中添加一些抗生素和多维等抗应激和保健药品。每天要清洗饲料槽、饮水盆，随时做好舍内外、场区的清洁卫生；定期更换垫草，并对鹅舍及周边环境进行消毒。鹅棚舍要做好防鼠害、兽害的设施。

舍内饲养的鹅群，饲养密度较高，采食充分，排泄量大，舍内容易污浊。应适当通风，每天清洁舍内和运动场上的粪便和污染物，保持清洁卫生；每周消毒1~2次。

放牧的鹅群在放牧前应注射小鹅瘟血清、禽流感疫苗、鸭瘟疫苗、禽霍乱疫苗。在放牧中，如果发现邻区或上游放牧的鹅群或分散养鹅户发生传染病时，应立即转移鹅群到安全地点放牧，以防传染疫病。不要到工业排放污水的沟渠放牧；喷洒过农药、施过化肥的草地、果园、农田，应经过10~15天后再放牧，以防中毒。

3. 减少应激

保持基本固定的饲养管理制度，饲养人员、饲料和牧草、喂料、清洁消毒等要基本固定，使鹅群建立良好的条件反射；避免意外的噪声、光照、陌生的动物和人等干扰饲养管理，减少对鹅群的不良刺激和应激反应的发生。

4. 做好转群和出栏工作

中鹅只是后备种鹅和肉用仔鹅的一个过渡阶段。通过认真的放牧和饲养管理工作，中鹅可以有比较好的生长发育，一般长至70~80日龄时，就可以达到理想的体重和膘度，如果作为商品鹅生产，就可以将一部分达到标准的中鹅适时出栏，余下的进行短期育肥。如果作为种用，此期的中鹅羽毛生长已丰满，主翼羽在背部要交翅，在开始脱羽毛时应进行选种工作。一般是把品种特征典型、体质结实、生长发育快、羽绒发育好的个体留作种用。

第三节 育肥仔鹅的饲养管理

中鹅饲养阶段结束后，鹅已基本完成第一次换羽，其消化道的容量已与成鹅基本形同，对各种饲料的消化已趋完善，骨骼与肌肉发育已比较充分，具有一定的膘度，但尚未达到最佳体重，膘度不够，肉质不佳，肉色发黄。因此，要经过短期育肥，以达到改善肉质、增加肥度的目的。经过育肥的仔鹅膘肥肉嫩，味道鲜美，屠宰率高，更受市场欢迎，其经济利用价值也更高。

一 育肥仔鹅的选择

中鹅饲养期过后。首先从鹅群中选留种鹅，送至种鹅场或种鹅群进行定向培育，剩下的鹅为育肥仔鹅。选择作育肥的仔鹅不分品种、性别，都要选精神活泼、羽毛光亮、两眼有神、叫声洪亮、机警敏捷、善于觅食、挣扎有力、肛门清洁、健壮无病的70日龄以上的中鹅作为育肥鹅。新从市场买回的肉鹅，还需在清洁水源放养2～3天，用0.05%的高锰酸钾溶液做饮用水进行肠胃消毒，确认无病健康的，再按鹅只大小和体重的不同，进行分群、分级饲养育肥。

【重点提示】 鹅体内寄生虫，如蛔虫、绦虫、球虫等较多，育肥前要对其进行一次彻底的驱虫。驱虫药应选择广谱、高效、低毒的药物。

二 育肥方式

肉鹅的育肥方式有放牧加补饲育肥法、舍饲自由采食育肥法和舍饲填饲育肥法3种。在育肥阶段，要根据当地的自然条件和饲养习惯，选择成本低且育肥效果好的方式。

1. 放牧加补饲育肥法

放牧加补饲是较经济的育肥方法。这种方法适用于放牧条件较好的地方，主要是要有较多的谷物类饲料可供放牧，如野草的种子、收获后的稻田和麦田内的落谷等。如果谷类饲料较少，则必须补饲全价配合饲料，否则肉鹅生长速度慢，达不到育肥的目的。补饲的鹅必须饮足水，尤其是夜间不能断水。育肥期的放牧方法与中鹅基本相同，不再重复。

2. 舍饲自由采食育肥法

舍饲育肥的生产效率较高，育肥均匀，适用于放牧条件较差的地方和季节，最适于集约化饲养。从中鹅期的全放牧转为育肥期的舍饲，是一种新环境应激，鹅会感到不习惯，有不安表现，采食量减少。育肥前一般应有1周左右的过渡期，使鹅逐渐适应即将开始的育肥饲养。一般前3天先将全放牧改为半天放牧，中间2天又改为傍晚放牧2h，2天后再由放牧2h改为停止放牧，只让鹅上下午各下水游泳1次，每次半小时。

舍内育肥有栅上育肥、地面育肥两种方式。栅上育肥是在距地面60～70cm高处搭起栅架，栅条距3～4cm，鹅粪可通过栅条间隙漏到地面上，在栅面上可保持干燥、清洁的环境，有利于鹅的育肥，育肥结束后一次性清理粪便。地面育肥是在地面上铺上垫料，用木条围成栅栏，鹅在栏内活动，向栏外伸头采食和饮水，每天都要清理垫料或加新垫料，劳动强度相对大，卫生较差，但投资少，育肥效果也很好。一般栏高 80cm，竹条间的空隙距离为 5～7cm，能使鹅头伸出啄食、饮水即可。

舍饲育肥时可将鹅舍分成若干小圈，每圈养鹅 20～50 只，按 4～6 只/m^2 的密度饲养。舍饲育肥靠饲料育肥，日粮应以富含碳水化合物的谷物为主，加适量蛋白质饲料，最好使用全价配合饲料。参考配方：玉米 60%、豆粕 15%、稻糠 10%、麦麸 5%、磷酸氢钙 2%、石粉 1.7%，食盐 0.3%。另外，要补充多种微量元素和维生素。舍饲育肥时要求栏舍干燥、通风良好、光线暗、环境安静，从早 5：00 到晚 10：00，每天进食 3～5 次。管理要点是限制鹅的运动，让其尽量多的休息，可使鹅体内脂肪迅速沉积，经半个月左右即可宰杀。舍饲育肥时需供给充足的饮水，增进食欲，帮助消化，经过半个月左右即可宰杀。

3. 舍饲填饲育肥法

采用填鸭式育肥技术，俗称“填鹅”，即在短期内强制性地让鹅采食大量富含碳水化合物的饲料，促进育肥。填饲期以 3 周为宜，也有填饲 4 周的，其饲料利用率高，育肥效果较好，育肥期能增重如 50%～80%。填饲的饲料含能量要求比平时高，一般填饲育肥的饲料配方可采用：玉米 50%～55%、米糠 20%～24%、豆饼 5%～7%、麸皮 10%～15%、鱼粉 3.5%～4.5%、食盐 0.5%、细砂 0.3%、多种维生素 0.1%；或者玉米 50%、米糠 24%、豆饼粉 5%、麦麸 15%、骨粉 2%、鱼粉 3.2%、食盐 0.5%、细砂 0.3%，并补充添加微量元素、维生素和预防抗病药物。填饲时将配制成的全价混合饲料，加水拌成糊状，用特制的填饲机填饲（彩图 24）。具体操作方法是：由两人完成，一人抓鹅，一人握鹅头，左手撑开鹅嘴，右手将胶皮管插入鹅食道内，脚踏压填饲机开关，一次性注满食道。一只一只慢慢进行。如果没有填饲机，可将混合料制成直径为 1～1.5cm、长 6cm 左右的食条，待阴干后，人工一次性填入鹅食道中，效果也很好，但人工填饲，仅适于小批量肥育。填料数量视鹅体重和消化能力而定，同时还应定时定量。开始 3 天内，不宜填得太饱，每天填3～4 次。以后要填饱，每天填5 次，从早6：00 到晚10：00，平均每4h 填 1 次。填后供足饮水。每天傍晚放水 1 次，时间约为30min，将鹅群赶到水塘内，可促进新陈代谢，有利于消化、清洁羽毛，防止生虱和其他皮肤病。

【重点提示】 填饲的适宜环境温度为 10～25℃，温度超过25℃的炎热季节不宜填饲；填饲育肥时不要将饲料填入气管。

三 分群饲养

为了使育肥鹅生长整齐、同步增膘，需将大群分为若干小群。分群原则是：将体型大小和采食能力相近的公母育肥鹅混群，分成强群、中群和弱群三等，在饲养管理中根据各群实际情况，采取相应技术措施，缩小群体之间的差异，使全群达到最高产能，一次性出栏。

四 防疫卫生

在育肥全过程中，要坚持“预防为主”的方针。每天清理圈舍1 次，如果使用垫草垫栏，则每天要用干草兑换，湿垫料晒干、去污后仍可使用。若用土垫，每天须添加新干土，每周要彻底清除 1 次，并堆积起来发酵，不但可防止环境污染，还可提高肥效。每日要仔细观察鹅群的精神状态、食欲变化、粪便颜色，一旦发现病鹅，立即处理掉，并进行场地消毒，对鹅群进行药物预防。

五 最佳出栏期

选择最佳出栏期能够提高肉鹅养殖的经济效益。经育肥的仔鹌，体躯呈方形，羽毛丰满、整齐光亮，后腹下垂，胸肌丰满，颈粗呈圆形，粪便发黑，细而结实。一般认为，在正常的饲养管理条件下，中小型鹅在 70～90 日龄，活重达 3.0～4.0kg，大型鹅品种在 80 日龄，活重达4.0～5.0kg，就应及时出栏上市。利用优良品种配套杂交生产的商品鹅，60 日龄可达3.5～4.5kg，90 日龄出栏时平均体重可达5.0kg，其生长速度快，且羽绒含量高（30%左右），缩短了饲养周期，提高了效益。在实践中，可根据鹅翼下体躯两侧的皮下脂肪形态将育肥膘情分为3个等级。①上等肥度鹅：鹅体皮下脂肪增厚，可在皮下摸到较大、结实而富有弹性的脂肪块，尾椎部丰满，胸肌饱满突出胸骨嵴，羽根呈透明状。②中等肥度鹅：在皮下摸到板栗大小的稀松小团块。③下等肥度鹅：皮下脂肪增厚，皮肤可以滑动。当育肥鹅达到上等肥度时，即可上市出售；肥度都达中等以上，体重和肥度整齐均匀，说明育肥成绩优秀。

第四节　后备种鹅的饲养管理

后备种鹅是指在中鹅（70~80日龄）阶段以后到产蛋配种之前准备种用的鹅群，一般要经过120天左右的饲养期。后备种鹅饲养管理的目的是提高种用价值，为产蛋或配种做准备。

一　后备种鹅的特点

1. 消化道发达，耐粗饲

在后备期，鹅的消化道极其发达，食道膨大部较宽大，富有弹性，一次可采食大量的青粗饲料；肌胃肌肉厚实、肌胃收缩有力，且有发达的盲肠，比其他家禽消化饲料中粗纤维的能力高45%~50%，是理想的节粮型家禽。由于其代谢旺盛，对青粗饲料的消化能力强，因此，在种鹅的育成期应利用其放牧能力强的特性，以放牧为主，锻炼种鹅的体质，从而降低饲料成本。

2. 骨骼发育的主要阶段

在后备种鹅培育的前期，鹅的骨骼尚未得到充分的发育，生长发育仍然比较快，是鹅骨骼发育的主要阶段。

【重点提示】 后备种鹅如果补饲的日粮蛋白质较高，会加速鹅的发育，导致体重过大过肥，并促其早熟，致使种鹅骨骼发育纤细，体型较小，提早产蛋，往往产几枚蛋后便停产换羽。

二　后备种鹅的选留

中鹅期结束后，要进行一次选种，从中选出符合品种外貌特征、体重达标、身体健壮的个体，作为后备鹅（后备鹅的选择，可参考前面鹅的选种方法）。留种时要考虑血缘，按家系留种时公母鹅要错开家系，避免近亲交配；个体选留要参考祖先成绩或同胞成绩再进行选留。后备鹅留种之前，应计划好育雏时间、留种时间以与生产季节相吻合，避免因繁殖空闲期过长造成饲养成本增大。若在东北地区，一般在 7 月下旬开始育雏比较适宜，第二年 4 月开始产蛋，5 ~6月达到繁殖高峰时正是大量需要种蛋孵化的季节，这样可以减少种鹅休产期的饲养时间。

三 后备种鹅的饲养方式

后备种鹅的饲养方式主要有舍饲、圈养、放牧、放牧与舍饲相结合等。各种饲养模式并不是一成不变的，应根据各地不同饲养条件灵活选用，或选用多种方式相结合的方法进行。

四 后备种鹅的饲养管理要点

后备期饲养管理的重点是对种鹅进行限制性饲养，其主要目的是控制种鹅体重，做到适时性成熟，防止体重过大过肥，使其具有适合产蛋的体况；训练其耐粗饲能力，育成有较强体质和良好生产性能的种鹅；延长种鹅的有效利用期，节省饲料，降低成本。根据后备种鹅的生理特点，可分为生长、控料饲养与恢复饲养 3 个阶段。限制饲养应根据每个阶段的特点，采取相应的饲养管理措施，以提高鹅的种用价值。

1. 生长阶段

生长阶段指在后备种鹅 70 日龄前后选留下来以后至 120 日龄这一时期，此时仍处于生长发育和换羽时期。后备种鹅在 80 日龄左右开始第二次换羽，一般母鹅换羽日龄稍早于公鹅，换羽需经 30 ~ 40 天才能完成。所以，生长阶段的后备种鹅需要较多的营养，不宜过度降低饲料营养水平，应视放牧条件而适当地补饲，使鹅机体发育完全而又顺利进入控料阶段，如太湖鹅每日仍需补饲 150g 左右的精料。一般在第二次换羽结束后约 120 日龄时，才逐步转入粗饲料阶段。

2. 控料饲养阶段

此阶段一般从 120 日龄开始至开产前 50 ~ 60 天结束。后备鹅经第二次换羽后，如果供给足够的饲料，约经 50～60 天即可开始产蛋，但因其机体发育不全，所产的蛋不能达到种蛋标准。此时采取控料饲养，可使后备种鹅延迟产蛋时间，从而提高其繁殖性能，提高孵化成绩。

控料饲养阶段要视放牧条件、天气状况和鹅的体质灵活掌握饲料配合和每日给食的次数，使后备种鹅的体质保持在正常状态，并能把饲料用量下降到最低水平。目前，种鹅的控制饲养方法主要有两种：一是减少日粮的饲喂量；另一是控制饲料质量，降低日粮营养水平。在控料期应逐步降低饲料的营养水平，每日的喂料次数由 3 次改为 2 次，尽量延长放牧时间，逐步减少每次给料量。控料饲养阶段的母鹅日平均饲料用量一般可比生长阶段减少 50%～60%。饲料中可添加较多的填充粗料（如米糠、曲酒糟、啤酒糟等），目的是锻炼种鹅的消化能力，扩大消化道容量。后备种鹅经控料阶段前期的饲养锻炼，其放牧采食青草的能力增强，在草质良好的牧地，可不喂或少喂精料；在放牧条件较差的情况下每日喂料 2 次，喂料时间在中午和晚上 9:00 左右。日粮营养水平为：代谢能 10.0～10.5MJ/kg，粗蛋白质 12%～14%。

【重点提示】 控饲阶段时间不宜过长，否则会导致后备种鹅体质较弱。

后备公鹅第二次换羽后也开始有性行为，为了使公鹅达到充分性成熟，应与后备母鹅隔离控料饲养、分群给料，但可与母鹅同群放牧。在整个控料饲养阶段中为了保持公鹅有一定的体重和健康的体质，饲料配合应全期保持在母鹅控料阶段前期的水平，每天给食 2 次以上，但必须防止其因饲料营养水平过高而提早换羽。

控料阶段无论给食次数多少，给食时间应在放牧前 2h 或收牧后 2h，防止鹅因放牧前饱食而不采食青草，或习惯收牧后即有饲料供食，使急于回巢而不大量采食青草。为保证有足够的采食位置，可增加食槽或将饲料倒在运动场水泥地面上饲喂。每只鹅应保证有 20～25cm 宽的槽位，其目的在于保证采食均匀。在控料饲养阶段必须着重注意以下几点，以避免不应有的损失。

（1）定期衡量控料饲养效果 后备期控料饲养效果的有效方法

是称取鹅群体重，以检查生长均匀度、体重是否符合指标，以确定或调整饲料供给量，使后备种鹅体重始终按规定的指标增长。首先，制定出每周体重参数，在控料饲养阶段的每周开始的第一天早上空腹称重（抽取比例为大群体5%，小群体10%，称重时公母分开），求其平均体重，与标准体重比较。若超过标准体重，下周应酌情减料；若不及标准体重，下周应酌情增料。

【重点提示】 称重抽样要随机抽样，而不应信手捉几只来称，这样容易都捉到较大的或较小的，从而失去代表性。

（2）每天观察鹅群动态 及时发现不耐受控料饲养的个体，从而加强饲养和护理。经控料饲养的后备母鹅体重适当下降，羽毛失去光泽，体质略为虚弱，但应无病态，食欲和消化能力正常。弱鹅的表现是：翘下垂，无力提起；食草时无力，脚无力；放牧时走在鹅群后面，重者卧地不起。

（3）放牧过程中注意安全 放牧场地应选择水草丰富的草滩、湖畔、河滩。放牧前，先调查牧地附近是否喷洒过有毒药物，否则，必须经1~2周或下大雨后才能放牧。5~8月气温高，放牧应早出晚归，中午回栏避暑，休息的场地应与水源或河沟相通，让鹅随意饮水。气温高时晚上可把鹅围在与鹅舍相通的运动场过夜，有利于通风降温；同时注意做好防止风雨突然袭击和野兽侵害的准备。在南方炎热地区放牧时注意避开骤雨，如果走避不及可将鹅驱入水池（或河沟）中，可减少暑气威胁。

（4）搞好鹅舍的清洁卫生 每天清洗食槽、水槽，及时更换垫料，保持垫草和舍内干燥。

3. 恢复饲养阶段

经控料饲养的种鹅，应在开产前30天左右进入恢复饲养阶段。在饲养上，由粗变细，逐渐增加精料的喂给量，提高补饲日粮的营养水平，并增加饲喂次数，让鹅恢复体力，促进生殖器官发育。日粮蛋白质水平以控制在15%~17%为宜。经20天左右的饲养，种鹅的体重可恢复到控料阶段前期的水平。为了使种鹅换羽整齐和缩短换羽的时间，并节约饲料，可在种鹅体重恢复后进行人工强制换羽，即人为地拔除主翼羽和副主翼羽。拔羽后应加强饲养管理、适当增加喂料量。在开产前10天，母鹅喜欢摄食贝壳、田螺壳、石灰石等含钙量多的物质，因此除在日粮中提高钙的含量外，还应在运动场或放牧地点放置补饲颗粒性贝壳粉的专用饲槽，任其选食，并喂沙砾。另外，光照对鹅的繁殖力有较大的影响，在临近产蛋时延长光照时间，可刺激母鹅适时开产，自然光照与人工光照的总时间要求达到12~14h。后备母鹅接近产蛋期时要求全身羽毛紧贴，光泽鲜明，尤其是颈羽应光滑紧凑，尾羽和背羽整齐、平伸，后腹下垂，耻骨开张达3指以上，肛门平整呈菊花状，行动迟缓，食欲旺盛。

公鹅的恢复期可比母鹅早2周左右进行，以使后备种鹅能整齐一致地进入产蛋期；日粮中尽可能多一些富含蛋白质的饲料使公鹅在配种季节有充沛的精力进行配种。在临近配种时，后备公鹅应达到品种的成熟体重要求，外表灵活，精力充沛，性欲旺盛。

第五节　种鹅的饲养管理

种鹅的特点是：生长发育已经大体完成，对各种饲料的消化能力很强，第二次换羽也已经完成，生殖器官发育成熟并可进行繁殖。这一阶段，能量和养分的消耗主要用在繁殖上，饲养管理必须与产蛋或留种相适应。

一、种鹅的饲养方式

种鹅饲养一般以舍饲为主，放牧为辅。集约化舍内饲养的方式有地面平养、网上平养和笼养。南方饲养的鹅种，一般每只母鹅产蛋30~40枚，高产者达50~80枚；而北方饲养的鹅种，一般每只母鹅产蛋70~80枚，高产者达100枚以上。为发挥母鹅的产蛋潜力，对全舍饲的母鹅必须配备水、陆运动场，实行科学饲养，满足产蛋母鹅的营养需要，以利于提高种蛋受精率，充分发挥种鹅的繁殖能力。

1. 地面平养

地面平养是将种鹅饲养在地面上，舍外设置运动场和洗浴池，目前在生产中较为常用。

2. 网上平养

种鹅在网上平养时，网板占鹅舍面积的20%~25%；在栅上平养时，板条地面是用上宽2cm、底宽1.5cm、高2.5cm的梯形木条组成，木条之间的距离为1.5cm。网上或栅上放饮水器和食槽，鹅舍前设洗浴沟和硬地面的日光浴场。洗浴沟加水20～30cm，每周换水和清洗沟1～2次；为防止水中出现浮游生物，可按每100L水加1g硫酸铜进行处理。

3. 笼养

笼养种鹅的饲养密度比垫料平养高75%。鹅笼通常分为两层，鹅粪通过笼底的网眼落到地上，可以采用机械清粪、自动喂料和饮水。种鹅笼宽100cm、深70cm、高90cm（母鹅）或100cm（公鹅），笼底用直径5mm的钢丝做成。每笼放种鹅2～3只。为便于鹅蛋自动滚到集蛋槽上，母鹅笼底的坡度为12°。槽式饮水器深6cm、上沿宽8cm；料槽位于饮水器同侧，槽深10cm、宽18cm，上沿有宽1.2cm的槽檐。种鹅笼养生产工艺复杂，成本偏高。

二 种鹅群的更新

合理的鹅群结构不但是组织生产的需要，也是提高繁殖力的需要。在生产中要及时淘汰过老的公母鹅，补充新的鹅群，保持种鹅群的优质高产。更新鹅群的方法通常有如下两种。

1. 全群更新种鹅群

此法是将原饲养的种鹅淘汰，而全部选用新种鹅来代替。种母鹅在3年龄是产蛋高峰，种公鹅在2～4年龄配种力最旺盛，这个阶段的种蛋受精率最高，孵化的雏鹅生活力最强。因此，种鹅更新必须在饲养3～5年后进行，如果产蛋率和受精率都保持高产，还可适当延长利用年限。反之，母鹅产蛋率低，种蛋受精率差，则应将种鹅全部更新，另选高产新种鹅。

【重点提示】 一些养鹅专业户不了解种鹅的生产性能，而采用“年年清”来更换种鹅群的错误做法，其结果是，1年龄的种鹅产蛋小，孵化的雏鹅生产力差。

2. 分批淘汰低产鹅

分批淘汰的方法，能使种鹅群保持持久旺盛的生产力和生活力。因老鹅产蛋率最高，蛋形大，孵化的雏鹅也大，易于饲养，品质优良，可提高种鹅的生产力和生活力，具有育种价值。用这种方法更新种鹅群，鹅群的龄期结构要有一定比例，即1年龄鹅占20%、2年龄鹅占25%、3年龄鹅占30%、4年龄鹅占15%、5年龄鹅占10%。采用分批方法更新种鹅群，由于新老鹅混合组群，要做好协调相处的调教，并同时按比例更换种公鹅，做到公母鹅龄期平稳，比例适当。

三 产蛋前期的饲养管理

后备种鹅的后期饲养主要采用放牧方式，鹅群体质较差，在鹅群产蛋前1个月就开始补料，采用成年鹅的配合饲料。确保后备种鹅进入产蛋前期时，体质健壮，生殖器官得到较好的发育。

1. 种鹅的挑选与定群

在后备种鹅的基础上，于种鹅开产前进行一次挑选，剔除和淘汰少数发育不良、病弱和配种能力不强的个体，并按照一定的公母鹅比例留足种公鹅，进行混养。公鹅中的阴茎异常率较高，约占10%以上，选择时要注意检查其阴茎发育是否正常、性欲是否旺盛、精液品质是否优良。经挑选的种鹅定群后，要转入种鹅舍，按比例组建配种群。

2. 日粮配合

如果后备鹅在后期以放牧和粗饲维持饲养，后备种鹅群的体质会较差，所以应在鹅群产蛋前1个月增加精料，使鹅群恢复体质，增加体重，在体内积累一定的营养物质。日粮代谢能为11.0～11.5MJ/kg，蛋白质水平控制在15%～17%，适当增加日粮中钙质含量。在产蛋前要调整好种鹅的体质均匀度，并使鹅体大小适宜。此时应注意补饲量不能增加过快，否则会导致产蛋提前，而影响以后的产蛋和受精能力。一般在产蛋前2周换成产蛋饲料，让鹅自由采食，使鹅体内迅速积累丰富的营养物质，为产蛋做好准备。

3. 补充人工光照

光通过视觉刺激脑垂体前叶分泌促性腺激素，促使母鹅卵巢卵泡发育增大，卵巢分泌雌性激素促使输卵管的发育；同时使耻骨开张，泄殖腔扩大；光照引起公鹅促性腺激素的分泌，刺激睾丸精细管发育，促使公鹅达到性成熟。因此，光照时间的长短及强弱，以不同的生理途径影响家禽的生长和繁殖，对种鹅的繁殖力有较大的影响。后备种鹅通常采用自然光照。种鹅临近开产前，用6周的时间逐渐增加每日的人工光照时间，使种鹅的光照时间（自然光照+人工光照）到产蛋期时每天达到15～16h，光照强度为$3W/m^2$，一直维持到产蛋结束。

【重点提示】 光照管理恰当，能提高鹅的产蛋率和种蛋的受精率，取得良好的经济效益。

4. 设置产蛋箱

当母鹅临产前半个月左右，应设置足够量的产蛋箱。产蛋箱长60cm、宽40cm、高50cm，门槛高8cm，箱底铺满柔软的垫草，一般每2～3只母鹅设置1个产蛋箱。产蛋箱要设置在清洁、干燥、阴暗、僻静的地方，训练母鹅到箱内产蛋并集中在一定的时间段产蛋。

5. 加强卫生防疫

产蛋前的种鹅可进行1次驱虫；母鹅要注射小鹅瘟疫苗。

四 产蛋期的饲养管理

母鹅经过产蛋准备期的饲养，换羽完毕后体重逐渐恢复，陆续转入产蛋期。临产母鹅羽毛紧凑、光泽鲜艳，颈羽光滑紧贴，毛平直；行动迟缓，腹部饱满松软而有弹性；耻骨间距增宽，肛门呈菊花状；食量增加，喜欢采食矿物质饲料。母鹅主动接近公鹅，下水时频频上下点头。开产母鹅有衔草做窝现象，说明即将开始产蛋。对于处于产蛋期的母鹅和配种期的公鹅应以舍饲为主，放牧为辅。

1. 日粮配合

种鹅连续产蛋所消耗的营养物质特别多，特别是蛋白质、钙、磷等营养物质。如果饲料中营养不全面或某些营养元素缺乏，则造成产蛋率的下降，种鹅体况消瘦，最终停产换羽。产蛋期的种鹅日粮中蛋白质水平应增加到18%～19%，才有利于提高母鹅的产蛋率。饲喂种鹅青绿多汁饲料可大大提高其产蛋率、种蛋受精率。有条件的地方应于繁殖期多喂青绿多汁饲料，严格控制青贮饲料的投喂量，保证饲料品质良好。开产前，应提高日粮中钙的含量，并在运动场或牧地放置补饲有粗颗粒的贝壳粉或是石粉的饲槽或料盘。在产蛋期，应随着种鹅群产蛋率的上升，适当调整日粮营养水平。在产蛋前期，要保证种鹅吃好吃饱，供给充足、清洁饮水。在产蛋后期，更应精心饲养，保证产蛋的营养需要，稍有疏忽，易造成产蛋停止而开始换羽。另外，从产蛋的形状和重量上也可看出饲料的营养是否合适，如果出现蛋壳变薄、变软，蛋畸形，则饲料中应该添加矿物质和维生素D；如果蛋重小，则应该添加蛋白质和能量饲料。

产蛋期种鹅一般每日补饲3次，早、中、晚各1次，补饲的饲料总量控制在150～200g。补饲量是否恰当，可根据鹅粪情况来判断。如果粪便粗大、松软呈条状，轻轻一拨就分成条段，说明种鹅采食青草多，消化正常，用料适合；如果粪便细小结实，断面呈粒状，则说明采食青草较少，补饲量过多，消化吸收不正常，容易导致鹅体过肥，产蛋率反而不高，应适当减少补饲量；如果粪便色浅而不成形，排出即散开，说明补饲量过少，营养物质跟不上，应增加补饲量。

2. 以舍饲为主，放牧补饲为辅

产蛋期一般需要全舍饲，舍饲密度不应超过1.5只/m^2。适当放牧和放水有利于增强种鹅体质，节省饲料，并可提高产蛋率和受精率。放牧前要熟悉当地的草地和水源情况，掌握农药的使用情况；放牧时应选择路近而平坦的草地，路上应慢慢驱赶，上下坡时不可让鹅争先拥挤，以免跌伤。产蛋期的母鹅行动迟缓，在出入鹅舍、下水时，应呼号或用竹竿稍加阻拦，使其有秩序地出入舍或下水。母鹅产蛋大多在早晨，为了让母鹅养成在舍内产蛋的习惯，早上放牧时间不宜过早。

【重点提示】 放牧前若发现个别母鹅鸣叫不安、腹部泡满、尾羽平伸、泄殖腔膨大、有觅窝行为，可用手指伸入母鹅泄殖腔内，触摸腹中有没有蛋；若有蛋，应将母鹅送到产蛋窝内，而不要随大群放牧。放牧中，有寻窝产蛋的，也应检查并送回鹅舍。

3. 环境温度控制

鹅耐寒不耐热，对高温反应敏感。夏季高温时，母鹅停产，公鹅精子活力下降。适宜的温度和在水上交配能提高受精率和产蛋率。

母鹅产蛋的适宜温度是 8～25℃，公鹅产生精子的适宜温度是 10～25℃。在炎热的夏季应采用搭建凉棚、种树遮阴、加强鹅舍通风等防暑设施；严寒季节赶上母鹅临产或开产，应注意鹅舍保温，可采取地面垫草、扣塑料大棚等方法，给产蛋鹅创造温暖的环境。冬天放水一定要等化冻后进行，放水回来后要让其理干羽毛再赶入舍内。

4. 补充光照

在适宜的温度环境条件下，给鹅增加光照可提高产蛋率。一般认为，产蛋鹅在产蛋期适宜光照时间为 15～16h，光照强度为 25lx（$3W/m^2$）光照。舍饲的产蛋鹅在日光不足的情况下可定时补充人工光照，简单的方法是每 $20m^2$ 面积安装 1 个 40～60W 的灯泡，灯与地面距离 1.75m，最好采用自动控制光照时间的装置来控制。补充光照应在开产前 1 个月开始较好，由少到多，直至达到适宜光照时间。

5. 训练母鹅在窝内产蛋并及时收集种蛋

母鹅有择窝产蛋的习惯。因此，在其临产前半个月左右，应在产蛋鹅舍内设置产蛋箱（窝），以便让母鹅在固定的地方产蛋。开产时可有意训练母鹅在产蛋箱（窝）内产蛋，特别是对刚开产的母鹅，更要多观察训练。发现母鹅不爱活动，卧地不动，并向路过身边的人示威，说明该鹅欲产蛋，可捉入产蛋箱（窝）中；放牧时如果发现有不愿跟群、大声高叫、行动不安的母鹅，应及时赶回鹅舍产蛋。每天至少收集 1 次种蛋，一般在下午 4：00 左右。母鹅的产蛋时间大多数集中在下半夜至上午 10：00 左右，个别的鹅在下午产蛋。因此，产蛋鹅在上午 10：00 以前不能外出放牧，应在鹅舍内补饲，产蛋结束后再外出放牧，而且上午放牧的场地应尽量靠近鹅舍，以便部分母鹅回窝产蛋。

【重点提示】 不要让种蛋在产蛋箱（窝）内过夜，以防种蛋被鹅踩踏弄脏。冬春季产蛋，应防止种蛋受冻，增加捡蛋次数。

6. 就巢鹅的管理

我国许多鹅种在产蛋期间都表现出不同程度的就巢性，对产蛋性能造成很大的影响。腹下积蛋和熟悉的蛋窝位置是导致母鹅就巢行为的主要因素，每日应定时拣蛋，给母鹅提供均一的光照，以防就巢。如果发现母鹅有就巢表现时，应及时隔离，将其关在光线充足、通风凉爽的地方，只给饮水不喂料 2～3 天后再喂一些干草粉、糠麸等粗饲料和少量精料，使其体重不过于下降，待醒抱后便能迅速恢复产蛋。

7. 注意公鹅的择偶性

鹅是由雁驯化而来，“一夫一妻”的习性虽然已经退化，但仍有保留，这样一方面降低了公鹅的利用率；另一方面使部分母鹅受配机会减少，从而影响种蛋受精率。生产中要在没有出现这种现象前，让公母鹅提早组群，使公鹅及早熟悉母鹅。如果发现某只公鹅只与某只母鹅或几只母鹅固定配种时，应及时将这只公鹅隔离，经 1 个月左右，才能使公鹅忘记与之固定配种的母鹅，而与其他母鹅交配，有利于提高受精率。

8. 适时放水

如果有水塘，最好每天放水 1.5～2h。一般在早上 9：00 和下午 5：00左右是鹅配种的最好时机，鹅喜欢在水中嬉戏和配种，在这段时间内放水，会提高种蛋的受精率。

9. 保持环境卫生

尤其要每天清理舍内的粪便，勤换产蛋箱（窝）内的垫草，保证鹅体和种蛋清洁。

五 休产期的饲养管理

种母鹅的产蛋期除与品种有关外，气候不同，产蛋期也不一样，我国南方集中在冬春两季产蛋，北方则集中在 2～6 月初。种母鹅经过 7～9 个月的产蛋期，到产蛋后期蛋形变小，受精率降低，畸形蛋增多，不能进行正常孵化；种公鹅性欲下降，配种能力变差，这时大部分种鹅的羽毛干枯脱落，陆续进行换羽。在这种情况下，种鹅便进入持续时间较长的休产期。

1. 调整饲养方式

种鹅停产换羽开始时应逐渐降低日粮营养水平，由精改粗，增加糠麸类粗饲料和青绿饲料的比例。目的是促使母鹅消耗体内脂肪，提高鹅群耐粗饲的能力，加快羽毛干枯、旧羽脱落，缩短母鹅的换羽时间，提前进入下一产蛋期。此期的喂料次数渐渐减少，先每天1次或隔天1次，然后改为3～4天喂1次，在停止喂料期间，不应对鹅群停水，大约经过12～13天，鹅体重减轻，主翼羽和主尾羽出现干枯现象时，则可恢复喂料。

2. 休产期的饲养管理

进入休产期的种鹅应以放牧为主，将产蛋期的日粮改为育成期日粮，其目的是消耗母鹅体内的脂肪，提高鹅群耐粗饲的能力，降低饲养成本。我国部分地区农户多采用自繁自养，在每年休产期间选择和淘汰种鹅，同时每年按比例补充新的后备种鹅，重新组群，淘汰的种鹅作为肉鹅肥育出售。新组配的鹅群必须按公母比例同时换放公鹅。

3. 人工拔羽及拔羽后的管理

生产实践证明，母鹅经过拔羽可比自然换羽提前20～30天产蛋。一般待母鹅体重逐渐回升，大约放养1个月之后，就可人工拔羽。人工拔羽应选择温暖的晴天，在鹅空腹时进行，切忌寒冷雨天拔羽。拔羽时，用1只手紧捏鹅的两翅，另1只手把翅膀张开，顺着羽毛生长方向，先将主副翼羽拔掉，再拔主尾羽。拔羽当天将鹅群放于圈内饲养，给予精料和饮水，禁止鹅群下水，防止因细菌感染而导致毛孔发炎，同时要加强护理，避免日晒和雨淋。拔羽后第二天，天气晴好，即可放牧下水。拔羽后如果种鹅的羽毛生长较慢，应适当增加精料，促使羽毛生长，每天可补喂精饲料2次，有条件的地方可在饲料中适量添加蛋氨酸和胱氨酸。当主副翼换羽结束后，要改为产蛋前期的饲养管理，以便尽快恢复鹅产蛋的体况，进入下一轮产蛋，尤其是公鹅在接近配种前20～30天，要增加精料，使其体质更加健壮、性欲旺盛、精液量丰富。

【重点提示】 公鹅比母鹅要提前20～30天进行拔羽，目的是使公鹅在母鹅产蛋前，羽毛能全部换完，保证母鹅开产后公鹅精力充沛。

六 种公鹅的饲养管理

种公鹅的营养水平、体质健康状况以及一些生活习性，决定了精子的品质，直接影响着产蛋期的种蛋受精率。后备阶段的种公鹅的营养供给基本与种母鹅相同。生长阶段要给予充足的营养物质，在控制饲养阶段要减少精料的补充。繁殖期的种公鹅多次与母鹅交配，排出大量的精液，膘度消耗很大，体重有时明显下降。为了保证种公鹅有良好的配种体况，除了让其和母鹅群一起采食外，从组群开始后，对种公鹅应适当补饲配合饲料。配合饲料中粗蛋白质为16%～18%，代谢能为11.3MJ/kg，还应含有动物性蛋白饲料，以利于提高公鹅的精液品质，要特别注意添加维生素A、D、E等。公鹅的补饲可持续到母鹅配种结束。人工授精的鹅场，在种用期开始前45天左右，必须对公鹅按种用期的饲养标准饲养。

【重点提示】要注意公鹅不能养得过肥，应适当加强运动。

公鹅喜欢啄斗，编群最好在繁殖季节之前，以免临时编群引起骚乱。在饲养后备阶段和休产期时，公母鹅要分群饲养，避免滥交行为减弱公鹅的精力和骚扰母鹅。公鹅喜欢在水里完成配种行为，在陆上成功率不高，所以要合理安排好种鹅放水的时间，或采取多次放水的方法尽量使母鹅获得复配机会。水温不宜过高，过高会影响公鹅性欲、降低受精率。考虑到种公鹅的生理特点和受温度的影响，一般在一天中气温平和的早晨和傍晚进行放水。

【重点提示】从选留种公鹅开始，就要注意观察淘汰一些生理机能缺陷的个体（如阴茎短小、生殖器官萎缩、阳痿、交配困难等）。在繁殖期，要定期对种公鹅的精液质量进行检查，以保证种蛋的受精率和孵化率。

七 反季节种鹅的饲养管理

鹅繁殖的季节性特点，导致鹅产品供应不平衡，致使产销严重失调，市场价格波动较大。所谓鹅的反季节繁殖技术，是指在自然条件下种鹅不能繁殖的季节，通过人工调控光照、温度等环境因素结合强制换羽等方法，调整产蛋季节，平衡种鹅生产，满足市场对鹅产品的需求，持续高效地进行生产的一种技术。鹅的反季节繁殖技术由于克服了种鹅繁殖活动的季节性，使雏鹅和肉鹅能够在全年各个月份相应的供应市场，大大降低了育雏成本，提高了育雏成活率，而且能够充分利用饲草资源，使养鹅业获得良好的经济效益。

1. 控制光照

光照的增加和减少会直接引起种鹅繁殖周期的变化，光照不足或过长，将导致种鹅繁殖性能降低。因此，实施鹅反季节繁殖，鹅舍的遮光很重要。人工控制光照用的鹅舍可以为敞开钟楼式砖瓦舍，配有陆上和水上运动场；舍内饲养密度为2只/m^2，陆上运动场饲养密度为1只/m^2，水上运动场也是1只/m^2。鹅舍两纵面装配可活动的黑布帘，钟楼玻璃窗涂黑，以阻挡阳光。于每天下午5：30将种鹅赶进遮光鹅舍过夜，钟楼玻璃窗关闭；次日早晨7：30揭起黑布帘，并打开钟楼玻璃窗，将鹅放出运动场配种、喂料。每天接受自然光照的时间控制在10h。人工补充光照必须定时，否则将严重影响鹅的产蛋。

2. 控制温度

适于种鹅产蛋的温度是8～25℃。若自然条件下的环境温度超过种鹅产蛋的最适范围，会对繁殖不利。反季节种鹅进入产蛋期，多集中在夏季，在控制光照期间，外界温度较高，而鹅舍由于遮黑布和关闭钟楼的玻璃窗，阻碍了舍内空气流动，舍温更高。所以控制光照的鹅舍在设计上应尽量注意通风、降温、防湿，以免不利因素影响过多。舍内可多装一些电风扇，特别是功率较大的排气扇，有条件的可用水帘式通风；可适时用水冲洗运动场，以降低地表和环境温度。

3. 强制换羽

强制换羽是改变种鹅产蛋时段的关键措施之一。通过强制换羽能有效调控种鹅的产蛋期，并将产蛋高峰集中在理想的一段时间内。母鹅从开始脱羽到新羽长齐需较长的时间，换羽有早有迟，其后的产蛋也有先有后。为了缩短换羽的时间，使换羽后的产蛋比较整齐，可采用人工强制换羽；通过强制换羽也可以利用传统饲养的种鹅进行反季节生产。种鹅强制换羽的全过程需60～90天。如9月10日留的种苗，在次年1月进行强制换羽，4月便开始产蛋，6月进入产蛋高峰；常规饲养的种鹅，在1月让其停产进行强制换羽，4月底便开始产蛋，6月进入产蛋高峰。

4. 限制饲喂

加强营养调控也是保证反季节繁殖技术成功的基础。在种鹅产蛋结束前，应按照计划制定合理的种鹅综合限制饲喂方案进行管理。限制饲喂包括种鹅育成期、强制换羽期和产蛋期的饲料控制。在种鹅（常规和反季种鹅）育成期，饲喂以青粗饲料为主，精饲料为铺，以达到扩大胃肠容积、锻炼消化机能、性成熟与体成熟同步的目的。强制换羽拔羽前控料，以尽快停产、促进换羽为前提，以停供和缓增为主；其中从完全停料（4～5天后）到拔羽时的六七成饱阶段，饲喂量的增加需逐步进行。拔羽后至产蛋前控料，以尽快恢复和蓄积产蛋所需的营养物质为前提，以增量为主。产蛋期控料，以满足产蛋需要、提高受精率和出孵率为前提，以质优、均衡、营养全面、自由采食为主。产蛋种鹅日粮的营养水平应该是：代谢能11.3～11.7MJ/kg、粗蛋白质16%～17.5%、粗纤维5%～6%、钙2.2%～2.6%、磷0.6%～0.7%、赖氨酸0.69%、蛋氨酸0.32%、食盐0.2%。日粮饲喂3次，每只日喂量为0.15～0.2kg，晚上11：00左右喂1次料效果更好。另外，还要经常供给20%～25%的青绿饲料，在舍内和运动场上设置料盆，并添加干净的贝壳粒让鹅自由采食，以满足种鹅对矿物质的需要。

5. 减少应激

采用人工控制光照制度，改变了鹅舍的小气候环境和种鹅的生活节奏，使鹅的生理状态和外貌也发生相应的变化。尤其在控制光照初期，由于鹅舍突然变黑，鹅表现为情绪紧张，稍有动静就惊恐不安，但随着时间的推移，鹅群逐渐适应，较少发生骚动。总之，要做好通风和卫生消毒工作，保证鹅的生活环境清洁干燥、通风透气。

6. 调整留种时间

鹅反季节繁殖有两种情况：一是通过选择适当的留种时间，同时控光和控温；二是通过强制换羽，使种鹅开产时间提前或延迟。合理的留种时间在一定程度上可以使反季节繁殖更经济方便。

7. 补偿休息

控制光照的种鹅，在恢复自然光照后，由于鹅群每天感受到的光照时数突然变长，约需 1 个月左右羽毛开始脱换，2 个月后换羽完毕，才逐渐进入繁殖状态。其中公鹅恢复自然光照以后，由于光照时数突然增加，1 个月后阴茎逐渐萎缩，精液可采率和品质下降，种鹅换羽类似于非繁殖季节，这种状况约维持 2 个月左右。从有利于生产和提高经济效益考虑，一般情况下，在一年中要有意地留出 2 ~ 3 个月的时间，让种鹅休息、换羽、恢复，通常可在鹅苗价格相对较低时进行。

第七章
鹅肥肝生产技术

第一节　鹅肥肝的营养特点及其生产原理

鹅肥肝是指饲养到一定年龄、身体健康的鹅，用玉米等富含大量碳水化合物的高能量饲料强化饲养，经过一段时间的人工强制育肥，让多余的营养转化为脂肪，在短时间内储存到肝脏而形成一种脂肪含量特别高的鹅肝脏。鹅肥肝味道鲜美、营养价值高，在国际市场上不仅价格昂贵，而且供不应求。在我国，鹅肥肝是近年来发展的新型水禽产品，随着生活水平的提高，鹅肥肝需求量正在逐步增长。

一　鹅肥肝的营养特点

鹅肥肝质地细嫩，味道鲜美、独特，不饱和脂肪酸、卵磷脂、微量元素和维生素含量丰富，享有“世界绿色食品之王”的美誉，是法国的“餐桌皇帝”，是广泛公认的世界三大美味佳肴（鹅肥肝、鱼子酱、松茸蘑）之一。鹅肥肝和正常鹅肝脏在外观上完全不同，普通的鹅肝脏重量为60～100g，鹅肥肝重可达300～1 000g以上，是普通鹅肝的5～10倍。普通鹅肝呈暗红色，而鹅肥肝为淡红色或浅粉色，这与肥肝内沉积较多脂肪有关。经短时间强制填饲形成的鹅肥肝，其营养成分与正常鹅肝相比发生了重大变化（表7-1），有效营养物质在体内氧化后产生的热量增加10倍；不饱和脂肪酸含量约占其脂肪含量的65%～68%，主要含软脂酸21%～22%、硬脂酸11%～12%、亚油酸1%～2%、16碳烯酸3%～4%、肉豆蔻酸1%、不饱和脂肪酸65%～68%；卵磷脂含量增加4倍，极大地提高了它的营养价值和食疗价值。

表7-1　鹅肥肝与正常鹅肝营养成分比较（%）

营养成分	粗脂肪	粗蛋白质	灰分	水分
普通鹅肝	6.44～6.62	23.33～23.89	1.46～1.68	66.99～68.44
鹅肥肝	38.33～47.49	8.47～12.66	0.8～0.94	38.33～47.49

二　鹅肥肝的生产原理

试验表明，鹅和鸭的肝脏合成脂肪的能力大大超过哺乳动物。一般认为，经填饲的鹅鸭体组织中合成的脂肪数量只占5%～10%，而肝脏中合成的脂肪却占90%～95%。人们利用鹅的这一生物学特性，人为地干预机体各脏器的正常运行机能，通过采用高能饲料强制填饲的方法，改变鹅正常的采食习惯，使其所需要的各种营养失去平衡，迫使其将多余的脂肪沉积在肝脏内而形成肥肝。

三　影响鹅肥肝生产的因素

影响肥肝生产的因素很多，如遗传、品种、性别、开填日龄和体重、日粮、填饲人员素质、填饲技术和设备等。

1. 遗传与品种

品种是影响鹅肥肝生产的关键因素，不同品种鹅的肥肝性能差异很大。据估计，在所有影响大于500g肝重的因素中，品种的作用约占25%。一般大型鹅种产肝性能好，中型鹅种次之，小型鹅种较差。生产中须注意衡量品种的肥肝性能，除了肝重这一重要性状外，还应考虑肥肝质量、饲料消耗和填成率等。鹅肥肝性能、产肉性能和繁殖性能呈负相关，在同一鹅种中不可能把3个主要的生产性能完美地结合在一起，唯一解决的方法就是选择合适的杂交组合，充分利用杂种优势。

2. 体重

不同品种鹅的体重各不相同，肥肝性能也有所差异。一般而言，体重大的品种，其肥肝性能优于体重小的品种，如大型鹅种狮头鹅其肥肝最大可达1 800g。南京农业大学研究发现，开填体重与肥肝重呈极显著的正相关。同一品种内，体重大的鹅生长发育良好，腹腔容积相对较大，有利于养分转化为脂肪后在肝脏沉积；肥肝越重，优质肥肝的百分率越高，肥肝的饲料转化率也越好。开填体重大小不一，经填饲后生产出来的鹅肥肝就会参差不齐，坏肝、废肝的比例较大，填饲期的死亡率也较高，严重影响鹅肥肝的生产质量和产量。

【重点提示】 用作生产肥肝的鹅应选择体型较大、生长较快、胸深宽、颈短粗、腿粗、耐填饲的健康个体。

3. 年龄与性别

据研究，在所有影响鹅肥肝的因素中，鹅的年龄因素占15%。生产肥肝的鹅，以达到体成熟时为宜。此时，鹅的肌肉组织和骨骼已基本长成，消化吸收的营养物质可较多地转化成脂肪，且肝细胞数量较多，肝中脂肪合成酶的活力较强，有利于肥肝的增重增大。年龄太小的鹅，填饲中容易发生瘫痪、死亡，伤残率高，肥肝小而达不到标准；年龄太大的鹅，填肥成本增加，影响经济效益。生产实践表明，母鹅性情温和，易于育肥，但娇嫩，填成率低，所以育肥前应适当选择，淘汰部分弱小母鹅，提高整体产肝量和质量。

【重点提示】 一般来说，我国大、中型品种在4月龄，小型鹅至少在3月龄以上进行填饲较好。

4. 饲料

在鹅肥肝生产的主要影响因素中，饲料因素占15%，包括填饲饲料的质量、数量、加工方法、填饲前或填饲过程中饲料的配合等，肥肝鹅的饲料配方和调制直接影响鹅肥肝的生产效果和经济效益。肥肝的主要成分——脂肪主要由能量饲料转化而来，而玉米正是高能饲料，且其中胆碱含量低（胆碱有助于脂肪的转移，能保护肝脏不让脂肪大量积贮，不利于肥肝的形成）。试验证明，用玉米填饲的鹅肥肝重量要比用稻谷、大麦、薯干和碎米的分别提高20%、31%、45%和27%。所以，玉米是当前世界上填饲肥肝最理想的饲料。

玉米的颜色对肥肝的颜色影响也较大，黄玉米能使肥肝呈黄色，白玉米使肥肝颜色变浅，而颜色是衡量和检验肥肝质量等级的重要标准之一。填饲玉米的料型对填饲效果也有显著影响。玉米粉碎后粒间空隙多，体积大，且不易于操作，所以用玉米粒料填饲多于粉料；再者，填喂玉米粒生产的肥肝比用玉米粉的重量大，差异显著，因此在料型上应选用玉米粒料。

【重点提示】 为便于填饲操作，应选用小粒玉米；生产中，应选择无霉变、水分含量低的优质玉米。陈玉米含水分少，且胆碱含量低于新玉米，生产鹅肥肝的玉米以1年以上的陈玉米为好。

国内外研究表明，在生产鹅肥肝的填饲料中添加适量的油脂可增加饲料的能量，加快脂肪沉积，增加肥肝重量，显著提高肥肝形成速度；同时，又可润滑饲机管道和鹅的食道，减少了对鹅食道的损伤，便于填饲操作。在填饲过程中可根据需要添加其他物质，以取得更好的效果，如添加不含胆碱的禽用复合维生素0.01%～0.02%可增加肝重，增强鹅的抗应激能力；添加0.5%～1%的食盐，不仅可促进消化、提高饲料的适口性，对肥肝增重也有显著的作用，并使肥肝的色泽和质量都比较好。

5. 温度、季节

相同品种的鹅在不同季节、不同气温环境条件下填饲，生产肥肝的效果不同。最适宜填饲的温度为10～15℃，一般不宜超过25℃。因为鹅全身覆盖厚厚的羽绒，填饲时皮下沉积大量脂肪，不利于热量的散发。高温填饲时，鹅胃肠蠕动减缓，消化能力下降，容易引起消化不良等病症，甚至引起死亡。所以，气候炎热时不利于填饲，尤其是气温超过30℃应注意防暑降温。填饲的鹅对低温的适应性较强，在环境温度4℃的条件下受影响不大；但如果温度低于0℃，饲料消耗增加，不经济。春季和秋季出壳的鹅，养至春季和秋季填肥效果最好；而在我国长江以南地区，冬季也可进行肥肝生产。

【重点提示】 一般来说，盛夏和严冬不适宜生产鹅肥肝。

6. 填饲技术

在整个生产过程中，填饲水平的高低，与肥肝生产效果有直接的相关性，尤其是填饲人员起着重要的作用，因此要求填饲人员必须熟练掌握填饲技术，并严格按规定进行操作。填饲期、填饲次数和填饲量对肥肝增重的影响也很大，生产中也应抓好这几个环节。

第二节　肥肝鹅的填饲技术

一　肥肝鹅品种的选择

科学试验与生产实践证明，鹅的品种对肥肝生产的效果起决定性作用。通常，成年体型大、颈粗短、生长快的肉用型杂交品种均适于肥肝生产。目前，专门生产肥肝的鹅品种，国外的有朗德鹅、莱茵鹅、匈牙利鹅、意大利鹅等。法国西南部的朗德鹅是目前最好的肝用鹅品种。朗德鹅的特点是肥肝质量好，小鹅生长强度高，2月龄体重可达4.0kg。在匈牙利，肥胖鹅的主要品种为莱茵鹅，占80%，其余是朗德鹅、匈牙利白鹅和意大利鹅。保加利亚的主要肝用鹅是宾科夫白鹅，该鹅具有适应性好、抗病力强和肥育性能好的特点。

我国对于肥肝鹅品种也作了大量的研究，经有关单位试验，狮头鹅填肥肝达706g；溆浦鹅达573g；浙东白鹅438g。我国主要鹅品种的产肥肝性能见表7-2。国外的肥肝鹅品种颈部粗短，便于机械填喂，但繁殖性能差，中国鹅大部分品种颈长而细，填喂时易损伤，但繁殖性能好。为了结合二者的优点，国内一些单位采用外国肥肝品种同本地品种杂交。通常利用肥肝性能好的大型品种作父本，繁殖力高的品种做母本，以获得肥肝性能好、生活力高、产雏数量多的杂交商品鹅。国内一些单位采用引进的法国优良肝用朗德鹅作父本，与产蛋率较高的太湖鹅、四川白鹅、五龙鹅杂交配套，杂种的产肝性能优于母本品种。杂种鹅产肥肝性能见表7-3。

表7-2　我国主要鹅品种的产肥肝性能

品种	测定只数	肥肝重/g		肝料比	测定单位与年度
		平均	最大		
太湖鹅	21	12.6	514	1:32.3	中国农科院畜牧所，无锡市农科所，1981
五龙鹅	20	324.6	515	1:41.3	莱阳畜牧兽医站，1984

（续）

品种	测定只数	肥肝重/g		肝料比	测定单位与年度
		平均	最大		
冀中鹅	38	329.0	535	1:49.3	晋县畜牧局，1982
四川白鹅	51	344.0	520	1:42.0	北京农业大学，1985
浙东白鹅	40	391.8	600	1:40.0	浙江省畜牧兽医研究所，1982
永康灰鹅	91	478.3	884	1:40.1	永康县农业局，1985
溆浦鹅	73	488.7	929	1:34.4	北京农业大学，湖南农学院，1982
狮头鹅	67	538.0	1400	1:40.0	北京农业大学，1982～1986

表7-3　杂种鹅产肥肝性能

杂交品种	肥肝重/g		肝料比	杂交品种	肥肝重/g		肝料比
	平均	最大			平均	最大	
朗德鹅×豁眼鹅	531.00	1 040.0	—	朗德鹅×莱茵鹅	677.69	915.0	1:20.4
莱茵鹅×豁眼鹅	407.30	579.0	1:36.0	朗德鹅×太湖鹅	381.70	—	—
朗德鹅×四川白鹅	408.0	—	1:31.8	狮头鹅×太湖鹅	381.50	688.5	—
狮头鹅×四川白鹅	467.30	1 030.0	—				

二 肥肝鹅填饲饲料的选择及调制

1. 饲料的选择

肥肝的主要成分是脂肪，脂肪主要由具有高能量的饲料转化而来；而胆碱的作用是促进肝脏的脂肪转移，起着防止脂肪在肝脏中沉积过多的作用，故饲料中胆碱含量高，必然会影响脂肪在肝脏中的沉积，从而影响填饲效果。因此，填饲饲料应选择能量高和胆碱含量低的饲料。富含淀粉的饲料如玉米、小麦、大麦、稻谷、土豆等均可用来填饲育肥。生产肥肝的填饲饲料，效果以玉米最佳，大米次之，其他各种饲料效果极差，国内外生产肥肝均使用玉米。试验研究证明，用玉米做填饲饲料，生产的肥肝重量，比用稻谷、大麦、薯干做饲料的均要高。

2. 饲料的调制

生产肥肝的饲料玉米应进行一定的加工处理。试验证明，用粒状玉米比粉状玉米填词效果好，因为玉米粉碎后，粒间空隙多，体积大，影响填饲数量。玉米粒的加工调制方法如下。

（1）浸泡法 除去灰尘，将玉米粒置于冷水中浸泡8～12h，除去漂浮的杂物和沉在底部的石子等，沥干水分，加入0.5%～1%的食盐和1%～2%的动（植）物油后即可填喂。

（2）水煮法 将玉米倒入开水锅内，使水面浸没玉米5～15cm，水烧开后煮5～10min即可。将玉米捞出后沥干，趁热拌入1%～5%的动（植）物油、0.3%～1%的食盐、0.01%的多种维生素（不含胆碱）和适量微量元素添加剂，与玉米充分拌匀后填饲，填料的温度以不烫手为宜。水煮玉米不能煮太久，以玉米粒表皮起皱（拨掉玉米粒后，玉米芯还是白色的），用手搓时以能去皮最佳，约为七成熟，以免由于吸水过多，玉米体积增大，容易破裂而影响填料量。

（3）干炒法 将玉米在铁锅内用文火不停翻炒，至玉米粒呈深黄色，八成熟为宜，切忌炒熟、炒煳：炒完后装袋备用。填饲前用温水浸泡1～1.5h，原则上以玉米粒表皮展开为度。随后沥去水分，加入0.5%～1%的食盐，搅匀后填饲。有条件者，可将玉米倒在能滚动（电机带动）的锅里加热炒。

三 鹅肥肝生产

1. 填饲技术

（1）填饲方法 目前，普遍采用电动填饲机（图7-1、图7-2）填饲。按填饲机和填鹅量的需要配备人员，经培训实习后上岗。填饲人员分为填饲操作员和辅助抓鹅人员。填饲人员要相对固定，由抓鹅人员为填饲人员往返抓送鹅只，必要时帮助填饲人员固定鹅只。在填饲前，先取数滴食油润滑填饲管外面，以使其润滑便于操作。填饲时，将鹅固定在支架上，然后，用右手抓住鹅头，食指和拇指扣压在喙的基部，迫鹅开口；接着在左手食指帮助下将口打开，并伸入口腔内压住舌根部向外牵引，把舌头拉出并固定住，再把充分张开的鹅口移向填饲管口，将颈部拉直，小心将填饲管插入食道，直至将填饲管插入食道深处（膨大部）。填饲时要固定鹅的头部不让其回缩，并保持鹅的脖子成直线。通过脚踏开关使饲料进入鹅食道后，用左手将饲料往下不断推压，把饲料推向食道基部，同时使鹅头慢慢沿填饲管退出，直到饲料喂到比喉头低 4～5cm 处为止。然后，右手握住鹅颈部（饲料的上方和喉头之间），很快将鹅口从填饲管取出。填饲结束，整个过程大约需 20～30s。

【重点提示】 鹅的咽喉及食管都比较狭窄，插管时要十分小心，如果感到有阻力说明角度不对或顶住咽喉，需要重新调整，后退重新插入。无论如何不能硬插，特别是填饲的后期。

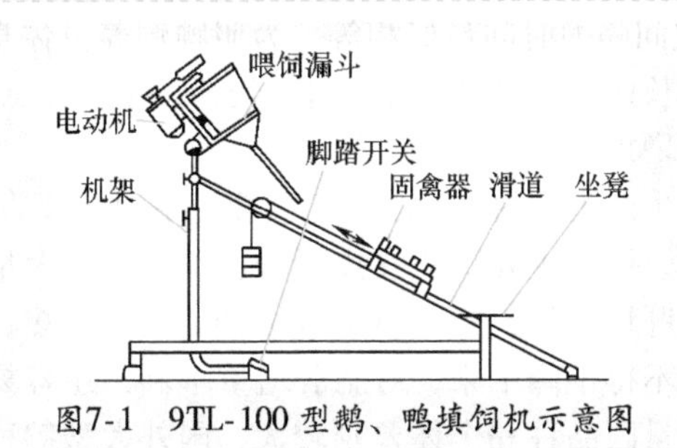

图7-1　9TL-100 型鹅、鸭填饲机示意图

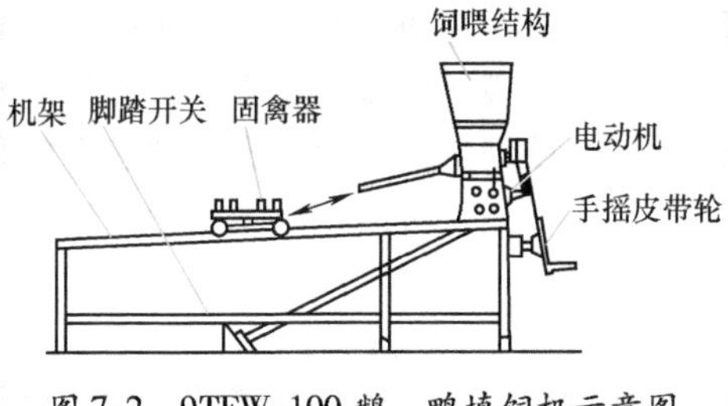

图 7-2　9TFW-100 鹅、鸭填饲机示意图

填饲完后，要观察鹅只，如果饮水、走路、休息正常，精神状态好，说明填饲正常。如果填饲后，鹅边跑边甩头，有痛苦表现，说明填饲操作有问题。如果饲料填喂太多，太接近咽喉，有气喘、呼吸困难的现象，鹅会不断甩头，有时玉米粒会掉进气管内，造成鹅窒息死亡。填喂时的操作部位和流量要掌握好，饲料不能过分结实地堵塞食道某处，否则易使食道破裂。另外填饲机使用前应按要求进行安装调试，以保证填饲机的正常运转，避免机械故障或伤鹅事故的发生。

【重点提示】 鹅颈有个自然的“S”形弯曲，填饲管插入时，必须把鹅颈拉直，否则易损伤食道。

(2) 填饲次数与填饲量 填饲次数和填饲量要由少到多，逐步增加，开始时不可填饲过多、过猛，鹅适应后要尽量多填，但要根据不同个体状况灵活掌握。一般开始后前3天，每天填2次，这叫适应性填饲，待鹅习惯后，每天增加到3次，填10天后，再增加到4~6次。每次间隔的时间最好相等，为照顾饲养员休息，夜间两次时间间隔可稍长些。填料时间应准时有规律，不得任意提前或延后，以免影响肥肝增重。

填饲量是生产肥肝的关键之一，直接关系到肥肝的增重和质量。填饲量不足时，脂肪主要沉积在皮下和腹部，形成大量的皮下脂肪和腹脂，而肥肝增重慢，肥肝质量等级低。填得过多，影响消化吸收，填饲量又不得不降下来，对肥肝增重不利，还容易造成鹅的伤残。鹅的填饲量因品种和个体差别较大，国外大型鹅种和我国狮头鹅的日填饲量为1~1.5kg，中型鹅0.75~1kg，小型鹅种为0.5~0.8kg。填饲量应由少到多，逐渐增加，直至填饱，以后维持这样的水平。填饲前应先用手触摸鹅的食道膨大部，若呈空虚状态，说明消化良好，应逐渐增加填饲量；若食道膨大部有饲料积贮，说明填饲过量，消化不良，应用手指帮助把玉米捏松，以利于消化，并适当减少填饲量。若因填料量过多等原因造成食道损伤，连续几天食道中玉米还未消化，应立即宰杀淘汰。

(3) 填饲期 填饲期的长短应根据鹅的生理特点和肥肝增重规律来确定，一般填饲期为3周，从14~21天不等。具体时间长短视品种、消化能力、增重、预饲期长短和鹅上笼时的体况而定，特别是依据肥育成熟与否而定。填饲期应以肥育成熟为准，填饲期不够，肝内脂肪沉积不多，肥肝重量不够，达不到填肥效果；任意延长填饲期，肥肝重量可能会增加，但饲料消耗和人工支出也相应增加，且容易造成鹅瘫痪等伤害，经济上得不偿失。鹅肥育成熟的特征为：体态肥胖、腹部下垂、两眼无神、精神萎靡、呼吸急促、行动迟缓、步态蹒跚、跛行，甚至瘫痪，羽毛潮湿而零乱，出现积食和腹泻等消化不良症状。此时应及时屠宰取肝，否则轻则填料量减少，肥肝不但未增重反而萎缩，严重的甚至发生死亡，给肥肝生产带来损失。对精神好、消化能力强、还未充分成熟的可继续填饲，待充分成熟后屠宰。

【重点提示】 生产中填饲到一定时期后，应注意观察鹅群，分别对待，成熟一批，屠宰一批。

（4）填肥鹅的选择 填鹅必须是在80日龄左右、体格生长已经基本完成的颈粗短、体形大的健壮育成鹅。尚未充分生长的鹅，经不起强制填饲，容易伤残。生长不良的弱鹅决不能填饲。肥肝鹅育成期内，最好放牧饲养，多吃青饲料，以扩大食道容积。填饲前先进行1次体内外驱虫。

2. 填饲鹅的饲养管理

经过前期培育，肥肝鹅基本达到体成熟后，即转入肥肝填饲期。鹅肥肝填饲期一般要进行两个阶段的饲养管理，即预饲期和填饲期。

（1）预饲期的饲养管理 预饲期是在强制填饲前，让鹅逐步完成由放牧转入舍饲饲养，自由采食转为强制填饲的转变期，是强制填饲、生产肥肝的准备期。预饲能锻炼鹅的消化器官，让鹅采食较多的饲料，使消化道柔软、膨大，以便在强制填饲时能承受大量饲料，提高肝脏细胞的脂肪储存机能，有利于脂肪在肝脏中的大量沉积。通过预饲还可促进鹅的生长发育，增强体质并达到一定体重标准，同时增加鹅群的整齐度，减少残次鹅，增强肥肝的均匀度，从而提高肥肝质量。一般鹅养到13周龄左右后生长变慢，就可以进行强制填饲。在填饲之前，要有1~2周的预饲期。预饲期应根据品种大小、体重情况、日龄大小和生长均匀度灵活掌握，整齐度高、体况较好的可短些，差的可长些，一般为1~2周。预饲期太长，饲养成本增高，太短又达不到预饲目的。

要选择肥肝用种质量好，最好是杂交种的鹅，要体质健壮，生活力强，无病不残，腿部强壮，体成熟基本或者已完成。对大、中型品种的鹅体重要达5.0kg左右，小型品种要达3.0kg以上。预饲鹅应按来源与性别加以分圈，每圈内的鹅尽可能保持一致。预饲开始时应对预饲鹅和饲养环境进行严格的消毒，根据体质情况注射禽霍乱等疫苗，防止因填饲应激使鹅的抵抗力下降而容易感染疾病；另外，还要做好体内驱虫和体表驱虱工作。

预饲期的鹅应以舍饲为主，可适当放牧，每日上下午各放牧1次，预饲期结束前3天停止放牧，以适应填饲阶段的圈养。一般情况下，在预饲期开始喂给一些常规饲料，并逐渐向常规饲料中添加玉米碎粒，向玉米含量高的饲料过度，直至玉米比例达到70%；同时增大整玉米粒含量，也逐渐向喂整粒玉米过度。预饲期内还可以照样喂给青饲料。预饲前期可喂给混合饲料：20%玉米粒，50%玉米面，20%豆粕，5%预混料，5%稻糠。并逐步增加玉米粒的量至总量的50%，玉米面含量减少至20%。每天饲喂2~3次，每只每天补饲精料约200g。预饲期要让鹅足量地自由采食，青饲料可不限量，以使鹅消化道的体积逐渐地膨大，便于以后的填饲；同时保证供给充足清洁的饮水；另外，也要在饲料中均匀混入一定量的直径为0.3~0.4cm的沙砾。在管理上，要分群饲养，每群不要超过20只，饲养密度以2只/m^2为宜。圈舍地面要平坦干燥，环境安静。舍内要保持安静，光线暗淡，尽量减少鹅的运动量，保持清洁卫生，勤换垫草，加强消毒，通风干燥。预饲期结束时鹅应达一定育肥程度，若大型鹅达到5.5kg、小型鹅达到4.0kg时即可进入填饲阶段。

（2）填饲期的饲养管理 预饲期鹅增重约10%之后，就可转入填饲期。在填饲期，主要以玉米为主料，采用电动填饲机强制地让鹅采食过量的能量，以使其肝脏沉积大量脂肪。填饲期的饲养管理是鹅肥肝生产工艺中最关键的环节之一。填饲操作要做到细致到位，努力降低伤残率，争取在短时间内，以较少饲料换取高产量高质量的鹅肥肝。整个育肥期内要供应沙砾。为了让填饲鹅得到充分的休息，多长肥肝，必须严格进行关养，不让鹅运动和游泳。平养鹅舍铺水泥地面以便于冲洗消毒，冬天天冷时适当铺设垫料，饲养密度为3~4只/m^2；笼养采用单笼饲养，笼的尺寸为50cm×28cm×35cm，笼子底部距地面50cm。填饲前应对填饲鹅舍、笼具、填饲机器等进行彻底消毒。鹅舍的室温最好保持在10~15℃，不超过25℃。保持舍内干燥、通风、清洁、安静，不能有穿堂风。舍内光线适宜，避免陌生人进出，保证鹅有充足的清洁饮水，还可在每升水中添加食用苏打。填饲后期，鹅十分脆弱，驱赶鹅应缓慢，防止挤压和碰撞，捕捉时应格外小心，轻轻提放，减少对鹅的惊扰。平时要注意仔细观察鹅群的精神状况，特别是填饲10天后，根据具体情况决定是否紧急屠宰，以减少损失。

四 填饲鹅群的疾病防治

填饲是一种强制性的饲喂手段，是违反鹅生理需要的，对鹅是一种严重的应激，如果操作不当还会造成机械性损伤导致一系列疾病。同时，随着脂肪的迅速沉积、鹅体重的不断增加和肥肝的形成，鹅的抗病力显著降低，很容易发病。所以要加强疾病的预防，注意清洁卫生和提高填饲技术。一旦发生疾病应及时治疗，但不可滥用药物，防止肝脏负担过重和药物在肝中的残留。填饲鹅常见的疾病及控制措施见表7-4。

表7-4 填饲鹅常见的疾病及控制措施

疾病	病因	症状	控制措施
喙角溃疡	填饲管过粗或在填饲时操作不当造成喙角损伤，细菌感染而引起炎症；维生素B缺乏时，更易发生	病鹅两喙的基部破损、肿胀、溃疡，强行张开两喙填饲时，可闻到腐臭味	中小型鹅应采用较细的填饲管填饲，填饲动作要轻，避免擦破喙角；在饲料或饮水中加入禽用多维素；可使用消炎药和珍珠粉涂抹喙角破损处，有一定的疗效
咽喉炎	强行插入填饲管造成机械性损伤而引起鹅咽喉黏膜及其深层组织的炎症	咽喉周围组织充血、肿胀和疼痛；填饲时鹅挣扎不安，且因咽喉肿胀和疼痛，填饲管不易插入	填饲管应光滑，管口圆钝无缺口。填饲员指甲要剪光磨平，拉出鹅舌头要轻；插入填饲管时动作要慢，角度正确；若鹅挣扎，咽喉部紧张，应暂停插入，不得硬插。轻度咽喉炎症可内服土霉素，并局部涂擦磺胺软膏
食道炎	食道黏膜受摩擦过度造成损伤所引起	食道发炎、肿胀和疼痛，填饲时患鹅表现不安	预防与咽喉炎相似；采用能直接插到食管膨大部长50cm的填饲管填饲，可减少食道炎的发病率；插管时要谨慎，使鹅的颈与填饲管保持平行；每次填料要少

（续）

疾病	病因	症状	控制措施
食道破裂	填饲管插入时动作粗暴，或者由于填饲管本身存在的金属破口，而造成食道破裂	填饲后抽出填饲管时，发现管壁沾有血液，继而鹅的颈部肿胀，精神萎靡，在下次填饲前用手触摸颈部，可摸到积蓄在颈部皮下的大量玉米	填饲管口要圆滑；插入时动作要轻，插入方向与鹅的食管平行。发生本病的鹅应及早淘汰
消化不良	消化机能紊乱引起	以腹泻和排出大量整粒的未消化玉米为主的疾病（非菌痢）	要有填饲预饲期阶段，让鹅逐渐习惯于摄食整粒的玉米和大量的青绿饲料；供给粗砂粒，让其自由采食，以帮助消化；注意填饲料的加工调制和适宜的填饲量
积食	包括胃积食和食管积食；由消化功能紊乱引起	大量整粒的、未消化的玉米积滞在食道和食道膨大部	同上
跛行与骨折	填饲后期鹅体重一般要增加80%左右，有一部分填饲鹅支撑不住而出现跛行或骨折；操作粗暴而造成的腿部受伤	歪脚、跛行	捉鹅时要轻捉轻放，否则易造成翅膀和腿部骨折；对骨折的鹅一般不再治疗，若已成熟，应及时屠宰
气管异物	填饲操作不小心，使玉米粒通过喉头落入气管所致	填饲结束后鹅拼命摇头，想把气管中的玉米甩出来，开始呼吸急促，继而呼吸困难，以至窒息死亡	在插填饲管时，应先将遗留在管中容易掉落的玉米粒去掉；填饲时不要填得过于接近咽喉，拔出填饲管时，动作要轻要快；发现鹅有气管异物症状，应立即提起，使其双脚倒挂起来，并用手摸捏气管；若卡的位置很深，只能屠宰

第三节　肥肝鹅的屠宰加工程序

一　肥肝鹅的运输

填饲后期的鹅自身负担大，呼吸困难，生活能力较低，经不起太多的折腾，肥肝脆嫩极易破裂，最好能就地屠宰。若需外运屠宰，运输装卸过程中应注意做到轻稳捉放，以免损坏肥肝。一般接运肥肝鹅是在清晨，而肥肝鹅的最后一次填饲在头天晚上，这样肥肝鹅已停食 8h。肥肝质地较松软且约有一半没有龙骨护着，车辆颠簸或鹅之间的拥挤很容易导致破碎。肥肝鹅要用专用的塑料运输笼运输，笼内空间要稍微宽松，笼底铺垫松软垫草，每笼放鹅约 4 只，以免在运输中挤压受伤死亡；捕捉和搬运肥肝鹅时动作要轻。为缩短运输距离，一般将屠宰场建在离饲养场较近的地方或交通便利的地方；通往肥肝鹅屠宰加工厂的道路必须平坦，用车辆运输时要避免剧烈颠簸。

二　屠宰取肝

1. 候宰

填饲成熟的肥肝鹅装笼运抵屠宰厂后，应当在候宰区休息 1 ~ 2h。如果无候宰区，也可让鹅停在车上休息一段时间。实践证明，经候宰休息后宰杀的填鹅，其肥肝和胴体的品质和色泽明显好于未经候宰的填鹅。

2. 淋浴

填鹅在宰杀前还要用清水进行淋浴，使鹅体清洁和改善厂区卫生环境。

3. 屠宰

清洗过的填鹅头朝下、两脚朝上，挂入悬挂传送链的挂钩上。鹅在传送链的带动下经过电击，使鹅处于昏迷状态；鹅经电晕后随传送链的传动，倒挂着传入屠宰车间。工人对鹅进行由口腔或颈部宰杀放血。

【重点提示】　屠宰肥肝鹅放血要充分，一般以 5 ~ 10min 为宜。充分放血后的屠体皮肤白而柔软，肥肝色泽正常；如果放血不充分，色泽暗红，肥肝有淤血，影响肥肝质量。

4. 浸烫

鹅血放净后立即用水温63～65℃的热水浸烫3～5min，时间不宜过长，否则毛绒弯曲抽缩，色泽变劣，脱毛时皮肤易破损，严重影响肥肝质量。屠体必须在热水中翻动，受热均匀，使鹅身体各部位羽毛都能完全浸透。

【重点提示】 浸烫时不能使胴体受到挤压，以免损伤肝脏；必须干净清洁，未曾死透或放血不净的鹅不能进水池烫毛。

5. 脱毛

浸烫充分后，应立即脱毛。鹅肥肝有一半是在腹部的，没有龙骨的保护，用于肥肝鹅的脱毛机必须是特殊设计的。可采用国内生产的一种仿法式小型脱毛机，这种半机械化脱毛机，结构简单、造价低廉，脱除大羽效果不错，至于剩余的小毛则完全用手工拔除。在一些小型企业，采用人工拔毛，既不伤及肥肝，按只计酬，拔得也很干净，这对有大量廉价劳动力的地区，也是很合算的，只是手工浸烫的水温要调高到65～70℃，浸烫的时间缩短到1min左右。

6. 预冷

刚脱毛的肥肝鹅腹部充满了脂肪，而脂肪溶点又低，若立即剖腹取肥肝，会使腹脂流失，同时容易把柔嫩的肥肝和胆囊抓破，而影响肥肝质量。为此，应将屠体预冷，使屠体干燥、脂肪凝结、内脏变硬而不致冻结，以便剖腹取肝。将屠体胸腹部朝上，平放在特制的金属车架上，置于温度为4～10℃的冷库中预冷18h。

7. 剖腹与取肝

将屠体胸腹部向上，尾部朝向操作者放置在操作台上。操作者左手按住屠体，右手持刀从胴体龙骨末端处开刀，沿腹中线向下作一纵切口，一直割到泄殖腔前缘。皮肤切开后，在切口上端两侧皮肤上各开一个小切口，左手食指插入胴体右侧小切口中，把右侧腹部皮肤勾起，右手持刀沿原腹中线切口把腹膜割开，接着用双手同时把腹部皮肤和腹膜向两侧扒开，使腹脂和肥肝暴露出来。此时，操作者用左手从鹅左侧伸入腹腔，把内脏向右侧扒压，右手持刀从内脏和左侧肋骨间的空隙中，把内脏与胸、腹腔间的联系逐渐割断，只剩上端的食道和下端的直肠还和胴体连接。取肝者两手插入剖开的腹腔中托住肥肝，把肥肝连胆囊小心的钝性剥离，万一胆囊破裂，要立即用清水将胆汁冲洗干净。操作者将取下的肥肝立即放在身旁的操作台上。每取完1只肥肝，用清水冲洗双手。

【重点提示】 取出的肥肝应适当整修处理，用小刀切除附在肝上的神经纤维、结缔组织、残留脂肪和胆囊下的绿色渗出物。切除肝上的淤血、出血斑和破损部分，放入0.9%的食盐溶液中浸泡10min，捞出后沥干水，称重分级，并按不同等级进行包装和装箱。

8. 内脏和胴体

目前国内1只合格的鲜鹅肥肝的售价，大致相当于一只肥肝鹅的成本，而鹅的胴体和内脏的收入，就是利润部分。取肝后的肥鹅屠体需将内脏掏出，先将腹脂分离卷成一团，单独装盘，将心脏、肌胃、鹅肠等副产品分别洗净装盘；而鹅的屠体则按客户需要加以分割包装后冷藏贮运。

三 肥肝的质量检测与分级

1. 质量监测

（1）填饲鹅质量监测 填饲鹅应为来自非疫区、无传染性疾病的3~5月龄的仔鹅。填饲前应经过预试观测。

（2）屠宰前监测 屠宰鹅应具备来自非疫区的兽医检疫证明、填饲记录（主要记录饲料消耗、填饲前和填饲后的平均重、伤残率等）。

（3）屠体及组织器官监测 主要检测屠体外表色泽是否正常，有无寄生虫、溃疡、肿瘤、炎症等；肥肝是否正常，有无破胆、血块、粪便残留组织，体内组织器官有无病理变化。

2. 肥肝的分级

取出的肥肝，在质量上有很大差异，需要分等级，以便于以质论价。鹅肥肝的质量从重量、感官和理化指标来进行评价。肥肝以肥大为好，越肥大越重，利用价值越高；感官指标主要看完整程度，气味是否异常，色泽是否均匀，有无斑痕等。不同的国家对肥肝的分级标准不尽相同，我国对鹅肥肝的分级标准中，重量分级为：特级600～1 000g；A级1 000～1 200g；B级500～600g或≥1 200g；C级500g以下。感官性状分级见表7-5，理化指标见表7-6，微生物指标见表7-7，卫生指标见表7-8、鹅肥肝综合评定等级见表7-9。

表7-5 鹅肥肝感官性状分级

等级	色泽	纹理	柔韧性	气味	血斑等
特级	淡黄或米黄色，有光泽	光滑而均匀	指压有弹性但不柔软	具鲜肝正常气味	无血斑或胆绿斑，无破损
A级	淡黄或米黄色，有光泽	光滑而均匀	指压有弹性但不柔软	具鲜肝正常气味	血斑直径不超过2cm，无胆绿斑，无破损
B级	淡黄或米黄色，光泽较差	光滑	指压稍硬或软不超过1/3	无异味	血斑直径不超过4cm，无胆绿斑，无破损
C级	颜色稍深，无光泽	光滑	指压缺弹性稍硬或稍软	稍有异味	血斑稍大，用刀剔除无胆绿斑

注：肥肝的肝型均要呈长卵圆形，冻肥肝不测定柔韧性和鲜肥肝的香味。

表7-6 鹅肥肝理化指标

项目	特级	A级	B级	C级
含脂率	≥45%	≥45%	40%～45%	35%～40%
水分	≤40%	≤40%	≤45%	≤50%
热融率	≤12%	≤15%	≤20%	≤25%

注：为了得到低热融率，应尽可能降低冻肥肝速冻时的温度。

表7-7 鹅肥肝微生物指标

项目	鲜鹅肥肝	冻鹅肥肝
菌落总数/（cfu/g）	$\leq 1\times10^{6}$	$\leq 1\times10^{5}$
大肠菌数/（MPN/100g）	$\leq 1\times10^{4}$	$\leq 1\times10^{3}$
沙门氏菌别	0/25g[a]	0/25g[a]
出血性大肠埃希氏菌数（O157:H7）	0/25g[a]	0/25g[a]
pH	≤6.2	≤6.2

注：a取样个数为5。

表 7-8 鹅肥肝卫生指标

项目	指标	项目	指标
冻禽产品解冻失水率（%）	≤6	敌敌畏/（mg/kg）	≤0.05
挥发性盐基酸/（mg/100g）	≤15	四环素/（mg/kg）	≤0.3
铅（Pb）/（mg/kg）	≤0.2	金环素/（mg/kg）	≤1
砷（As）/（mg/kg）	≤0.5	土霉素/（mg/kg）	≤0.3
汞（Hg）/（mg/kg）	0.05	磺胺二甲嘧啶/（mg/kg）	≤0.1
六六六/（mg/kg）	≤1	二氯二甲吡啶（克球酚）/（mg/kg）	≤0.01
滴滴滴/（mg/kg）	≤2	己烯雌酚	不得检出

表 7-9 鹅肥肝综合评定等级

等级	重量/g	感官性状	理化指标	卫生指标	微生物指标
特级	600～1 000	符合特级要求	符合特级要求	全部符合要求	全部符合要求
A 级	600～1 200	符合 A 级要求	符合 A 级要求	全部符合要求	全部符合要求
B 级	500～600 或≥1 200	符合 B 级要求	符合 B 级要求	全部符合要求	全部符合要求
C 级	<500	符合 C 级要求	符合 C 级要求	全部符合要求	全部符合要求

四 肥肝的包装与运输

1. 包装

鹅肥肝分鲜肥肝和冻肥肝两种，同样级别的鲜肥肝售价要高出冻肥肝近 50%，但做鲜肝的要求也更高，因此在有条件的企业应尽可能多做鲜肝。我国鲜肥肝或冻肥肝均应装入复合塑料薄膜袋中（薄膜要求为 3 层以上的酯脂、聚丙烯或改性聚丙烯），进行抽真空包装；也可以同时注入氮、二氧化碳等惰性气体，以提高保鲜质量。包装箱内箱用聚乙烯泡沫塑料箱（箱壁厚度不低于 40mm），放入鹅肥肝后，内置大容量的防渗水冰袋，将箱盖盖严，连接处用封箱带密封，再放入瓦楞纸板做的外箱中包装好。

2. 储存

鲜肥肝包装好后要尽快启运，短期储存可放在 1～4℃ 的预冷库中，储存与运达客户处的时间不得超过5天。冻肥肝经-35℃以下的温度速冻后，储存在-18℃的冷冻库中，库温一昼夜升降幅度不得超过1℃。

3. 运输

鹅肥肝应在冷藏车中运输，运输距离远的可采取空运。

第八章
鹅羽绒生产技术

第一节　羽绒概述

鹅羽绒绒朵结构好，具有柔软、蓬松、轻便、富有弹性、吸水性小、可洗涤、保暖耐磨等优点，是鹅业的主要副产品之一，经加工后是一种高级的填充料，可以制成各种轻软防寒的服装及舒适保温的被褥，也是轻工业、体育、工艺美术等不可缺少的原料。

一　羽绒的类型

鹅体不同部位，其羽绒外形不同，按着生部位，可将鹅身上的羽绒分为头部羽绒、颈部羽绒、胸部羽绒、背部羽绒、尾部羽绒等；结合生理功能可将羽绒分为飞羽、窝羽、翼羽等；按羽绒颜色可分为白羽和灰羽等。一般按羽绒形态和结构，将鹅羽绒分为 4 种主要类型。

1．正羽

正羽又称廓羽或被羽，是覆盖鹅体表绝大部分的羽毛，决定鹅体的体表形状。正羽可分为飞羽和体羽，着生在翅膀上的飞羽称为翼羽，着生在尾部的飞羽称尾羽；覆盖鹅体表面的大部分正羽称为体羽。覆盖翼羽和尾羽基部的背侧或腹侧的正羽称覆羽。正羽结构完整，由羽片和羽轴构成（图 8-1）。羽轴是羽毛中间较硬而富于弹性的中轴，上部较尖细，两侧斜生并列的羽片，叫羽茎；羽轴下部没有羽片，为无色透明的管状结构，叫羽根，羽根的末端伸入表皮，周围为羽毛囊。羽根末端与皮肤真皮形成羽毛乳头，羽毛生长过程中所需要的营养，就是通过乳头血管进入羽绒后运输的。羽片是由羽茎两侧斜行生长的若干羽枝及其次生分枝——羽小枝所构成，羽枝与羽茎呈45°角。每条羽枝的两侧又有两排与羽枝成45°角的更细的若干羽小枝，羽小枝之间相互关联成片。

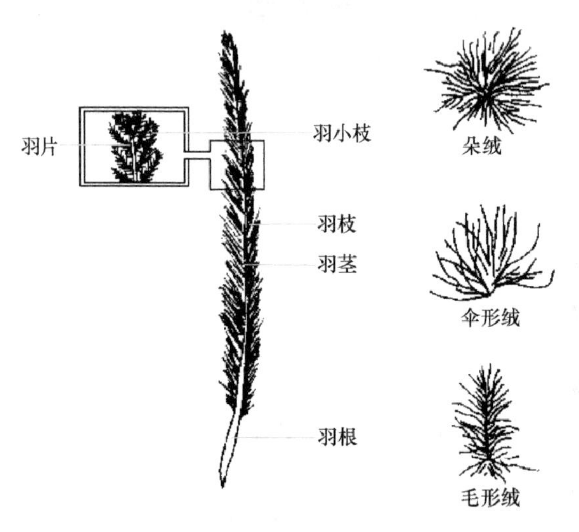

图8-1　正羽结构（左）与绒羽的类型（右）

【小知识】>>>>

正羽的隔热性能差，毛性较硬，不能用于做暖衣物的填充料，可以做羽毛球、扇子、羽毛花、装饰品、羽毛粉等。

2. 绒羽

绒羽被正羽所覆盖，密生于鹅皮肤的表面，外表见不到，在构造上与正羽有较明显的区别。绒羽的特点是羽茎细而短，甚至呈点状，柔软蓬松的羽枝直接从羽根部生出，呈放射状。绒羽的羽小枝上没有羽小钩或者羽小钩很不明显，因此不能形成羽片。绒羽具有优良的保温性能，为高级保温填充料，是羽毛中利用价值和经济价值最高的部分。绒羽中依据形态、结构的不同，可分为朵绒、伞形绒（未成熟绒）、毛形绒和部分绒4种类型（图8-1）。

（1）朵绒 又称纯绒，其特点是羽根或不发达的羽茎呈点状或核状，从绒核放射出许多绒丝，形成朵状。

（2）伞形绒 即未成熟或未长全的朵绒，绒丝尚未放射开而呈伞状。

（3）毛形绒 又称半绒，有些像毛的形态，羽茎长细，上部绒较稀，下部绒较密，绒丝上有羽小枝。

（4）部分绒 是指一个绒核只长出几根或不多的绒丝，像是绒的一部分。

3. 绒型羽

绒型羽是介于正羽和绒羽之间的一种羽毛，也称半绒羽。这种羽毛的上部分是羽片，下部分是绒羽，但绒丝稀少，一般当做毛片处理。

4. 毛羽

这种羽毛纤细如毛，故称毛羽，又称纤羽，分布在鹅的所有有羽区域，常见于喙和眼的周围。

二 羽绒的生长规律

鹅的羽毛形成于胚胎发育期。受精蛋孵化到第 10 天就可用放大镜看到羽毛原基分布于整个体躯部分，第 14 ~ 15 天全部躯干有绒毛，第 17 天全身有绒毛，在以后的 13 天中绒毛不断生长成熟，逐步形成雏羽（或称幼羽），出壳前数天雏羽完全成熟，覆盖雏鹅全身。鹅表皮的毛囊和羽毛的迅速发育期是在 3 ~ 8 周龄期间。刚出壳的雏鹅其雏羽要经数次脱换，2 周龄后雏羽逐渐脱换为青年羽，8 ~ 12 周龄期间，青年羽又逐步脱换为成年羽。如果在此期间内，环境条件和营养状况不好，更换羽毛的过程就会延长，并且会影响羽绒质量和机体的健康。鹅的成年羽在一般情况下，每年更换 1 次，人们所利用的就是成年羽，也就是常说的“羽绒”。太湖鹅仔鹅期羽毛生长规律见表 8-1。

表 8-1 太湖鹅仔鹅羽毛生长规律

俗名	日龄	羽毛变化情况
收身	3 ~ 4	全身绒毛稍显收缩贴身，显得更精神
小翻白	10 ~ 12	绒毛由黄色变浅，开始转为白色

（续）

俗名	日龄	羽毛变化情况
大翻白	20～25	绒毛全部变成白色
回搭毛	30～35	尾、体侧、翼基部长出大毛
滑底	40～45	腹部羽毛长齐
头顶光	45～50	头部羽毛长齐
两段头	55～60	除背腰外，其余羽毛全长齐
交翅	60～65	主翼羽在背部相交，表示羽毛已基本成熟
毛足肉足	70～80	羽毛全部成熟，并开始第二次换毛

三 鹅体不同部位羽绒的生长密度和绒朵重

羽绒产量和绒朵大小随鹅的品种、年龄、体重、性别、换羽季节和营养状况等多种因素而发生变化。鹅不同部位羽绒的生长密度和千朵绒重见表8-2。

表8-2 鹅不同部位羽绒的生长密度和千朵绒重

年龄	性别	颈膨大部		胸部		腹部		背部		腿部	
		密度/（根/cm^2）	千朵重/g	密度/（根/cm^2）	千朵重/g	密度/（根/cm^2）	千朵重/g	密度/（根/cm^2）	千朵重/g	密度/（根/cm^2）	千朵重/g
1.5年龄	母	25	1.792	21	1.856	15	1.125	23	1.062	37	0.528

四 鹅体各种羽绒的产量与分布

鹅体各类羽绒的产量及分布见表8-3。

表8-3 鹅体各类羽绒产量及分布

性别	体重/kg	羽绒总重/g	正羽重/g	朵绒重/g	绒型羽重/g	占羽绒总重的比例（%）		
						正羽	朵绒	绒型羽
公	6.58	134.38	84.03	35.53	14.82	62.53	26.44	11.03
母	6.02	109.59	68.43	28.81	12.35	62.44	26.29	11.27

第二节　影响鹅羽绒产量与质量的因素

正常的羽绒发育过程涉及遗传、激素、环境气候、饲养管理和营养条件，而营养是影响羽绒结构和生长发育的主要因素。

一　遗传

遗传是调控羽绒生长发育的决定性因素，羽毛生长的遗传力相对较低，为0.35。

二　品种

鹅的品种不同，羽绒的产量和质量也不同。一般来说，体型大而健壮的鹅羽绒比较丰满、浓密，绒朵大、绒层厚，每次所能获取的羽绒量多质优。白羽品种鹅羽绒的质量好于灰鹅品种。从出售价值来看，白色羽绒比灰色羽绒高20%左右。

三　营养

羽绒的生长发育是伴随着鹅整个机体的生长发育和新陈代谢进行的，只有满足了机体生长发育的营养需要，才能满足羽绒生长发育的营养需要。营养水平可以影响产毛率、羽毛的结构、颜色以及换羽过程。营养不足时，羽绒失去光泽，数量减少，质量降低，甚至会大量掉毛。日粮中蛋白质含量的多少，直接影响羽绒的生长及构成。鹅从初生到12周龄，因羽绒要多次脱落更换，在此期间日粮中含硫氨基酸的多少，直接影响羽绒的生长发育。另外，当日粮中饲料中缺乏维生素A、D、E、B_6、核黄素、钠、锌等均会影响羽绒的正常发育。

【小知识】>>>>

在活拔羽绒鹅的饲养中，若在日粮加入适量的羽绒粉，对鹅体健康、新羽绒加速长成和提高羽绒质量均有明显效果。

四　环境气候

鹅身上的羽绒主要起保温作用，鹅会根据环境气温的变化所引起的代谢改变而自动调整体表羽毛的数量和品质。冬季鹅的羽绒数量较多，绒层较厚，含绒量较高，质量好。夏季则既少又差，甚至会自动掉毛，一般来说夏季羽绒中纯绒含量仅有冬季的60%～80%。在我国，北方地区的鹅比南方地区鹅羽毛生长得好。

五 饲养管理

良好的饲养管理条件应带有池塘，经常让鹅下水可以刺激其羽毛生长和皮下物质发育，尤其是寒冷的气候条件更有利于鹅羽毛的生长以及绒羽的形成。气候越寒冷，鹅羽毛生长得越密集。在大群不放牧饲养且不能下水的条件下，鹅羽毛会变脏、变黄，而且凌乱；在场地圈养的鹅与放牧养殖的鹅相比，羽毛受污染的程度更加严重。如果是在长期舍内饲养条件下，鹅羽毛的发育程度会受饲养密度、通风、相对湿度以及舍内空气中氨含量等因素的共同影响，这些因素不适宜时会造成羽毛杂乱，尤其是在第一次换羽时。舍内相对湿度大于70%时，将对幼鹅的羽毛发育产生不良影响。鹅在产蛋周期内羽毛质量会下降，因为产蛋周期内鹅经常用喙梳理羽毛，因此避免不了用喙啃咬羽毛导致其受损的情况发生。在潮湿温暖的舍内过于密集饲养的鹅，羽毛会出现打结现象；病鹅的羽毛会竖起，也出现打结现象。在过于密集饲养条件下的鹅的覆羽，在尤其是腹下部的羽毛可能会产生断碎的情况，而饲养在湿垫草上的鹅，腹部羽毛同样会出现断碎情况。

六 体重

鹅的体重显著影响其羽毛的质量，一只成年鹅的羽毛重量大概是其自身体重的6.2%，但是仅仅体重增大并不能明显增加羽毛的产量，因为体重越大的鹅往往单位面积的羽毛密度较低。一只成年的中到大型鹅可以总共生产150～230g有价值的羽毛（不包括翅膀和尾部的大翎），屠宰后每只鹅可以总共获得250～300g羽毛，而其中的90～220g市场价值较高。羽毛长度的变化与鹅的活体体重变化密切相关，当鹅长到一个适宜的体重时羽毛才会长满鹅全身。

第三节 羽绒采集技术

我国开发利用羽绒资源的时间较早，一个多世纪以来，羽绒也一直是我国重要的生产资料和出口商品。目前我国采集羽绒有两种方法：一是宰杀取毛法，二是活拔羽绒法。

一 宰杀取毛法

1. 水烫法

水烫法也称浸烫法、水煺法、烫煺法，是我国绝大多数农家传统的拔毛方法。鹅放血后浸入 65～70℃ 左右的热水中，水烫后再拔毛，这种方法容易拔下羽毛，但鹅毛经热水浸烫后，弹性降低，蓬松度减弱，色泽受到影响，不同颜色的羽毛常混杂在一起，而且羽毛中最珍贵的朵绒常混浮在浸烫热水中被倒掉。若无羽毛脱水烘干设备而依靠日光晒干，阴雨天鹅毛易结块，霉烂变质，晴天朵绒又易随风飘逝，而且常混入灰沙杂质。因此，此法采集的鹅毛品质往往较差，必须经过加工处理，剔除杂质才能符合要求。以江苏和安徽一带收购的水烫鹅毛为例，把能够使用的“毛片”、珍贵的“绒朵”、使用价值很低的“翅梗毛”（其中部分可作为羽毛球和羽毛扇原料）和灰沙杂质所占的比例见表 8-4。由表 8-4 可见，虽然冬春季产的鹅毛含绒量高于夏秋季产的鹅毛且质量要好些，但其可以利用的部分只占 50% 多，其中含绒量也只有 11%。而外贸部门出口鹅毛原毛的最低要求是：“毛片”占 70%，“绒朵”占 15%，其他杂次品总量不超过 15%（其中最高允许量为“薄片”5%、鸡毛 1%、灰沙杂质 9%）。对照出口要求，目前国内收购的水烫鹅毛质量很差，必须经过加工处理，才能作为出口的原料，供加工使用。

表 8-4 水烫鹅毛原毛中各种成分比例（%）

名称	毛片	绒朵	翅梗毛	灰沙杂质	合计
夏秋季鹅毛	40	7	27	26	100
冬春季鹅毛	41	11	32	16	100

2. 蒸拔法

蒸拔法是近几年人们为了提高羽绒的利用价值，按羽绒结构分类和用途采用的一种采集羽绒的新方法。这种方法可达到分类采集羽绒的目的，提高含绒比例，做到羽毛和羽绒分别出售，提高经济收益。具体做法是：将鹅宰杀放血后，放在蒸笼内蒸3min，翻个后再蒸2～3min。拿出来先拔两翼大毛，再拔全身正羽，最后拔取绒羽，拔完后再按水烫法，清除体表的毛茬。这种方法能按羽绒结构分类及用途分别采集和整理，也能使不同颜色的羽绒分开而不混杂，更主要的是能够提高羽绒的利用率和价值。但该方法比较费工，需要多道工序，用劳力较多，尤其是拔完羽绒后，屠体表面的毛茬难以处理干净。有时拔取羽绒的操作人员技术不熟练或者应用手法不当，会将羽绒拔断，形成飞丝或半朵绒；同时高温对羽绒质量有影响，如果蒸的时间控制不好，鹅皮肤蒸熟后容易撕破，影响胴体品质。

3. 干拔法

干拔法与蒸拔法一样，也是为了按照羽绒结构分类和用途采用的一种采集羽绒的新方法。具体做法是：将宰杀沥血后的个体，在屠体还有余热时，立即手工拔毛等。如果体温下降后，毛孔紧缩，毛就不容易顺利拔下来。干拔时先将绒羽和绒型羽拔下，再拔翅翼及尾部的主、副翼羽和尾羽，拔主、副翼羽和尾羽时可采用热水烫后再拔；拔下的羽绒分类放置。该方法简便易行，羽绒未经浸烫，保持原有羽型、色泽光洁，杂质少，质量较好，并能达到分类采集羽绒的目的，提高羽绒的利用率。但此法缺点是屠体表面难以处理干净，若技术不熟练、手法不当容易损坏绒丝，形成半朵绒或飞丝。

二 活拔羽绒法

活拔羽绒法获得羽绒没有经过烫煺和干燥两道工序，所取羽绒柔软，蓬松度高，弹性好，光泽度好，杂质少，经久耐用，质量要比屠宰后浸烫过的鹅毛好，如果保存得好，可使用七八十年之久，故售价也较高。其技术原理是：鹅体的羽绒被拔取后，在适宜的饲养管理条件下，鹅体为维持生命和健康，会改变新陈代谢方式，将营养向体表转移，以保证体表羽绒的生长恢复；在营养良好的条件下，约经6周龄左右，绒羽和小的正羽就可生长成熟。这时又可再次拔取羽绒，如此，一年可反复拔取数次。活拔鹅羽绒能在不影响鹅健康和不增加鹅的饲养量的情况下，比以往的“杀鹅取毛法”多增产2～3倍的优质羽绒。在良好的放牧条件下，利用休产期的种鹅、后备种鹅和肉用仔鹅，可活拔3～4次鹅羽绒，能增产优质的鹅羽绒0.3～0.4kg，使1只鹅的产值增加1.5倍，这样可大幅度地提高养鹅的综合经济效益。

1. 活拔羽绒的适用范围

活拔羽绒一定要和当地的气候、养鹅用途、季节相结合，在不影响鹅产蛋、配种、健康和正常生长发育的情况下进行。

（1）鹅种选择 任何品种的鹅均可进行活体拔绒。近年来国内外市场对填充羽绒的质量要求越来越高，为了防止“印花”现象，保证时装颜色美观一致，一般都是选用优质的白色羽绒作为填充原料，所以，活拔鹅羽绒最好选用白羽鹅，不用体重小的杂色鹅。另外，大型鹅种的空养期长，产绒量较高，故宜选择一些体型大、羽毛多的肉用品种如皖西白鹅、浙东白鹅等进行活体拔绒，以做到肉、绒兼用，提高生产性能。此外，所选鹅品种最好是属于易饲养、耐粗饲料的品种，争取少喂精料，以草换绒，降低生产成本。

（2）活拔羽绒适合的鹅群 雏鹅、中鹅由于羽毛尚未长齐，不能进行活拔羽绒；在羽毛已经长齐的鹅中，也不是每只鹅都能活拔。处于产蛋季节的母鹅，代谢水平较高，拔绒刺激会造成其内分泌和代谢水平的改变而影响产蛋和种蛋的质量，所以产蛋母鹅不能拔羽。正在换羽的鹅，活拔时极易拉破皮肤，血管毛也较多，含绒量少，无论是鹅绒质量还是胴体质量均较差。拔绒可能损伤皮肤，在屠体下留下斑痕，影响外观品质，因此，对需要整只出口的肉鹅，不宜进行活拔羽绒。一般认为，对以下几种健康鹅进行活拔羽绒，效果较好。

1）休产期的种鹅。在种鹅的自然休产期，当地饲料饲草条件较好情况下，可以每隔45天对种公鹅和种母鹅进行1次活体拔羽绒。最后一次拔羽绒，要与开产日期相隔2个月以上，以保证母鹅恢复体力，不影响繁殖。

2）后备种鹅。准备留种的后备种鹅到90日龄左右，成羽成熟后，就可开始进行第一次活体拔羽绒。如果营养状况好，每隔45天左右均可拔取1次，到开产前1个月左右停止拔毛，一般可连续活拔3～4次。

3）肉用商品鹅群。肉用仔鹅一般饲养到80~90日龄即可上市，如果进行1次活体拔羽绒，又要再养40~50天，其饲养成本远高于拔1次羽绒的收益，因此肉用仔鹅上市前一般不宜进行活体拔羽绒。但若遇仔鹅上市集中，市价太低，就可拔1次或几次毛，让仔鹅继续生长，延迟至价格高时再出售。

4）肥肝鹅。肉用仔鹅的羽毛刚长齐，体重较轻，不能用于填饲生产肥肝，需要再饲养一段时间，在这个阶段可适时拔绒1次，等新羽长齐后再填饲。若当时天气炎热，不能填饲，还可以拔绒1~2次，至天气凉爽后新羽长齐，再进行填饲生产肥肝。

【重点提示】 可供活拔羽绒的鹅必须是体质健壮无病的个体。体弱多病、营养不良的鹅适应性差，抵抗力弱，拔毛的刺激会加重病情，容易引起感染，甚至造成死亡。

（3）活拔羽绒时机 从季节上说，每年5~10月都可以进行拔绒，但季节不同，拔出的羽绒质量不一样。如夏秋季节气温高，又是换羽季节，羽绒不但质量差，产量也低，1次只能拔绒80g。冬春季节天气转冷，羽毛生长较迅速，羽毛丰厚，纯绒量高，羽片大，绒朵丰满，色泽好，手感柔软，弹性强，含杂质少，质量好，1次可拔绒100~125g，且售价比夏季毛绒高出2~3倍。

【重点提示】 一般冬天不宜进行拔羽绒。羽绒的生长需要营养供给，饲料饲草条件不好的季节不要拔羽绒；阴雨连绵、卫生条件不好，容易造成感染的季节不宜拔羽绒。

（4）活拔羽绒的部位 生长在不同部位的鹅毛，其使用价值也不同。活拔的鹅羽绒，主要用作羽绒服装和卧具的填充料。活拔羽绒主要是拔取绒羽长度在6cm以下的毛片。绒羽着生在正羽的内层，因此，拔取绒羽先要拔取覆盖绒羽的正羽，或者同时拔取，才能达到拔取绒羽的目的。鹅翅膀上的羽毛和尾部的尾羽主要是一些“翅梗毛”（大硬梗），羽片硬直，羽轴粗壮，轴管长大，不能用作羽绒被服的填充料，但可用于羽毛球和羽毛扇的原料。翅羽和尾羽除在种鹅休产的换羽期可拔1次外，原则上不宜多拔。因为只有少数羽绒厂生产羽毛球等产品，同时这类羽毛又不能用于羽绒生产，只能作为羽毛粉的原料，使用价值低，而生长恢复又需消耗大量的营养物质，所以除特殊需要外，以不拔为宜。可供活拔羽绒的部位是：胸腹羽区、颈背羽区、大腿羽区。这些羽区绒羽含量较多，正羽中的毛片较小而柔软，活拔后短时间内就能恢复。

【重点提示】 颈侧区的绒羽应在下1/3处拔取，小腿羽区和肛门羽区虽然有绒羽，但为了保持体温不宜拔取。

（5）活拔羽绒间隔 鹅拔毛间隔时间取决于羽毛生长速度，间隔时间过短，羽绒生长未成熟，产绒量和含绒量低，血管毛较多，质量差；间隔时间过长，羽绒自然脱换，羽绒整齐度变化很大，产绒量不一定高，还多耗料，增加成本。从绒长度和拔绒量等综合指标评定，一般在良好的饲养管理条件下，拔绒间隔时间以45～50天为宜，此时羽绒基本上生长成熟，质量好，产绒量高。但要注意鹅的翎毛在拔后2～3个月才能长好，需要等到整齐如初时，方可再拔。在气温低的季节，由于寒冷刺激作用，羽毛生长加快，可适当缩短间隔时间。只要操作得当，多次拔毛对鹅的健康和生产无明显不良影响，第3～4次拔毛比头1～2次平均产毛量高18.2%，含绒量高32.8%。

2. 活拔羽绒前的准备工作

为了保证活体拔羽绒的正常进行，要进行个体检查，确定鹅体达到活拔羽绒的适宜时期，并在开始拔羽前做好场地鹅只的准备工作。

（1）判定活拔羽绒的适宜时期 对初次拔毛的日龄相近或同批的鹅在拔毛前几天，要进行抽样检查，检验个体胸腹部羽绒的成熟情况。检查鹅羽绒成熟情况时，先将鹅抓住，把胸腹部的正羽逆翻起来，看毛根是否萎缩干枯，有无未成熟的血管毛。如果毛根部血管已经萎缩干枯，又无其他血管毛，说明羽绒已经成熟，正是活拔羽绒的适宜时期；如果羽毛根部血管已经萎缩干枯，一部分血管毛已经长出皮肤，说明正在换羽，此时虽可拔取，但产毛量和含绒率将有所下降；如果大部分毛根均有血管，说明羽绒尚未成熟，不能拔取；如果正羽的毛根无血管，但绒羽很少，说明营养不良，也不宜拔取。在检查时还可进行试拨，如果比较容易拔下来，毛根不带血，说明羽绒成熟正好拔取；如果试拔毛根带血，说明尚未完全成熟，需再等几天。

【重点提示】 活体拔绒的间隔时间应根据实际情况，灵活掌握。最好在大群拔羽前，先随机选取几只鹅试拔。

（2）场地与设备准备 拔绒应选择避风向阳之处，最好在室内，以免羽绒飘失；同时地面要打扫干净，最好再铺上一层干净的塑料薄膜或者旧报纸，以防掉落到地面上的羽绒被尘土污染。拔羽绒的设备比较简单，首先要准备好围鹅用的围栏等，以便把鹅群集中围在一起；其次要准备好放鹅羽绒的容器，一般常用的是木桶、木箱，也可以用塑料盆代替，但要求深一点，以免将绒毛放入盆内时，飘散到盆外。还要准备一些塑料袋，把盆中拔下的鹅毛集中到塑料袋中储存。另外还要准备几张凳子以便人坐在凳子上拔绒。最后要准备一瓶红汞药水，万一拔绒时拔破皮肤，就可在局部擦上红汞药水消毒，操作时要穿上工作裤。

（3）鹅只准备 主要是从适宜拔羽绒的群体中，选择体质健壮无病的鹅单独组群。拔绒前需注意气象预报，选择天气晴和的日子，在拔羽绒的前一天晚上停止喂料，拔前4h停止饮水，以便排空粪便，防止拔毛时鹅粪的污染。如果鹅群羽毛很脏，可在清晨赶鹅群下河洗澡，随后上岸理干羽毛后再行拔毛。在拔绒前还要检查一遍鹅群，将体质瘦弱、发育不良、体型明显较小的弱鹅剔除。

3. 活拔羽绒的操作方法

（1）鹅体的保定 拔羽绒时要做好鹅体保定。鹅体保定有多种方法，但目的都是拔毛时把鹅固定住，使鹅不易挣扎就容易拔羽绒；而操作人员又便于操作，不感到费劲。

1）双腿保定。操作者坐在凳子上，用绳捆住鹅的双脚，将鹅头朝向操作者，背置于操作者腿上，用双腿夹住鹅，然后开始拔羽绒。此法容易掌握，较为常用。

2）半站立式保定。操作者坐在凳子上，用手抓住鹅颈上部，使鹅呈站立姿势，用双脚踩在鹅只两脚的趾和蹼上面（也可踩鹅的两翅）、使鹅体向操作者前倾，然后开始拔羽绒。此法比较省力、安全。

3）卧地式保定。操作者坐在凳子上，右手抓鹅颈，左手抓住鹅的两腿，将鹅伏着横放在操作者面前的地面上，左脚踩在鹅颈肩交界处，然后进行活拔。此法保定牢靠，但掌握不好，易使鹅受伤。

4）专人保定。1 人专做保定，1 人拔羽绒。此法操作员较为方便，但需较多的人力。

（2）拔羽绒的操作方法 拔羽绒太多容易带下皮肤，每次拔羽绒量要少，以 2 ~ 3 根为宜。通常用拇指、食指和中指一起捏绒，捏绒的位置要低，拔羽绒的方向要顺着羽绒生长的方向，用力要适中，动作要快，以防把羽绒拔断，造成“飞绒”太多，影响羽绒质量。用力小，动作慢，绒拔不下来；用力太大会拔破皮。拔羽绒时先用三指将鹅体表的毛片轻轻地由上而下全部拔光，装入专用容器，然后再用拇指和食指平放紧贴鹅的皮肤，由上而下将留在皮肤上的绒朵轻轻地拔下，放在另外一只专用容器中，以便分级出售，按质计价。不同颜色的绒羽也要分别存放，不要混在一起，尤其白色羽绒，绝不能混入其他颜色的羽绒，以免降低羽绒的质量和价格。

（3）注意事项 第一次拔羽绒时，鹅的绒孔较紧，比较费劲，需要的时间就多些，但以后再拔绒孔就松弛了，拔起来也容易了。如果不慎将鹅的皮肤拔破，可用红药水（或紫药水、0.2% 的高锰酸钾溶液）涂抹消毒，并注意改进手法，尽量避免损伤鹅体。刚刚拔完的鹅，应立即轻轻放下，让其自行放牧、采食和饮水，但在鹅舍内应尽量多铺干净的垫草，保持温暖干燥，以免鹅的腹部受潮受冻。另外，拔光羽绒的鹅不要急于放入未拔羽绒的鹅群中，以免“欺生”现象发生。

4. 药物辅助脱毛

由于人工活拔羽绒费工，且易拔破鹅皮肤，20 世纪 80 年代中期开始推广药物脱毛技术，可避免上述情况发生。如脱毛药物复方环磷酰胺片剂，商品名为复方脱毛灵，是一种潜化型氮芥类药物，本身无活性，进入体内后生成有活性的代谢物及其衍生物。经血液流经皮肤，抑制毛囊和毛根细胞的正常代谢过程，使细胞发生暂时性，可逆性营养不良，使生长的毛根变细而易于脱落。拔毛前 13 ~ 15

天，选健康、毛绒丰满的鹅；投药时，掰开鹅喙，把药片塞入舌根部（每千克体重以 45 ~ 50mg 口服给药），用安有细胶管的注射器，抽取 20 ~ 30mL 温水，注入鹅喙中送服，服药后让鹅多饮水。服药后 1 ~ 2 天鹅食欲减退，个别拉绿色稀粪，1 ~ 2 天恢复正常。拔毛一般在服药后 13 ~ 15 天内进行，过早不易拔掉，过晚自然脱落，损失毛绒。

5. 活拔羽绒后的鹅只管理

活体拔毛对鹅来说是一个比较大的外界刺激，鹅的精神状态和生理机能均会因此而发生一定的变化。一般为精神委顿（俗称“发蔫”）、活动减少、喜站不愿卧、行走时摇摇晃晃、胆小怕人、翅膀下垂、食欲减退；甚至个别鹅会体温升高、脱肛等。上述反应一般在第二天可见好转，第三天恢复正常，通常不会引起生病或造成死亡。但经过活拔羽绒，鹅体失去了一部分体表组织，对外部环境的适应能力和抵抗力均有所下降。这时，如果不加强饲养管理，不给鹅创造一个适宜的生活环境，它就会被淘汰。

（1）加强营养 拔取羽绒后，鹅体不仅需要维持体温和各器官所需的营养，还需较足的营养成分供羽绒的生长发育，所以应加强鹅的营养。饲料中应适当补充精料，增加蛋白质的含量，补充微量元素，拔毛后按每千克体重硫黄 0.5g、硫酸锌 0.5g、石膏 1g、蚕砂 1g、土茯苓 1g，拌入饲料，每天喂 1 次，连喂 25 天，可加快羽绒的恢复。如果放牧，一定要去牧草丰盛的地方，让鹅吃好，另外应给予补饲。

（2）创造适宜的生活环境 应将被拔去羽绒的鹅放入舍内或屋内。舍内应保暖不透风，地面应平坦、干燥，并铺上新鲜干草。活拔羽绒后 5 ~ 7 天内，均应让鹅在舍内活动。如果是冬季，圈舍应盖塑料布保温或供热 3 ~ 5 天。

（3）精心管理 为确保鹅群的健康，使其尽早恢复羽毛生长，必须加强饲养管理。拔完毛的鹅全身皮肤裸露，3 天内不要在强烈的阳光下放养，应在干燥、温暖、清洁、地面铺以干净垫草的舍内饲养或舍附近放牧。3 ~ 7 天内不要让其下水游泳和淋雨，放牧时不要在水源附近，防止鹅皮肤透进水，使毛囊感染细菌而发病。夏季 1 ~

3 天内还要防止蚊虫叮咬。种鹅拔毛以后，公母鹅应该分开饲养，停止交配；对于少数脱肛鹅，可用 0.2% 的高锰酸钾溶液清洗患部，再自然推进使其恢复原状，1～2 天就可恢复痊愈。活拔羽绒后要注意观察鹅的动态，以便采取相应措施。

第四节　羽绒的初加工及储存

一、羽绒的初加工

采集后的羽绒整理和储存是保证和提高羽绒原料产品质量及效益的手段。因为采集后的羽绒不会马上进行清洗加工，需要保存一段时间。但羽绒是由蛋白质构成，容易变质发霉，因此需要整理和保存。采集后的羽绒整理是对羽绒原料产品的初步加工，其方法依据羽绒采集方法而定。

1. 干燥

水烫法所采集的羽绒，含水量大、各类羽绒混杂、杂质较多，应首先处理其大量的水分，方法是自然蒸发或用甩干机甩干。蒸拔羽绒要比干拔的羽绒水分多，需要干燥。

（1）自然蒸发　绝大多数是采用晾晒，将采集的羽绒装入透气纱布袋或塑编袋内，放在向阳通风、干燥的地方晾晒。还可以在水泥地面（或水泥平台）上，四周和顶上罩上细网晾晒，此法晾晒量大，通风通气好，可缩短晾晒时间。

（2）机器甩干　有条件的可将羽绒装入透气透水的布袋内，放入甩干机里甩干。

2. 分类整理

干燥后，将羽绒分批倒入格毛机内，开动鼓风机使羽绒在风箱内飞舞，由于毛片、绒羽、灰砂、尘土、脚壳等各自比重不同，会分别落入承受箱内，然后分别收集整理，为了保证质量，应注意风速保持均匀一致。其次是将两翼的大毛及其他有用途的大毛挑拣出来，将完整无损的打成捆，单独存放。这部分羽绒单独存放有经济价值，如果混入羽绒内则无经济价值。风选后，从羽绒中再一次捡去杂毛和毛梗，并抽样检查，看含灰量及含绒量是否符合规定标准。

绒羽实际上就是购销单位所谓的绒子（即绒羽）或高绒，它的价格很贵，羽绒生产中的效益主要是由绒羽决定，因此，整理好绒羽是提高效益的主要手段。绒羽的整理主要是除去多余水分并将含绒率整理到基本一致的水平。蒸拔绒羽去水分的方法是晾晒。晾晒中要拣去杂质和正羽，提高绒羽的质量。正羽的形状大小不同，其用途也不同。正羽的整理主要是按用途整理，如两翼的飞翔羽主要是做羽毛球、羽毛扇和羽毛画等，所以应将刀翎和其他大翅羽分别整理出来，分别包装储存。总之，凡是有专门用途的正羽都应单独整理，其他正羽可混入一块，供羽绒厂加工使用。

活拔羽绒的质量比较高、杂质少、也比较干净，它的整理有利于提高产品规格和收益。其整理方法是平堆。活拔羽绒无论是混合采集或是绒羽、正羽分别采集，均应进行平堆整理，使含绒率基本一致时，才能装入袋中储存。

3. 洗涤

对拔下的羽毛进行简单加工，有利于储存，保证毛的质量，提高售价。为此，可将拔下的鹅毛先用温水洗涤 1～2 次，洗去尘土和其他杂质；用 60～70℃的温热肥皂水或洗衣粉水洗涤，能除脂去污，然后用清水冲洗干净；洗涤冲洗时，不能过分搓拧，洗后用细布袋包装扎口，可放入甩干机内甩干，然后放在通风处或挂在通风处晾干。晾晒场要打扫干净，最好把湿毛均匀摊放在竹席、竹筛或竹箩里，放在日光下晒干；按时翻动，但要避免混入杂质。有风时要遮盖或用纱布罩，以防羽毛绒被风吹散飘失。阴雨天应将未干透的羽毛放在室内均匀摊开晾干，过湿的羽毛要用微火烘干，但要谨防炼焦。晒干后的羽绒要用细布袋装好，扎紧袋口，放在通风干燥的地方保存，以利于加工处理。

4. 消毒灭菌

将晾干的羽绒，用细布袋包装扎口，放入蒸锅或高压锅内蒸 30～40min，以达到灭菌目的；或在洗涤时，用无味灭菌消毒剂，如新洁尔灭、百毒杀等浸泡消毒 5～10min。将消毒灭菌后的羽绒用细布袋装好，放在日光下晾干或在 60～70℃的低温烘箱内烘干即可供做衣服、被褥、枕头等羽绒成品的填充料。

5. 拼堆与包装

挑选洁净的或洗涤烘干后的羽绒，应根据其品质成分，按照所需绒毛和片毛的比例，进行适当调整，并拼堆混合，使含绒达到成品要求的标准；然后将拼堆后的羽绒采样复检，若合乎标准，倒入打包机内打包即为成品。

6. 使用

经过初步加工的鹅羽绒可用来制作羽绒被、羽绒褥、羽绒枕头、羽绒服装、羽绒坐垫、靠背等制品。如做絮被填料，一般以3份毛片与7份绒混合；做絮枕头等填料，以7份毛片3份绒混合；做絮羽绒服，则多为纯绒，因为绒的保温、御寒能力远远超过毛片，而且质地松软、弹性好。羽毛中的角蛋白经化学处理，能形成一种高黏度的蛋白液，可用来生产多种化工产品。刀翎和窝翎经再加工可制成羽毛球和扳羽球；大翅、大花毛、小花毛、弯刀毛、直刀毛，经加工染成各种颜色，可制成羽毛扇和各种鲜艳的羽毛画、花及其他工艺美术品。羽绒还可用来生产吸附材料，如用羽绒直接除去溢漏在水面上的石油，或同其他材料制成过滤床，能吸附废水中的洗涤剂、酚化合物、汞、镉、砷等无机盐化合物。即使羽绒制品的下脚羽绒经过加工再利用，也可制成羽毛液和羽毛粉，作为动物的高蛋白饲料。

二、羽绒的储存

由于鹅羽绒保温性能好，不易散失热量，如果储存不当，容易发生结块、虫蛀、霉烂变质，影响羽绒的质量，降低售价。尤其是白鹅羽绒，一旦受潮，更易发热，而使毛色变黄。因此，拔下的鹅羽绒不能马上出售，应包装储藏起来。储存的目的是使羽绒在出售和加工前，保持原有构造、形态和特性不变，同时也要防止羽绒失落或污染。

1. 储存场所的要求

在储存时应将羽绒装入透气防潮的布袋里（或塑编袋里）扎好袋口。包装袋上要注明品种、批号、等级及毛色，按规定进行堆放，防止标签脱掉或丢失，并定期检查，发现问题及时处理。储存羽绒的库房要求地势高燥，通风良好，清洁、无砂土；要防止阳光直射羽绒袋，屋顶上无灰尘、不漏雨；屋内要严密，无鼠害及其他动物危害。储存时不宜随意乱放，要注意分类标志，分区放置，以免混淆。羽绒袋的堆放要离开地面和墙壁 30cm 左右，堆高离屋顶 100cm 以上，堆与堆之间应有一定距离，以人能自由行走为宜。

2. 防潮防霉

羽绒保温性能很强，受潮后不易散潮和散热，在储藏或运输过程中，易受潮结块霉变，轻者有霉味，失去光泽，发乌、发黄；严重者羽枝脱落，羽轴糟朽，用手一捻就成粉末。特别是烫褪的湿毛，未经晾干或干湿程度不同的羽毛混装在一起，有的晾晒不匀或冰冻后未及时烘干，或存毛场潮湿，遮雨不严，导致雨淋漏湿等，均易造成霉变。一定要及时晾晒，干透以后再装包存放。存放羽绒的库房、地面要用木块垫起来，地面经常撒新鲜石灰，有助于吸水；通风要良好，有助于潮气排出。

3. 防热防虫

羽绒散热能力差，加上毛梗（羽轴）中含有血液、脂肪以及皮屑等，容易遭受虫蛀。常见的害虫有丝肉黑褐鲤节虫、麦标本虫、飞蛾虫等，它们在羽毛中繁殖快、危害大。可在包装袋上洒上杀虫药水；每到夏季，库房内要用敌敌畏蒸汽杀灭害虫和飞蛾，每月熏 1 次。

第五节 羽绒的质量检验

在羽绒市场上毛绒是按质论价，毛的含绒量越高，各项理化指标越好，售价就越高。羽绒的质量检验是指用手、眼等感觉器官和仪器设备等来分析，判断、确定羽绒质量，主要检验其含绒率、蓬松度、清洁度、水分、杂质、新旧、有无掺假、虫蛀、霉变等。了解和掌握羽绒的质量检验方法，对于采集羽绒、购销羽绒及羽绒加工均有重要的指导意义。

一 羽绒的分类

鹅羽绒在收购与加工方面的分类主要侧重于功能与用途，具有实用性和可操作性。依此可将羽绒分为以下类型。

1. 绒子（绒羽）

绒子，简称绒，就是第一节分类中的绒羽，价值很高，是制作高级服装和用品的保温填充料。在羽绒质量检验中其含义比较广泛，它包括朵绒、未成熟的朵绒、部分朵绒、毛型绒及飞丝。朵绒实际上是指成熟的绒羽，是绒羽中品质最好的一种；未成熟朵绒指未完全成熟的绒羽——伞形绒；部分朵绒是指成熟而不完整的朵绒，或成熟的完整朵绒由于采集和加工时受到破坏，成为不完整的朵绒；毛型绒羽轴短而柔软，并有较软的羽根，羽枝细密而柔软，羽枝上的羽小枝无钩，短而柔软，梢端丝状且零乱；飞丝指绒子或毛片根部脱落下来的绒，俗称“飞丝”，落在绒子内可作绒子处理。

2. 毛片、薄片

毛片属于羽毛中较小的正羽，通常呈片状，结构完整，有羽轴、羽片；其轴管下部长着稀疏的毛丝，上部长着较硬的毛丝；毛片的保温性能次于绒子，但也可用于低档用品的保温填料。薄片主要指翼前毛、内型薄片、游片、小硬梗、血管毛、猴子毛、大花毛、瓜子片等亚型羽，均着生于翼肩内外侧及尾部。

3. 大翅（硬翅）

大翅又称翅梗，是生长在翅和尾部的较大正羽，不能做保温填充料，只可做文体用品、肥料等。活体拔羽绒时不得拔下。

4. 异色毛（黑头）

凡颜色呈灰黑色、白色毛片头部为深黄色（黄锈头）的毛称为黑头（异色毛），不能与白毛混放在一起，否则降低售价。白色绒子中含少量异色绒，作绒子处理。

5. 损伤毛

指虫蛀、霉烂的毛片和在加工过程被机器损伤的毛片。损伤面积超过1/3者作损伤毛处理；断成两截的梢端不作为损伤毛。

6. 杂质

杂质是指羽毛以外的灰沙、皮屑、羽绒末等灰杂物。凡尖嘴禽的毛片均作鸡毛处理。

二 羽绒的质量鉴别

1. 真假鉴别

羽绒掺假手法多样，采购时应特别留意。水禽的羽绒品质比鸡等旱禽好得多；鹅的羽绒比鸭羽绒的要好，售价也高些。所以在收购时要辨别其真伪（表8-5）。

表8-5 鹅羽绒与鸡羽绒、鸭羽绒的区别

种类	鹅	鸡	鸭
正羽	颜色较单调，仅为白色和灰色两类；无附羽，羽面较端宽阔，上端宽而齐，俗称“方圆头”；羽轴粗，跟软，弧形弯曲度大；羽面光泽柔和，轴管上有一簇较细密而清晰的羽丝	颜色较多；大部分鸡毛的羽轴根上并生一根小附羽；羽面较窄，上端较细、尖；羽轴硬直，弧度弯曲小，且有亮光及不太明显的条纹	鸭毛梢端圆而略呈尖形，轴管上的羽丝比鹅毛稀疏，羽轴较细，羽根细而硬
绒羽	绒丝疏密均匀，长度基本相同，光泽差，弹性强，把较多的鹅绒放在手掌内，用手掌将其搓捏成团，手一松开，绒丝块恢复到原有松散状态。鹅朵绒的绒核小而轻，从绒核发出的绒丝细而弯曲，绒小丝不甚明显	绒丝疏密不匀，同绒朵内绒丝长短不一，有的呈散乱状态，绒丝上的附丝发达，有黏性感，使绒丝互相粘连，有亮光，弹力差；如搓擦成团并捏紧，松开后绒朵舒张很慢	一般鸭绒朵较鹅绒朵小；鸭绒羽血根较多，含毛形绒和伞形绒较鹅绒多，绒丝丰密，脂肪较多，有黏性，能黏成串。鸭朵绒的绒核较大，有时可以认为是绒根，绒丝较粗，弯曲度小，绒小丝发达

2. 感官判定

（1）估计含绒量 在羽绒堆中取代表性的小样，搓抖除去杂质后，将鹅羽绒向上抛。如果羽绒下落的速度较慢，很难分清绒与羽的比例，估计含绒量在20%以上；如果抛起时能听到“唰唰”声，下落速度快，绒与羽下落时分离，估计含绒量在8%～10%。

（2）杂质含量 鹅羽绒中的杂质分为自然杂质（羽绒本身所含的皮屑、灰分等）和人为杂质。从羽绒堆中取出代表性的小样，先用双手搓擦羽绒，一方面使羽绒蓬松开来，另一方面可使杂质落下，同时将大、中、小翼羽分拣出来，观察其含量，并鉴别杂羽和黑头率。然后用双手连续搓擦，向下拍动数次，使羽绒再蓬松、舞起，羽绒内杂质便脱落下来，再用手一层一层地将羽绒中的杂质轻轻抖净。搓抖下的杂质用手指压住研磨，判定杂质的性质、轻重，估计含量。杂质含量越少，羽绒质量越好。

（3）看是否虫蛀、霉烂和潮湿 产生虫蛀的原因是取绒方式不当，羽根带有残肉或残血，储藏时未经灭虫，或储于温暖潮湿的地方。虫蛀较轻的，对羽绒质量影响不大，应单独存放，并尽快进行除虫处理，以防止对其他羽绒造成危害。检查时，可将羽绒摊开，仔细观察。虫蛀后的羽绒，在毛绒内有虫粪，或见毛片呈现锯齿状，用手拍打，飞丝较多。虫蛀严重时绒丝脱落，只剩下羽轴，失去使用价值。霉烂的羽绒，主要是因水烫毛未及时晒干，或晾晒不当，或储藏场所潮湿所造成。羽绒霉变后有霉味，羽轴上有绿色、黑色霉斑；白色鹅毛变黄，灰色鹅毛发乌，严重时绒丝脱落，羽面腐朽，稍用手捻即成粉状，失去使用价值；潮湿羽绒无蓬松感，羽轴发软。严重时羽轴管中含有水泡，手感无弹性，易发霉变色，甚至腐烂。

（4）产毛季节的鉴别

1）春季毛。指3~4月产的鹅毛。绒朵丰满整齐，含绒量高，与冬季的差不多。这时由于天气转暖，鹅开始换毛，毛根发痒，经常展翅扑打，翼羽尖梢翎及刀翎尖端有磨损，不整齐，俗称“沙头”。体表毛片尖端也时有不整齐现象。春季白鹅毛一般含绒9%~11%。

2）夏季毛。指5~7月产的毛。品质最次，由于夏季气温高，羽绒不丰足，虽羽片尖端整齐，但血管毛多，毛片长短不齐，含绒量低，绒朵小。绒子内血管毛较多，毛片“沙头”较重。夏季白鹅毛含绒4.5%~6.5%。

3）秋季毛。指8~10月生产的鹅毛。质量比夏毛好，羽绒、毛片尖端整齐，羽轴根部呈圆头状，但仍有部分破管的，有血管绒且绒朵大小不一，杂质、小血管毛多。白鹅毛一般含绒7%~9%。

4）冬季毛。指11月至次年2月产的毛。品质佳，毛片尖端完整，羽轴圆头，绒朵壮足，毛片大，血管毛少。白鹅毛含绒9%~11%。

在两季相交期，质量相仿。由于屠宰日龄长短不同，饲养条件存在差异，营养水平也有高低，即使同一季节内产的羽绒，质量也不一致。

（5）陈毛 已使用过的陈旧鹅毛，因长期受外界压力，逐渐失去弹性，毛变曲或变成圆形。

3. 品质检验

鹅羽绒品质检验可以客观和准确地评价其品质。羽绒品质检验的指标主要有羽毛成分、千朵重、水分含量、透明度、蓬松度、残脂率、气味等。

（1）羽毛成分 羽毛成分是指羽毛中绒毛、毛片、翅梗、杂质各部分所占的比例。在羽绒堆中抽取代表性样品，称其总质量，放入分毛机中或人工将其分成绒毛、毛片、翅梗和杂质几部分，各自称重，计算出各部分所占的比例。

（2）水分含量 水分含量是指在自然条件下羽绒中的含水量。取样时用天平准确地称重，然后平放入105℃的烘箱内，隔热烘干至恒重。样品总质量减去恒重，再除以样品重，即为水分含量。

（3）千朵重、绒朵长度及细度 千朵重和绒羽枝的长度及细度对羽绒的弹性及蓬松度有一定的影响，是衡量绒羽质量的指标之一。千朵重越重，绒羽枝越长、越粗，羽绒质量越好。

（4）透明度 将羽绒样品的水洗过滤液用透明度计测量所得的测量值即为羽绒的透明度。

（5）蓬松度 蓬松度是反映羽绒在一定压力下保持最大体积的能力，是羽绒制品保持特定风格和具有保暖性的内在因素，是综合测定绒羽质量的指标之一。

（6）耗氧指数 耗氧指数是指羽绒样液消耗氧化剂的数量。透明度和耗氧指数是反映绒羽清洁度及其所含还原物质多少的指标，它们是随着绒羽清洁程度的状况而发生变化的，所以无规律性。

（7）残脂率 残脂率是反应羽绒中残有脂肪量的指标，用乙醚浸出脂肪的方法测定。实践证明，放牧饲养的鹅羽绒残脂率较高，而舍饲的则相对较低。

（8）气味等级 气温等级是指羽绒样品经过一定处理后，用人鼻子进行嗅辨所确定的气味强度等级。

4. 鹅羽绒的质量要求

根据加工整理相关，结合国际市场的需要，在生产中外贸和供销部门对羽绒的出口和收购规格提出了一些参照标准，见表 8-6、表 8-7。

表 8-6　一般羽绒出口规格标准

品种	毛、绒（%）					杂质、薄片、鸡毛（%）					
	分类		总和			分类			总和		
	绒子（绒毛）	毛片	平均	最高量	最低量	杂质最高量	薄片最高量	鸡毛最高量	平均	最高量	最低量
中国白鹅毛	18±1	70	88	90	87	9	5	1.5	12	13	10
中国灰鹅毛	16±1	70	86	88	85	9	5	2	14	15	12
中国低绒白鹅毛	7±0.5	80	87	89	86	7	6	3	13	14	11
中国低绒灰鹅毛	7±0.5	80	87	89	86	7	6	4	13	14	11
中国白鹅绒	30±1.5	60	90	92	89	10	2	1.5	10	11	8
中国白鹅绒	50±2	40	90	92	89	10	1	0.5	10	11	8
中国白鹅绒	70±2	20	90	92	89	10	0.5	0.5	10	11	8
中国白鹅绒	80±2	10	90	92	89	10	0.5	0.5	10	11	8

注：1. 中国白鹅毛中，毛绒总和包括黑头。

2. 中国灰鹅毛与中国低绒灰鹅毛中，毛绒总和含灰鸭毛量不得超过 10%。

3. 中国低绒白鹅毛的毛绒总和中包括黑头。

4. 各档绒子中，均可含有黑头。

表 8-7 水洗鹅羽绒加工出口规格质量标准

品种	含绒量(%)	杂质最高含量(%)	薄片最高量(%)	鸡毛最高量(%)	异色毛最高量(%)	损伤毛最高量(%)	蓬松率	自然水分最高含量(%)	绒飞丝最高量(%)	耗氧指数	清洁度不低于	残次率(%)	pH	长片毛长度及最高含量(%)
白鹅毛	4~5	1	6	3	2	5	250	13	0.45	<10	250	<1.2	5~7	
灰鹅毛	4~5	1	6	4		5	250	13	0.45	<10	250	<1.2	5~7	
白鹅毛	7~8	1	5	3	2	5	250	13	0.75	<10	250	<1.2	5~7	
灰鹅毛	7~8	1	5	4		5	250	13	0.75	<10	250	<1.2	5~7	
白鹅毛	15±1	1	5	2	2	5	300	13	1.5	<10	250	<1.2	5~7	
灰鹅毛	15±1	1	5	2		5	300	13	1.5	<10	250	<1.2	5~7	
白鹅毛	30±1.5	1	1.5	1	1	3	380	13	3	<10	250	<1.5	5~7	>8cm
灰鹅绒	30±1.5	1	1.5	1		3	380	13	3	<10	250	<1.5	5~7	<6cm
白鹅绒	50±2		0.5	0.5	0.5	2	400	13	5	<10	250	<1.5	5~7	>8cm
灰鹅绒	50±2	1	0.5	0.5		2	400	13	5	<10	250	<1.5	5~7	<2cm
白鹅绒	70±2	1	0.3	0.5	0.5	1	480	13	7	<10	250	<1.5	5~7	>8cm
灰鹅绒	70±2	1	0.3	0.5		1	480	13	7	<10	250	<1.5	5~7	<0.5cm
白鹅绒	80±2	1	0.3	0.5	0.5	1	500	13	8	<10	250	<1.5	5~7	>8cm
灰鹅绒	80±2	1	0.3	0.5		1	500	13	8	<10	250	<1.5	5~7	<0.2cm
白鹅绒	90±2	1	0.3	0.5	0.5	1	500	13	9	<10	250	<1.5	5~7	
灰鹅绒	90±2	1	0.3	0.5		1	500	13	9	<10	250	<1.5	5~7	

注:1. 尾毛在7cm以下的作为毛片,7cm以上的作为薄片。

2. 含绒量的±幅度是对外的,内部加工幅差为:含绒15%±0.5%,30%及其以上的±1%。

第九章
鹅场的建设及其设备

鹅场是集中养殖鹅群和组织鹅业生产的场所。良好的鹅场环境应能保证鹅场有较好的小气候条件，有利于鹅舍内空气环境控制；便于严格执行各项卫生防疫制度和措施；便于合理组织生产，提高设备利用率和人员劳动生产率。

第一节　鹅场建筑

一　场址的选择

鹅场场址的选择应对场地的地势、地形、土质、水源、陆地运动场以及周围环境、交通、电力、青绿饲料供应和放牧条件进行全面的考察。

1. 地形地势

鹅虽可在水中生活，但舍内应保持干燥，不能潮湿，更不能被水淹。鹅舍及陆上运动场的地势应高燥平缓，排水良好，最好向水面倾斜5°~10°，地下水位应低于建筑场地基0.5m。常发洪水地区，鹅舍必须建于洪水水线以上。在山区建场，不宜建在昼夜温差太大的山顶，或通风不良又潮湿的山谷深洼地带，低洼潮湿处易助长病原微生物的滋生繁殖，鹅群容易发病。山腰坡度不宜太陡，也不能崎岖不平。鹅舍应远离屠宰场、排放污水源等，与人口密集地保持距离1 000m以上。土质以排水良好、导热性较小、微生物不易繁殖、雨后容易干燥的沙壤土为宜，如果建于黏土上，则必须在上覆20cm以上的沙质土，否则，雨天会引起排水不良和泥泞，不能保持鹅舍干燥。

2. 濒临水面，水源充足

鹅是水禽，宜在有水源的地方建场。鹅舍可建在河边、湖滨、沟渠或水塘处，水深在1～2m，水面尽量宽阔，水源做到排放流动；否则，长期饲养易引起水质发绿变质，影响鹅的健康。条件不容许的话，也可旱养，但要有一系列的配套饲养管理设施和方式。鹅场附近应没有屠宰场和排放污水的工厂，离居民点也要远一点，尽可能在工厂的上游建场，以保持水质干净，不受污染。此外，必须有充足清洁的饮用水源。

水源应符合下列要求：一是水量要充足，既要能满足鹅场内的人、鹅用水和其他生产、生活用水，还要能满足鹅的放牧、洗浴等用水。二是水质要良好，不经处理即能符合饮用标准的水最为理想。鹅饮用水须采取经过净化处理后达到国家《畜禽饮用水水质标准》（NY5027—2008）的水源。此外，在选择时要调查当地是否因水质而出现过某些地方性疾病等。三是水源要便于保护，以保证经常处于清洁状态，不受周围环境的污染。四是要取用方便，设备投资少，处理技术简便易行。

3. 鹅场的朝向

选择朝向以坐北朝南最理想。鹅舍要建在水源的北边，把鹅滩和水上运动场放在鹅舍的南面，使鹅舍大门正对水面，向南开放，这种朝向的鹅舍冬季采光吸热好，夏季通风，但又晒不到太阳，具有冬暖夏凉的特点，有利于提高产蛋率。如果找不到朝南的地势，朝东南或朝东也可以，但绝对不能在朝西或朝北的地段建鹅舍。

【重点提示】 西北朝向的房舍，夏季迎西晒太阳，舍内气温高，像蒸笼一样闷热，不但影响产蛋，而且容易造成鹅中暑死亡；冬季迎着西北风，气温低，鹅耗料多，产蛋少；与朝南的鹅舍相比，产蛋率要下降1成左右，而且死亡率高，饲料消耗多，经济效益差。

4. 青绿饲料供应

鹅是草食家禽，丰富的草源是降低鹅的饲料成本，提高生产性能的基础。每只种鹅一天可以消耗1.5～2.5kg青草，如果仅靠玉米、大麦、稻谷、饼类等精饲料饲养，则不能充分发挥鹅的食草特点，同时会增加饲养成本，所以养鹅生产必须有大量的青绿饲料供应，或有足够的放牧草地。

5. 交通方便

鹅场位置应选择在交通方便的地方，以保证饲料、产品及场内物资运输的畅通，但不能离主要公路太近，应与主要交通干线有一定的距离（最好在1 000m以上），以利于防疫，防止疫病的传播和外界环境的影响。同时，通往鹅场的道路要求路基坚固、路面平坦，最好是石子路或水泥路。

6. 电源充足稳定

鹅场孵化、育雏等都要有照明、供温设备，尤其是大型鹅场，无论是照明、孵化、供温、清粪、饮水、通风换气等，无不需要用电，因此鹅场电源一定要充足。一旦供电不足，则供温不足，雏鹅孵化受到影响，给生产造成损失。在经常停电的地区，还须预备有发电设备。

7. 环境安静

鹅场周围的环境应较为清静。鹅的胆子较小，警惕性较高，突然的巨响、嘈杂的汽车、拖拉机声及人声都会引起鹅群的惊扰和不安，以致影响鹅的生长、产蛋、配种及孵化。

8. 其他条件

沿海地区要考虑台风的影响，易遭受台风袭击的地方不宜建造鹅舍；夏季通风不良，气温过高，或冬季风大，易遭受寒流侵袭的地方也不宜建造鹅舍。其他如排污、废物处理、污水粪便的去向等问题，也要在建造鹅场前通盘考虑，做好周密计划。

二 鹅场内建筑物的布局

鹅场的规划布局就是根据拟建场地的环境条件，科学确定各区的位置，合理的确定各类房舍、道路等的相对位置及场内防疫卫生的安排。规模化鹅场各类鹅舍间的布局要做到因地制宜，科学合理，节约资金，提高土地利用率，便于生产管理和预防疫病传播。布局时要考虑各类鹅舍和粪便处理顺序，合理利用风向和地势，达到分区、隔离、不交叉的目的。此外，还要考虑人员生活区对鹅场的影响。

具有一定规模的鹅场，一般可分为场前区（包括行政和技术办公室、饲料加工及料库、车库、杂品库、更衣消毒和洗澡间、配电房、水塔、职工宿舍、食堂等），生产区（各种鹅舍）及隔离区（包括病/死鹅隔离、剖检、化验、处理等房舍和设施、粪便污水处理及储存设施等）。在进行场地规划时，主要按照鹅群的卫生防疫和生产工艺要求，根据场地地势和当地全年主风向（可向当地气象部门了解）综合考虑。场前区中的职工生活区应在全场上风和地势较高的地段，职工生活区与生产区之间应保持一定距离，生产区设在这些区的下风和较低处，但应高于隔离区，并在其上风向（图 9-1）。

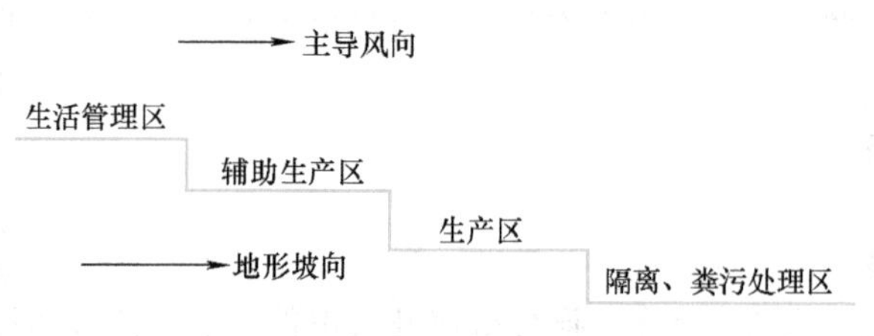

图 9-1　地势、风向分区规划示意图

生产区是鹅场的核心。因此，对生产区的规划、布局应给予全面、细致的研究。如果采用“小而全”自行配套的综合性鹅场，其设计方案是由各种日龄或各种商品性能的鹅各自形成一个分场，分场之间有一定的防疫距离，还可用树林形成隔离带，各个分场实行全进全出制，否则会带来防疫上的困难。无论是专业性还是综合性鹅场，为保证防疫安全，应根据主风方向与地势，按下列顺序配置鹅舍，即：孵化室、幼雏舍、中雏舍、后备鹅舍、成年鹅舍，即孵化室在上风向，成年鹅舍在下风向。这样能使幼雏舍得到新鲜的空气，减少发病机会，同时也能避免由成年鹅舍排出的污浊空气造成疫病传播。孵化室与场外联系较多，宜建在靠近场前区的入口处，大型鹅场最好单设孵化场，且设在鹅场专用道路的入口处；不宜安排在场区尽头深处；小型鹅场也应在孵化室周围设围墙或隔离绿化带。

隔离区是鹅场病鹅、粪便等污物集中之处，是卫生防疫和环境保护工作的重点。为防止疫病传播和蔓延，该区应设在全场的下风向和地势最低处，且与其他两区的卫生间距不小于50m。储粪场的设置要考虑鹅粪既应便于由鹅舍运出，又应便于运到田间施用。病鹅隔离舍应尽可能与外界隔绝，且其四周应有天然的或人工的隔离屏障（如界沟、围墙、栅栏或浓密的乔灌木混合林等），设单独的通路与出入口。病鹅隔离舍及处理病死鹅的尸坑或焚尸炉等设施，应距鹅舍300~500m，且后者的隔离更应严密。

【重点提示】 当出现地势高处正是下风向的情况时，可以利用与主风向垂直的对角线上的两个“安全角”来安置防疫要求较高的建筑。

三 鹅舍建筑

鹅舍是鹅生活、休息和产蛋的场所，场地的好坏和鹅舍的安排合理与否关系到鹅的正常生产性能能否充分发挥；同时，也影响饲养管理工作以及经济效益。

1. 鹅舍的一般要求

建造的鹅舍要求冬暖夏凉，光线充足，空气流通，便于日常操作管理（喂料、免疫等）。鹅是水禽，但鹅舍内最忌潮湿，特别是雏鹅舍更应注意。因此，鹅舍应干燥、排水良好、通风，地面应有一定厚度的沙质土或铺上水泥地。为降低养鹅成本，鹅舍的建筑材料应就地取材，采用竹木结构或泥水结构的简易鹅舍，也可采用砖墙瓦顶或砖墙水泥瓦顶结构的鹅舍（彩图25、彩图26）。养鹅只数不多时，也可利用空闲的旧房舍或在墙院内，利用墙边围栏搭棚，供鹅栖息。最近社会上使用专用的畜牧建材建筑鹅舍，具有保温耐用的效果，值得推广。

2. 鹅舍的基本结构

一般说来，一个完整的平养鹅舍应包括鹅舍、陆上运动场和水上运动场3个部分（图9-2、彩图27、彩图28）。这3个部分面积的比例一般为1:(1.5~2):(1.5~2)。肉用仔鹅舍和填鹅舍可不设陆上和水上运动场。鹅舍宽度通常为8~10m，长度视需要而定，一般不超过100m，内部分隔多采用矮墙或低网（栅）。一般分为育雏舍、青年鹅舍、种鹅舍和肉用仔鹅舍四类。四类鹅舍的要求各有差异，但最基本的要求都是遮阴防晒、阻挡风雨及防止兽害。

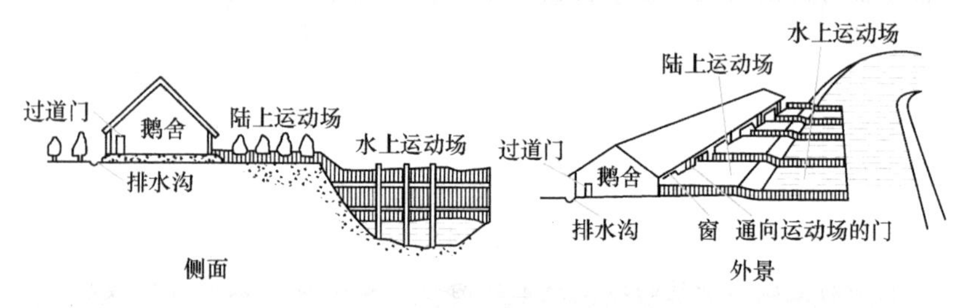

图9-2　传统式自建水池鹅舍

3. 育雏鹅舍

一般为28日龄内雏鹅的饲养区。雏鹅由于绒毛稀少、体质娇弱、体温调节能力差，故雏鹅舍要以能保温、干燥、通风但无贼风为原则，并设置加温设备。一般育雏舍檐高2~2.2m、宽7.0m，为增加保温性能，房舍应设天花板。鹅舍内育雏用的有效面积（即净面积）以每座鹅舍可容纳500~600只雏鹅为宜。舍内分隔成几个圈栏，每一圈栏面积为10~12m^2，可容纳3周龄以内的雏鹅80~100只，故每座鹅舍的有效面积约为50~60m^2（图9-3）。规模养殖的鹅舍生产单元饲养数以1 000~4 000只为宜，有效面积在100~500m^2。育雏舍应有较大的采光面积，一般窗户与地面面积比以1:(10~15)为好，窗户下檐与地面距离0.7~1m。地面育雏时，鹅舍地面用沙土或干净的黏土铺平，并夯实，或铺砖，舍内地面应比舍外地面高20~30cm左右，以保持舍内干燥。育雏后期的地面可以为水泥地，并向一边倾斜。育雏舍应在室内设水槽和料槽（或料盘）。网上育雏时，网床距地面1.5~1m，材料可用竹片或钢丝绳，同时在网床上铺网眼为1.25cm×1.25cm的塑料底网（图9-4）。网床上分成若干小栏，每栏面积为4m^2左右，随着雏鹅日龄增长逐步扩大小栏面积。

所有窗户、排水沟和通向外部的下水道都应设置铁丝网或网板，以利于废水渗漏和防止鼠害。育雏舍前是雏鹅的运动场，也是晴天无风时的喂料场，场地应平坦且向外倾斜。陆上运动场宽度约为3.5～6m，长度与鹅舍长度等齐。由于雏鹅长到一定程度后，舍外活动时间逐渐增加，且早春季节常有阴雨，舍外场地易遭破坏，尤其应当注意场地的建筑和保养。陆上运动场外紧接水上运动场（或水浴池），便于鹅群浴水。水上运动场池底不宜太深，且应有一定的坡度，便于雏鹅浴水时站立休息。

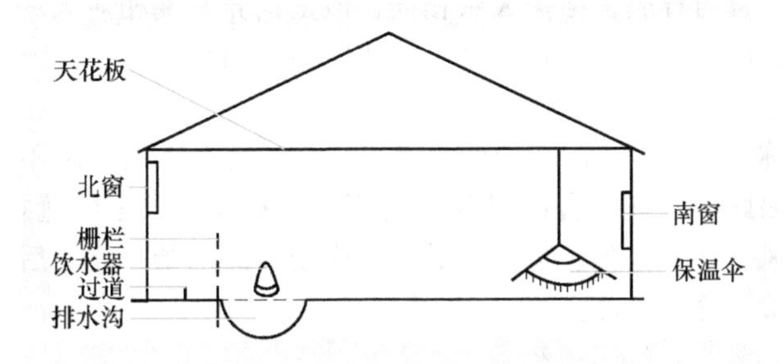

图9-3　平面育雏舍内部结构示意图

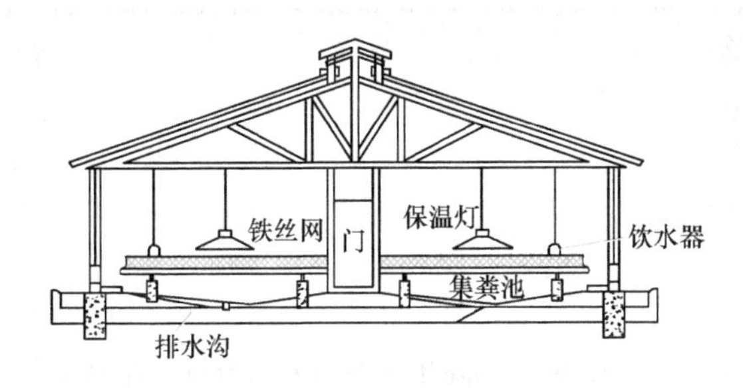

图9-4　双列式网上育雏舍内部结构示意图

4. 育成舍和育肥舍

育成舍是用以饲养4周龄以上已脱温的中鹅。育雏结束后鹅的羽毛开始生长，对环境温度抵抗力增强，但是也需要一定的保温措施。鹅舍应坐北朝南，檐高1.8～2.5m、宽8～15m，长度根据所养鹅群大小而定，一般为70m。育成舍的建筑结构简单，基本要求是能遮挡风雨、夏季通风、冬季保暖、室内干燥。鹅舍下部适当封闭，以防止敌害；上部敞开，增加通风量，夏季应特别注意散热。一般开放性鹅舍按照每平方米饲养3~5只计算，舍外应有水陆运动场，鹅舍与陆地运动场面积的比例为1:1.5。鹅舍和运动场地面可铺砖或水泥，鹅舍地面要高出运动场20cm左右，运动场做成斜坡形，北高南低。水上运动场设计在陆地运动场的南边，水深0.3~0.6m，水面大小可按每平方米水供7~8只鹅洗浴计算。

育肥舍与育成舍结构大致相同，但是饲养密度相对大些，光线暗一些，以限制育肥鹅的运动，有利于鹅的肥育。

5. 后备鹅舍

也称青年鹅舍。后备鹅的生活力较强，对温度的要求不如雏鹅严格。因此，后备鹅舍的建筑结构简单，基本要求是能遮挡风雨、夏季通风、冬季保暖、室内干燥。规模较大的鹅场，建造后备鹅舍时，可参考育雏鹅舍。

6. 种鹅舍

种鹅舍由鹅舍、陆上运动场和水上运动场构成，三者面积之比一般为1:(2~2.5)：(1.5~3)，根据实际情况可适当调整。目前，种鹅舍有单列式和双列式两种。单列式鹅舍冬暖夏凉，较少受季节和地区的限制，故大多采用这种方式；单列式舍走道应设在北侧。双列式鹅舍中间设走道，两边都有陆上运动场和水上运动场；在冬天结冰的地区不宜采用双列式。种鹅舍要求防寒、隔热性能要好，有天花板或隔热装置更好；层檐高1.8~2.0m；窗与地面面积比要求1:(10~12)，气温高的地区朝南方向可以无墙，也可以不设窗户；舍内地面用水泥或砖铺成，高出舍外10~15cm，并有适当坡度，以利于排水；饮水器置于较低处，并在其下面设置排水沟。种鹅舍内较高处设产蛋间，占地面积为舍内面积的1/6~1/5，产蛋间地面为沙土或木板，其上为柔软垫草；鹅舍外有陆上和水上运动场。鹅舍前设2~3个小门与运动场相通。陆上运动场地面为夯实的沙土、壤土等，要求平整而有一定坡度，不宜形成积水。陆上运动场向下为水上运动场，其面积与舍内面积相等。陆上运动场与水上运动场的连接处用砖或水泥制成，有一定坡度（25°~35°），水泥地设防滑面。水上与陆上运动场周围设1~1.2m的围墙或围栏，中间连接处设遮阴棚。每栋种鹅舍以养400~500只种鹅为宜；大型种鹅每平方米养2~2.5只，中型种鹅每平方米养3只，小型种鹅每平方米养3~3.5只。鹅舍周围应种一些矮树，树荫可使鹅群免受酷暑侵扰，保证鹅群正常生长和生产，或在水陆运动场交界处搭建凉棚（图9-5）。

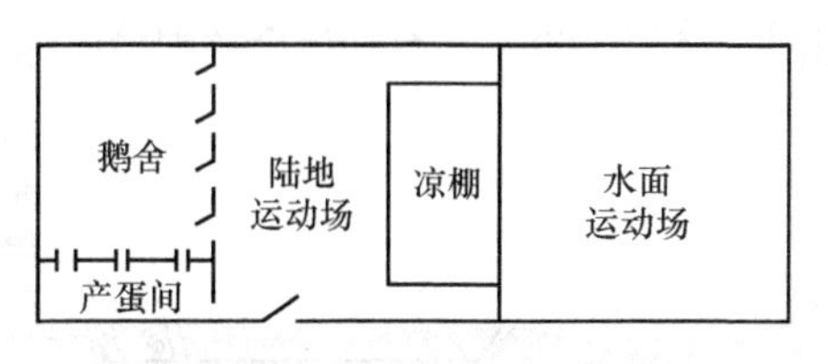

图9-5 种鹅舍平面示意图

7. 孵化室

种蛋孵化室要求通风、保温、冬暖夏凉，室内地面铺有水泥，比舍外高15~20cm，且有遮阴棚，以供雨天就巢母鹅活动与喂饲之用。人工孵化室的面积大小应根据孵化用的器具大小、数量而定。

8. 运动场

（1）陆上运动场 陆上运动场是水面与鹅舍之间的陆地部分，是鹅休息和运动的场所，鹅在此吃食、梳理羽毛和昼间小憩。面积约为鹅舍的1.5~2倍（彩图29）。运动场地面用砖、水泥等材料铺成。运动场面积的1/2应搭有凉棚或栽种葡萄等植物形成遮阴棚，供舍饲之用。陆上运动场与水上运动场的连接部，用砖头或水泥制成一个有小坡度的斜坡，坡度为25°~30°；斜坡要深入水中，低于枯水期的最低水位。水泥地要有防滑面。

（2）水上运动场 鹅是水禽，必须有一定的水上运动场供鹅洗浴和配种用。水上运动场可利用天然沟塘、河流、湖泊，也可利用人工浴池（彩图30）。如果利用天然河流作为水上运动场，靠陆上运动场这一边，要用水泥或石头砌成。人工浴池一般宽2.5~3m、深0.5~0.8m，用水泥制成。人工浴池的排水口要有一沉淀井，排水时可将泥沙、粪便等沉淀下来，避免堵塞排水道（图9-6）。鹅舍、陆上运动场和水上运动场三部分需用围栏将它们围成一体，并根据鹅舍的分间和分群需要进行分隔。水上运动场的围栏应保持高出水面50～100cm，育种鹅舍的围栏应深入到底部，以免混群。

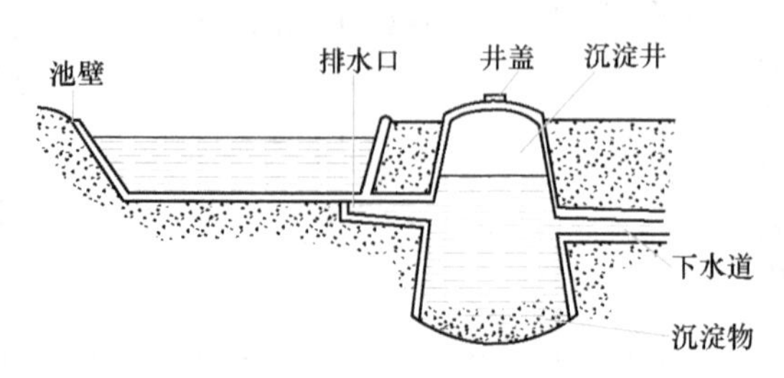

图9-6　水上运动场排水系统示意图

第二节　鹅场的常用设备及用具

一　育雏设备

（1）自温育雏用具　自温育雏是利用箩筐或竹围栏作为挡风保温器材，依靠雏鹅自身发出的热量达到保温的目的。此法只适用于小规模育雏。

1）自温育雏栏。在育雏舍内用50cm高的竹编成的篾围，围成可以挡风的若干小栏，每个小栏可容纳100只以上雏鹅，以后随雏鹅日龄增长而扩大围栏面积。栏内铺上垫草，篾上架以竹条，盖上覆盖物保温。

2）自温育雏箩筐。分两层套筐和单层竹筐两种。两层套筐由竹片编织而成的筐盖、小筐和大筐拼合而成。筐盖直径60cm、高20cm，作为保温和喂料用。大筐直径50～55cm、高40～43cm，小筐的直径比大筐略小，高18～20cm，套在大筐之内作为上层。大小筐底内铺垫草，筐壁四周用草纸或棉布保温。每层可盛初生雏鹅10只左右，以后随日龄增大而酌情减少。这种箩筐还可供出雏和嘌蛋用。另一种是单层竹筐，筐底和周围用垫草保温，上覆筐盖或其他保温物。筐内育雏，喂料前后提取雏鹅出入及清洁工作等十分烦琐。

（2）给温育雏设备　给温育雏设备多采用地下炕道、电热育雏伞或红外线灯等设备给温。优点是适用于寒冷季节大规模育雏，可提高管理效率。

1）炕道给温。炕道育雏分地上炕道式与地下炕道式两种。炉灶与火炕用砖砌成，其大小、长短、数量需视育雏舍大小形式而定。北方地区空气干燥、风力大火热易通畅，地下炕道较地上炕道在饲养管理上方便，故多采用。炕道育雏靠近炉灶一端温度较高，远端温度较低，育雏时视雏鹅日龄大小适当分栏安排，使日龄小的靠近炉灶端。炕道育雏设备造价较高，热源要专人管理，燃料消耗较多。

2）育雏伞给温。育雏伞用铁皮或纤维板制成伞状，伞内四壁安装电热丝作为热源（图9-7、图9-8）。育雏伞有市售的，也可自制。一个铁皮罩，中央装上供热的电热丝和2个自动控制温度的胀缩饼装置，悬吊在距育雏地面50～80cm高的位置上，伞的四周可用20cm高的围栏围起来，每个育雏伞下可育雏200～300只。育雏伞的优点是，管理方便，育雏室内换气良好，尤其适宜于电源稳定的地区使用。

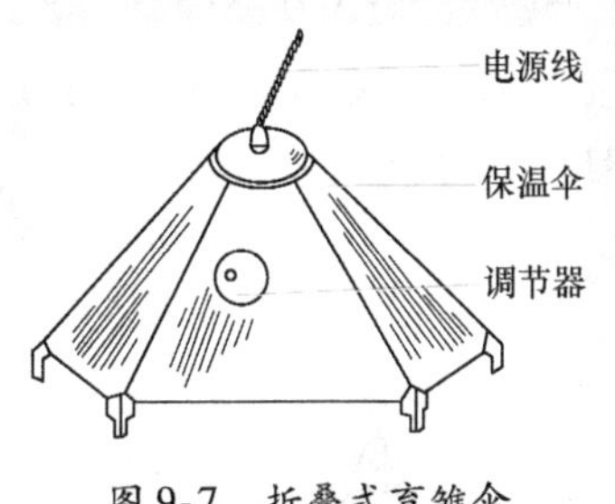

图9-7　折叠式育雏伞

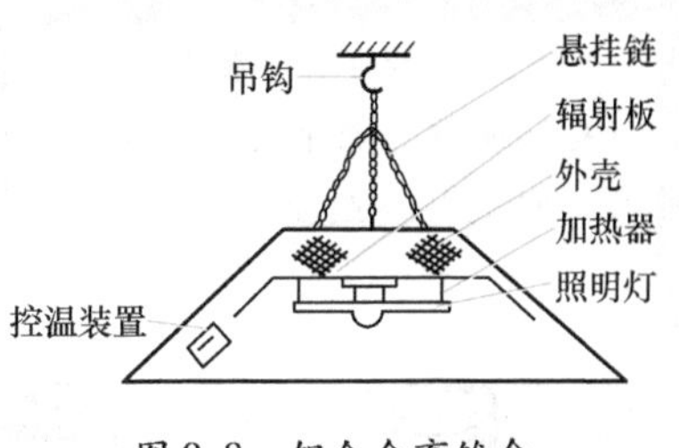

图9-8　铝合金育雏伞

3）红外线灯给温。红外线给温是利用红外线灯泡发热量较高的特点，采用市售的250W红外线灯泡，悬吊在距育雏地面50～80cm的高度处，每$2m^2$面积挂1个，不仅可以取暖，还可杀菌，效果良好。

4）热风炉。热风炉是以空气为介质，以煤炭或油为燃料的一种新型供热设备，其结构紧凑合理，热效率高，运行成本低，操作方便。全自动型具有自动控制环境温度、进煤数量、空气进入、热风输出，自动保火、报警，高效除尘等性能特点。

二　喂料器和饮水器

应根据雏鹅的品种类型和日龄大小，配以大小和高度适当的喂料器和饮水器（表 9-1），要求所用喂料器和饮水器适合鹅的平喙型采食、饮水的行为特点，能使鹅头颈舒适地伸入器内采食和饮水。一般木盆、陶盆、瓦盆或专用木槽等皆可，育雏期还可用鸡用塑料料槽和饮水器。为避免鹅任意进入料槽、水器内，弄脏饲料和饮水，可在盆或槽的周围或上面用竹竿围起来或用铁丝网串起来，仅让鹅头伸入其内，不许鹅脚踏入。木制料槽应适当加以固定，以防止碰翻。40 日龄以上鹅的料盆和饮水盆可不用竹围，盆直径 45cm、高 12cm，盆面离地 15～20cm。育肥鹅可用木制饲槽，上宽 30cm、底宽 24cm、长 50cm、高 23cm。种鹅所用的饲料器多为木制或塑料制，圆形如盆，直径 55～60cm、盆高 15～20cm，盆边离地高 28～38cm；也可用瓦盆或水泥饲槽，水泥饲槽长 120cm、上宽 43cm、底宽 35cm、槽高 8cm。目前市场上较高档的饮水器有真空饮水器与钟形饮水器，供水卫生，使用简便，可用于鹅群各个生长阶段的平养（图 9-9）。

【重点提示】 雏鹅生长快，盆上沿的高度应随鹅龄的增加而及时调整，原则上以鹅能采食为好。料槽和饮水器最好每隔 10～20 天就要改变规格。

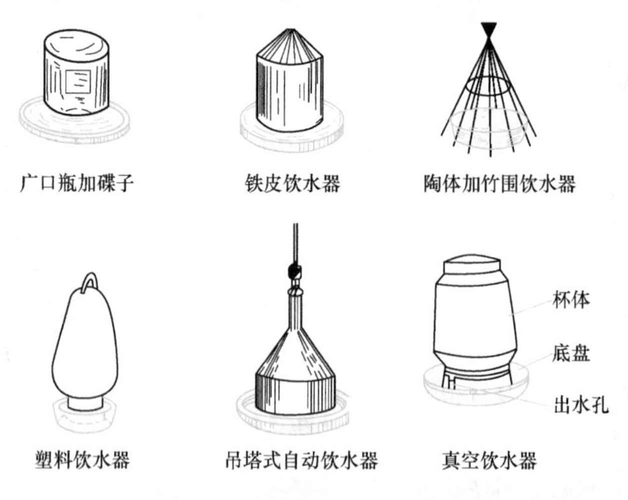

图 9-9　不同式样饮水器示意图

表 9-1　雏鹅用喂料器、饮水器尺寸

日龄	盆直径/cm		盆高/cm		竹条间距离/cm		饲喂鹅/只	
	大型鹅	中小型鹅	大型鹅	中小型鹅	大型鹅	中小型鹅	大型鹅	中小型鹅
1～10	17	15	5	5	2.5～3.0	2.5	13～15	14～16
11～20	24	22	7～8	7	3.5～4.0	3.5	13～15	13～14
21～40	30	28	9	9	4.5～5.0	4.5	12～14	13～14

三　围栏和旧渔网

软竹围可圈围1月龄以下的雏鹅，竹围高40～60cm，圈围时可用竹夹子夹紧固定。1月龄以上的中鹅改用围栏，围栏高60cm，竹条间距离为2.5cm，长度依需要而定。鹅群放牧时应随身携带竹围或旧渔网；放牧一定时间后，将围栏或渔网围起，让鹅群休息。

四　产蛋箱和孵化箱

一般可不设产蛋箱，仅在种鹅舍内一角围出一个产蛋室让母鹅自由进出。育种场和繁殖场需做个体记录时可设立自闭式产蛋箱。箱高50～70cm、宽50cm、深70cm。将箱放在地上，箱底不必钉板，箱前开以活动自闭小门，让母鹅自由入箱产蛋，箱上面安装盖板，母鹅进入产蛋箱后不能自由离开，需集蛋者进行记录后，再将母鹅捉出或打开门放出鹅。

我国有些鹅就巢性很强，每产完一窝蛋就自己就巢孵化，有些农户至今仍采用这种自然孵化方式。自然孵化时应备有孵化箱，也可用砖垒成孵化巢。各地用的鹅孵蛋巢规格不一致，原则是鹅能把身下的蛋都搂在腹下即可。目前常见的孵蛋箱有两种规格：一种为高型孵巢，上径40～45cm、下径20～25cm、高35～45cm，适用于中小型品种鹅；另一种为低型孵巢，上下径均为50～55cm、高30～35cm，适用于大型鹅。一般每100只母鹅应备有25～30只孵巢；孵巢内围和底部用稻草或麦秸等柔软保温物作垫物。在孵化舍内将若干个孵化箱（或巢）连接排列一起，用砖、木板或竹条垫高，离地面约7～10cm，并加以固定，防止翻倒。为管理方便，每个孵化箱（或巢）之间可用竹片编成的隔围隔开，使就巢母鹅不互相干扰打架。孵化箱（或巢）的排列方式视孵化舍的形式、大小而定，力求充分利用，操作方便。

五 运输笼或箱

应有一定数量的运输育肥鹅或种鹅的运输笼。运输笼可用铁丝或竹子制成，一般长80cm、宽60cm、高40cm。种鹅场还应有运种蛋和雏鹅的箱子，箱子应保温、牢固。

六 其他设备及用具

除上述介绍的养鹅设备及用具外，还有其他孵化设备（包括传统孵化设备和机械孵化设备）、填饲机具（包括手动填饲机和电动填饲机）、饲草收割设备、饲料加工机械以及屠宰加工设备等。应特别注意的是，鹅场应有青绿饲料切碎设施，因为青绿饲料打浆会影响适口性。此外，不管是何种鹅舍，均需备足新鲜干燥的稻草以作垫料之用，可在秋收时收购并储备起来，苫上草帘或苫布，防止其淋雨霉变。

实例一

××看到当地到处养鹅，市场上鹅产品琳琅满目，就琢磨自己也办个养鹅场，饲养肉鹅、加工鹅肉。经过一番精心筹划后，××开始选择修建养鹅场的地址，几经周折后选中一个因当地教育资源调整闲置的小学校旧址。与有关单位签订租用合同后，××把学校旧院落改建成养鹅场，购进2 000只鹅苗开始饲养，鹅苗小的时候，倒也无事，但鹅长到大鹅阶段时就开始出现问题，一是鹅群昼夜鸣叫，影响四邻休息；二是鹅粪臭气难闻，惹的怨言四起。事已至此，××是进退两难，如果坚持在此饲养下去，与四邻乡亲们的矛盾会进一步加剧，自己的养鹅项目也难以为继，如果将养鹅场迁出重建，前期的资金投入将会全部打了水漂……

实例二

×地××农户打算饲养一批商品肉鹅，经过一番准备就购买了鹅苗开始育雏。在育雏过程中××农户按照以前养过鹅的人传授的经验，努力做到严格掌握育雏温度，注意控制鹅舍湿度，随时调整鹅苗密度。但在操作中遇到不少麻烦，虽然是全家人昼夜轮流值守，起早贪黑，废寝忘食，但有时鹅舍温度过低，雏鹅打堆上垛挤在一起吱吱乱叫，××就赶快往火炉里添煤加温，等到温度上去了，鹅舍里湿度又超标，搞得育雏圈内有一股呛人的臭气。两三天后，××发现有些雏鹅采食不好，有的精神萎靡，眼睛半睁半闭，有的缩脖垂头，呼吸时抬头伸颈，张口呼吸时可听到气管嘶哑声……继而又发现有的雏鹅口鼻有黏液性分泌物，雏鹅因鼻塞难受常摇头甩鼻，有的雏鹅拉稀下痢，步态不稳，摇摆倒地，头颈向上向后弯曲，随即出现成批死亡。××急忙请来专业技术人员察看，技术人员仔细观察了××的鹅舍环境、取暖保温设施、通风换气办法、饲料饮水器具，又询问了××在育雏阶段的饲养管理情况，最后得出的诊断结论是因育雏圈舍矮小，环境高温高湿，舍内空气混浊，雏鹅饲养密度过大，通风换气不良而引发鹅的曲霉菌病。

第十章
常见鹅病的防治

第一节　鹅病的基本知识

一　鹅病发生的原因

诱使鹅病发生的原因主要有两个方面：一是内因，即机体，主要表现在机体营养不良，抗病能力差，对环境适应能力不强；二是外因，即环境和病原体。环境较差，病原体滋生，在机体抵抗能力比较差的情况下病原体会侵入鹅体内，诱发鹅病。所以，提高机体免疫力是鹅病防治的前提，改善环境、切断病原传播途径是鹅病防治的基础。

1. 环境

鹅一生中有卵、雏鹅、中鹅和成鹅的改变，还有食性、生活环境的改变，这么多的环节难免会遇到不测。环境条件的不适宜或突然改变，如缺少食物而饥饿、高温酷暑、冰雪霜冻或受到农药等化学物质的毒害都可使鹅发生疾病。鹅的生存环境要求适宜的温度，而这种温度比较适于各种病原体生长繁殖，因此，要保持鹅的生活环境的清洁卫生，不受各种污染物的污染，鹅饲养场地的定期消毒、定期清理工作就显得非常重要。在建场前要对周围环境进行调查，谨防工业粉尘、噪声、农药对鹅的危害。

2. 内因

鹅的体重、体质、年龄都和疾病的发生密切相关。一般刚孵出的雏鹅和年龄大的成年鹅发病率较高，而育成鹅和青年鹅发病率较低。在高温、高湿条件下孵化的雏鹅体质先天不足，畸形比例高，容易发病。鹅本身的生理遗传或代谢的缺陷，如遗传性肿瘤、不育基因的突变、内分泌失调等也会导致鹅产生一系列的疾病。

3. 病原体

病原体侵染可导致的鹅疾病，诱发鹅病的病原体主要有病毒、细菌、真菌和寄生虫等。鹅病原性疾病有细菌病、真菌病和寄生虫病。吃带菌食物易感染细菌病，环境过湿易感染真菌病。环境阴湿、闷热、不卫生，寄生虫则易寄生于鹅体上，引起疾病。

二 鹅病的分类和发病基本规律

1. 传染病

凡是由致病性细菌、病毒、支原体、真菌等病原微生物侵袭鹅体引起的，具有一定的潜伏期和临诊表现，且具有传染性的疾病称为传染病。传染病的发生传播，必须具备3个相互连接的基本环节：传染源、传播途径和易感鹅群。这3个环节只有同时存在并相互联系时，才会造成传染病的发生和蔓延，缺少其中一个环节，传染病都不能流行和传播。

（1）传染源 即传染来源，是指某种传染病的病原体在其中寄居、生长、繁殖，并能排出体外的动物机体。具体来说传染源就是受感染的动物，包括患病（传染病）鹅和携带病原的鹅。

【小知识】>>>>

携带病原的鹅排出病原体的数量一般不及病鹅，但因缺乏症状不易被发现，有时可成为十分重要的传染源，如果检疫不严，还可以随动物的运输散播到其他地区，造成新的疫病暴发或流行。

（2）传播途径 病原体由传染源排出后，经一定的方式再侵入其他易感动物所经的途径称为传播途径。直接接触传播是在没有任何外界因素的参与下，病原体通过被感染的动物（传染源）与易感动物直接接触（交配、啄斗等）而引起的传播方式。仅能以直接接触而传播的传染病，其流行特点是一个接一个地发生，形成明显的链锁状。必须在外界环境因素的参与下，病原体通过传播媒介使易感动物发生传染的方式，称为间接接触传播。间接传播主要有经空气（飞沫、飞沫核、尘埃）传播、污染的饲料和水传播、污染的土壤传播和活的媒介物传播。从母体到其后代两代之间的传播称垂直传播。鹅的垂直传播主要经卵传播，即由携带有病原体的卵细胞发育而使胚胎受感染。

（3）易感鹅群 鹅对某一病原微生物没有免疫力（即没有抵抗力）称为有易感性。病原微生物只有侵入有易感性的机体才能引起感染过程。该地区鹅群中易感个体所占的百分率和易感性的高低，直接影响到传染病是否能造成流行以及疫病的严重程度。

2. 寄生虫病

在两种生物之间，一种生物以另一种生物体为居住条件，夺取其营养，并造成其不同程度的危害的现象，称为“寄生生活”，过着这种寄生生活的动物，称为“寄生虫”。由寄生虫所引起的疾病，称为寄生虫病。寄生虫的传播和流行，必须具备传染源（包括病鹅、带虫者、保虫宿主、延续宿主等，在其体内有成虫、幼虫或虫卵，并要有一定的毒力和数量）、传播途径（经口感染、经皮肤感染和接触感染）和易感鹅群 3 个方面的条件。寄生虫是在一定的外界环境中生存，各种环境因素必然对其产生不同的影响。有些环境条件可能适宜于某种寄生虫的生存，而另一些环境条件则可能抑制其生命活动，甚至能将其杀灭。鹅寄生虫病的种类很多，分布很广，常以隐蔽的方式危害鹅的健康，不仅影响雏鹅的生长发育，降低生产性能和产品质量，而且还可造成大批鹅的死亡，给养鹅业的发展带来严重危害。外界环境条件及饲养管理情况，对鹅的生理机能和抗病能力也有很大影响，如不合理的饲养、缺乏运动、鹅舍通风换气不良、过于潮湿和拥挤、粪尿不经常清除、缺乏阳光照射等，都会降低鹅的抵抗力，而有利于寄生虫的生存和传播。因此，加强饲养管理，改善环境卫生条件，对控制和消灭鹅寄生虫病是十分必要的。

3. 营养代谢病

营养物质的绝对和相对缺乏或过多，以及机体受内外环境因素的影响，都可引起营养物质的平衡失调，出现新陈代谢和营养障碍，导致鹅体生长发育迟滞，生产力、繁殖能力和抗病能力降低，出现病理症状和病理变化，甚至危及生命，此类性质疾病统称为营养代谢病。随着规模化、集约化和舍内饲养的发展，鹅的生产性能大幅度提高，营养代谢病的发生愈来愈频繁，已成为重要的群发病。营养代谢病发生缓慢，从病因作用到临床症状一般都需数周、数月，有的可能长期不出现临床症状而成为隐性型。鹅营养的来源主要是从植物性饲料及部分从动物性饲料中所获得的，植物性饲料中微量元素的含量，与其所生长的土壤和水源中的含量有一定关系，因此微量元素缺乏症或过多症的发生，往往与某些特定地区的土壤和水源中含量特别少或特别多有密切关系。常称这类疾病为生物化学性疾病，或称为地方病。营养物质的补充可以预防或治疗营养代谢病，出现缺乏症时补充某一营养物质或元素，出现过多症时减少某一物质的供给，能预防或治疗该病。通过对饲料、土壤或水源检验和分析，一般可查明病因。

【小知识】>>>>

患营养代谢病的鹅一般体温变化不大，多在正常范围或偏低，病禽之间不发生接触性传染，个别情况及有继发或并发病的病除外，这是营养代谢性疾病与传染病的明显区别。

4. 中毒症

某种物质进入鹅体后，侵害机体的组织和器官，并能在组织和器官内发生化学或物理作用，破坏机体的正常生理功能，引起机体发生机能性或器官性的病理过程，这种物质被称为毒物。由毒物引起的疾病称为中毒病，多是群体发生，且出现相似症状，患这类疾病的鹅体温多在正常范围内。

【小知识】>>>>

中毒病通常在鹅采食后成群暴发，如在采食了喷洒农药、腐败、发霉、有毒等不良饲料或药物后发生。中毒病无接触传染病史，病鹅之间不发生接触性传染，这是中毒病与传染病的明显区别。

三 临床检查的基本方法

鹅病的临床诊断是防治疾病的前提，要克服防治过程中的盲目性，就必须掌握鹅病诊断的基本方法和要点，以便准确地诊断鹅群各种类型的疾病，制定合理而有效的防控措施。对于出现临床表现的鹅群，利用人的感官直接对它们进行客观的观察和检查，结合流行病学调查，即构成了鹅病诊断的基本方法，主要包括问诊、视诊、触诊、叩诊和嗅诊。

1. 问诊

问诊的主要内容包括：现病史、既往病史、鹅的平时饮食情况等。

（1）现病史 即关于现在发病的情况与经过。其中应重点了解：

1）鹅发病的时间与地点。如饲前或饲后，清晨或夜间，在鹅舍内或其他地方，是突然发病还是缓慢发病等，由此估计可能的致病原因。

2）临床表现。指有关人员所见到的有关疾病现象。如精神沉郁、烦躁不安、腹泻、咳嗽等，这些内容常为做出准确诊断提供线索。

3）发病的经过。了解鹅群的发病时间、发病年龄和传播速度，由此可以推断该病是急性病还是慢性病。如突然大批死亡，可提示为中毒性疾病或环境应激性疾病。若短期内鹅群迅速传播，可提示为小鹅瘟、鹅副黏病毒病等急性传染病；对于日龄较小的鹅，小鹅瘟的发病率和死亡率高，2 月龄以上的鹅很少发生，即使发生死亡率也不高；而鹅副黏病毒病感染发生于不同年龄的鹅，发病率和死亡率都较高。与开始发病时疾病程度相比较，目前是减轻还是加重；症状的变化，又出现了什么新的病状或原有的什么现象消失，是否经过治疗，用的什么方法和药物，效果怎样等，均可作为疾病诊断的参考。

4）饲养管理人员所估计的致病原因，可作为疾病诊断的参考。

5）鹅（群）发病情况。鹅（群）食欲、饮欲的变化、精神状态和排粪情况的异常往往是疾病发生过程中首先出现的症状，也是养殖者求医的原因。鹅（群）中是否发生相同或相似疾病，邻近鹅场是否有疾病流行，可作为判断是否群发病（如食源性疾病）或疑似传染病的依据。

6）免疫接种情况。病鹅是否进行过疫苗接种、接种时间、接种方法、疫苗的种类、厂家、产地、批号等，可为判断是否为某些传染病感染提供诊断依据。

（2）既往病史 即过去该鹅群的病史，其主要内容是：病鹅与鹅群过去的患病情况、是否发生类似疾病、发病经过与转归、检疫情况。了解以上情况，对于现病与过去疾病的关系以及对传染性疾病和地方性疾病的分析具有重要意义。

（3）饲养管理情况 即对病鹅的平时饲养管理情况进行了解。

1）饲料的种类、数量与质量，饲喂制度与方法。饲料品质不良与日粮配合的不当，通常是营养不良、消化紊乱、代谢失调的根本原因；饲料及饲养管理制度的突然改变又常引起鹅的胃肠疾病；饲料加工、调制和保管等方法的失当，往往可造成鹅营养的失衡，有时甚至可能形成有毒物质，而引起鹅饲料中毒。

2）鹅的卫生及环境条件。鹅舍的地理情况以及附近厂矿的“三废”处理等。

3）饲养管理人员技术不熟练及管理制度混乱等，也可能是引起疾病的因素。

2. 视诊

（1）观察鹅群整体状态 如鹅群体格的大小、营养状况、发育程度、体质强弱、肌肉的丰满度、躯体结构及对称性等。

（2）鹅只的精神与体态、姿势与运动行为等 如精神兴奋或抑制，静止时姿势改变或运动中步态的变化，是否疼痛不安、走路困难等。健康鹅精神奕奕，羽毛洁净、顺贴紧凑、具有光泽，并常用喙整理自身羽毛，喙与脚部润滑饱满，两眼明亮有神，眼鼻干净，食欲旺盛，消化良好，粪便正常，对外界各种刺激的反应十分敏捷、有时会发出声音低短的“哦、哦”欢叫声，还会起胸扑翼奔跑。初发病和轻症的鹅颈背上端的小羽毛失去平常的顺伏紧贴感，有微微松起现象，喜欢卧伏，采食减少，常常遭到同群鹅的驱赶和啄咬，还常有摇头、流鼻水、眼结膜潮红、双翅及腹部羽毛好像被脏水沾污等症状。病情较重时表现出精神不振、厌食、不愿走动、全身羽毛松乱、腹部和翅膀羽毛好像被脏水沾污，常呆立或独居一隅，鼻孔周围十分干燥或明显流鼻水，眼部有结痂物，头瘤、脚、喙等部位均失去光泽，用手摸之有灼热感。接近死亡的鹅则伏地不起，无力挣扎，头部肉瘤及脚部冷却。

（3）发现羽毛、皮肤组织的病变 如羽毛状态，皮肤黏膜颜色特征，有无肿胀、疹块、溃疡、损伤及其位置、大小、形状特点等。

（4）检查与外界直通的体腔 如口腔、鼻腔、咽喉、泄殖腔等，注意其完整性、颜色是否改变，并观察是否有分泌物。

（5）注意其生理活动是否异常 如呼吸动作是否正常，有无喘息、咳嗽，注意采食、吞咽等动作是否正常及有无腹泻，排粪情况有无异常。

3. 触诊

触诊是利用触觉的一种检查方法。通常用检查者的手实施。

（1）检查鹅的体表状态 如皮肤表面温度（鹅正常体温为40～41.5℃）、湿度，皮肤与皮下组织质地、弹性及硬度、局部病变的位置、大小、形态及其温度、内容性状、硬度或游动性及疼痛反应等。

（2）检查某些器官组织 感知其生理性或病理性冲动，如心脏搏动。如果产蛋母鹅的肿物位于腹下，且内容物不定，一般经按压可还纳，则提示为患疝（赫尔尼亚）的可能；触诊鹅食道膨大部内容物坚硬，则提示与食道膨大部阻塞有关；又如关节肿大，且有热痛感，则提示关节有炎性肿胀。用手触摸鹅的胸部也可检查鹅的营养状况。生长发育良好的鹅，胸部较平，肌肉丰满；而胸骨如刀脊状，肌肉瘠薄的，则提示可能患有慢性消耗性疾病，或慢性寄生虫病，或慢性传染病。用手指伸进泄殖腔内还可检查触摸有无产蛋及有无鹅蛋滞留现象，临床上可用于产蛋鹅的难产检查。

4. 听诊

听诊主要听取鹅的呼吸有无异常声音，如有呼吸道症状则出现甩鼻音、喘鸣音，即呼嘶、呼噜、嘎嘎等异常粗粝的呼吸音或啰音。有时临床上还可以通过鹅的叫声来判断鹅的健康状况。

5. 嗅诊

嗅诊是应用检查者的嗅觉能力嗅闻病鹅舍内及周围环境中有无有害气体，鹅饲料、垫料、分泌物、排泄物有无异常，以便客观地反映鹅的饲养管理、环境卫生状况，为诊断鹅的群发性疾病提供依据。如鹅舍氨味较浓，提示可能鹅群患有呼吸道疾病或肠道疾病；

饲料、垫料有霉味提示鹅群可能患曲霉菌病；粪便带有腥臭味则提示鹅群可能患球虫病。

四 临床诊断技术

1. 群体检查

为了避免对发病鹅的过分惊扰，可先从一定的距离外进行观察，待鹅群适应后，才逐渐接近并做进一步的观察和检查。先观察群内的鹅只是否分布均匀、有无拥挤或打堆现象、采食和饮水状态、粪便情况如何等。凡表现为病象者，应逐一挑出，并做进一步的检查。

2. 病鹅个体的检查

个体检查的内容主要包括病鹅的精神、体态、羽毛、营养状况和发育情况，呼吸、目光、食欲、饮欲及各个系统的功能、结构有无明显的异常等。

（1）精神状态和机能的检查 大多数疾病都能引起病鹅表现精神沉郁、毛松眼闭等症状。如出现昏睡或昏迷，多属代谢紊乱性疾病、严重传染病后期或某些中毒性疾病，愈后多不良。精神兴奋、运动增强、向前冲突或不断转圈，是中枢神经系统兴奋性升高的表现，常见于脑炎初期、毒物中毒或会引起中枢神经系统受损伤疾病的后遗症。鹅在许多疾病过程中，如肉毒梭病毒素中毒可见头颈和四肢的无力性麻痹；维生素 B_1 缺乏病则可见“望星”姿势。

（2）营养状态和发育情况检查 肌肉瘦削、生长发育不良、矮小均为营养不良的征候，常见于营养缺乏症或慢性消耗性疾病。

（3）羽毛、皮肤及可视黏膜检查 羽毛生长不良、粗糙和容易脱落，多与日粮中氨基酸（特别是含硫氨基酸）、维生素（如泛酸等）、微量无机元素（如锌等）的缺乏有关，也可能是寄生虫病的一种表现，临床可见啄羽等症状。眼周羽毛脏污不洁和黏液、血液黏附则可能揭示鹅患红眼病、嗜眼线虫病等疾病；而肛周羽毛污秽、沾有粪便则多为腹泻的特征。皮下气肿多见于气囊破裂；而皮肤干燥、皱缩是脱水的表现；颜面部肿胀可见于禽流感和鸭瘟等。

（4）呼吸系统检查 检查内容包括呼吸的频率、状态、呼吸音和鼻漏等。在正常情况下，鹅的呼吸频率都有一定的范围。呼吸频率增加，或呼吸急促，或浅频呼吸，多见于发热、贫血、胸腔或肺部疾患；呼吸频率减缓，或呼吸深长则多见于昏迷、上呼吸道分泌物增多或异物引起的狭窄等情况。高温中暑时可见张口喘息、两翅张开等症状。

（5）消化系统检查 许多传染病在发病过程中，常见食欲减少或废绝，而断饲或限饲等长期饥饿后恢复供料，可见食欲亢奋和暴食。高温季节、腹泻、日粮中食盐含量高或食盐中毒以及发生热性传染病时，鹅群饮水量增加，甚至出现暴饮现象。口腔、舌面、咽喉出现炎症、结节、伪膜可见于维生素 A 缺乏、鸭瘟等疾病。食道膨大部膨大硬实，可能是其内充满干燥未消化饲料或羽毛、泥沙等异物；食道膨大部膨胀、柔软下垂，倒提时从口中流出大量酸臭液体，多由食物发霉变质所致；腹部膨隆下垂、有波动感提示腹水的存在，可见于卵黄性腹膜炎、大肠杆菌病、肝肿瘤、腹水综合征等。许多疾病都会导致腹泻，多可见肛门羽毛污秽和有稀粪，依据粪便的性质、色泽等常能为临床诊断提供有用的信息。

（6）体温测定 一般来说，患急性传染病时，病鹅的体温多有不同程度的升高，而临死前则常有体温下降；慢性传染病病症，通常发热不明显；中毒性疾病和营养代谢性疾病，其体温多属正常范围或稍低于正常；热应激（热射病或中暑）时，体温常有明显升高。

五 病理学诊断技术

病理学诊断包括病理剖检和病理组织学检查，前者主要检视病鹅体内、外各系统器官和组织的眼观病变，而后者则用于了解病鹅有关病变组织微细结构的改变。病理学诊断是兽医人员临床经常采用的一种诊断方法。

1. 病理剖检

在进行病情、病史的了解和现场调查的基础上，对病（死）鹅进行病理学的解剖检查十分必要。剖检时应逐只编号，做好记录。

（1）病理剖检的要求

1）正确掌握和运用鹅体剖检方法。若方法不熟练，操作不规范，不按顺序、乱剪乱割，会影响观察，易造成误诊，贻误防治时机。

2）防止疾病散播。从场（舍）运出病死鹅时，应用密闭、不漏水的容器（如塑料袋等）装载，以防病禽的羽毛、粪便或天然孔中的分泌物、排泄物沿途散落而污染场地。剖检地点最好是病理解剖室。如必须在野外或临时场地剖检时，应选择远离鹅场（舍）、水源及人员来往较少的地方。病死鹅的血液、病理性渗出物和胃肠道内溶物不要随便倒泼，应收集于适当的容器内，然后消毒处理，以免污染周围环境和土壤。剖检用过的器械、用具、解剖台以及解剖处的地面都应注意洗涤清洁和消毒。

【重点提示】 剖检后的尸体应深埋或焚化，或用高温处理后作饲料用（必须保证消毒彻底和安全无害）。

3）做好自身防护。剖检时，剖检人员应穿上工作服和长筒靴鞋，戴上胶手套。剖检完毕，立即洗手消毒，更换工作服和靴鞋。在剖检过程中，手部如损伤出血，应立即停止工作，并用清水把手洗净，伤口处涂上碘酊或用0.05%的新洁尔灭冲洗消毒，戴上胶手套后再继续工作。解剖完毕后，对伤口再做清洗消毒并做适当处理。

2. 剖检的方法

解剖前先进行体表检查，然后进行剖检。

（1）外部检查 解剖活的病鹅前，应观察其有无运动失调、震颤、麻痹；羽毛、皮肤是否正常；视觉、呼吸有无障碍以及精神状态和禽体肥瘦等。将死鹅放在方形瓷盆上进行检查。

1）天然孔的检查。注意口、鼻、眼等有无分泌物，排泄物及其数量和性状；鼻旁窦有无肿胀，在鼻孔前将喙在上颌横向剪断，以手稍压鼻部，如有分泌物则即见流出；检视泄殖腔内黏膜的变化，内容物的性状及其周围羽毛有无粪污等情况。

2）皮肤的检查。注意头部及各种皮肤有无皮疹、创伤或肿胀。此外，尚应检查脚部有无趾瘤，关节有无肿胀，胸部龙骨有无变形、弯曲等。

（2）体腔检查及内脏器官的摘出 外部检查后，用消毒水或清水将禽体羽毛稍微擦湿，以免羽毛飞扬而影响工作和播散病原。用剪刀将腹部连于股部的两侧皮肤剪开后，将两大腿向外翻压直至使髋关节脱臼，使鹅体呈卧位平放于瓷盆上。将上述切线分别向上延伸至胸部，再在泄殖孔前的皮肤上作一与两侧腹壁切线垂直的横切，然后将横切线切口处的皮下组织稍分离后，把皮肤向前撕拉而使腹部和胸部的皮肤整片分离，使之暴露皮下组织并进行检视。在泄殖孔前的横切线处剪开体腔，并沿胸骨两侧的肋软骨连接处，由后向前将肋骨、鹰嘴骨和锁骨剪断，用刀将龙骨向上向前翻拉并剪断周围软组织，取出胸骨，暴露体腔。

剖开体腔后，首先检视各部气囊及体腔内各脏器的位置、大小、色泽是否正常，有无内容物（腹水、渗出物、血液等），器官表面是否有冻胶状或干酪样渗出物，胸腔内的液体是否增多等。胸腔积液见于肉仔鹅腹水综合征和敌鼠钠盐中毒等。气囊膜正常为一透明的薄层，注意有无浑浊、增厚或被覆渗出物等。气囊浑浊、有纤维素渗出、囊壁增厚见于鹅鸭疫里氏杆菌病、大肠杆菌病、支原体病、禽副伤寒等；气囊有淡黄色纤维渗出物或结节见于雏鹅曲霉菌病。

检查体腔后，先将心脏、肝脏摘出，然后将食管膨大部、腺胃、肌胃、肠、胰、脾脏等一同摘出，最后摘出肺、肾和肾上腺等器官。摘出心脏前，先检查心包囊的壁层是否与胸膜粘连，然后剪开心包囊，检查心包液的数量及其性状、心包囊的脏层与心外膜有无粘连。

剖检颈部时，将下颌、食管剪开，观察食管黏膜的变化、内容物的数量和性状。然后，将气管剪开，检视其黏膜和管内分泌物的情况。食道黏膜有散在的白色结节见于幼鹅维生素 A 缺乏症。食道黏膜有白色伪膜和溃疡见于白色念珠菌感染引起的霉菌性口炎（口腔、咽部均出现），也偶见于鹅副黏病毒病。

检查头部时，先将头部皮肤剥离，然后除去整个颅顶骨，露出大、小脑，以钝器轻轻拔离并剪断嗅脑、脑下垂体及神经交叉等，然后将大、小脑摘出。观察脑膜血管的状态、表面及切面脑实质的变化。小脑软化、肿胀、有出血点和坏死灶见于雏鹅维生素 E 缺乏症。

【重点提示】 剖检病鹅最好在其死后或濒死期进行。对于已经死亡的鹅只，越早剖检越好，因时间长了尸体易腐败，尤其夏季，使病理变化模糊不清，失去剖检意义。如暂时不剖检的，可暂存放在4℃冰箱内。解剖活鹅应先放血致死。

（3）常见剖检病变

1）心脏。心包积液或含有纤维素渗出，常见于鸭瘟、大肠杆菌病、禽霍乱、禽里氏杆菌病、霉浆体感染、鹅螺旋体病以及某些中毒病，如霉菌毒素中毒、食盐中毒、氟乙酰胺中毒、磷化锌中毒、药物中毒等。心包增厚、纤维素性心包炎，常见于大肠杆菌病、禽霍乱等。心包及心肌表面附有大量的白色尿酸盐结晶，常见于内脏型痛风。心冠脂肪出血或心内外膜有出血斑点，临诊上见于鸭瘟、鹅副黏病毒病、禽霍乱、大肠杆菌败血症、鹅流行性感冒、肉毒梭菌毒素中毒、食盐中毒、棉籽饼中毒、氟乙酰胺中毒等。心肌有灰白色坏死或有小结节，或肉芽肿样病变，临诊上见于禽流感、大肠杆菌败血症、禽副伤寒等。心肌变性，临诊上见于禽流感、维生素 E 和硒缺乏症等。心肌出血，临诊上见于禽霍乱、出血性贫血。

2）肝脏。肝脏肿大，并出现肉芽肿，临诊上见于大肠杆菌病。肝脏肿大、淤血，表面有坏死点、坏死斑，常见于鸭瘟、急性禽霍乱、禽副伤寒、大肠杆菌病、螺旋体病、鹅流行性感冒、禽肠球菌病等，有时也见于鸭瘟、小鹅瘟、鹅副黏病毒病等。肝脏肿大，呈青铜色、古铜色或墨绿色，常见于大肠杆菌病、禽副伤寒、禽葡萄球菌病、禽肠球菌病等。肝脏肿大，表面覆盖渗出物，临诊上常见于大肠杆菌病、败血霉浆体感染、鹅鸭瘟、脂肪肝综合征等。肝脏肿大，呈淡黄色脂肪变性，切面有油腻感，多见于脂肪肝综合征，也见于维生素 E 缺乏症和鹅流行性感冒。

3）肺。肺淤血、水肿，临诊上见于慢性鸭瘟、急性传染病如禽流感、鹅副黏病毒病、禽霍乱、大肠杆菌病、副伤寒、禽肠球菌病、霉浆体病等，也见于棉籽饼中毒。肺实质有淡黄色小结节，气囊有淡黄色纤维渗出或结节，或者有灰黑色或淡绿色霉斑，临诊上见于曲霉菌病。肺有淡黄色或灰白色结节，见于曲霉菌病、结核。肺肉变或出现肉芽肺，见于大肠杆菌病等。

4）腺胃与肌胃。腺胃与肌胃交界处形成出血带或出血点，见于高致病性禽流感和鹅螺旋体病。腺胃乳头水肿，见于雏鹅维生素 E 缺乏症和高致病性禽流感。肌胃糜烂、角质膜变黑脱落，见于鹅裂口线虫病，也可见于饲用变质鱼粉所致。

5）肠。小肠肠管增粗、黏膜脱落、生成大量灰白色坏死小点和出血点见于鹅球虫病。小肠肠管显著增粗、肠腔内形成一种灰黄色纤维性凝固栓、肠壁光滑变薄见于雏鹅小鹅瘟。

6）肾脏。肾脏肿大、淤血，见于禽伤寒、禽肠球菌病、住白细胞虫病。肾脏显著肿大、呈灰白色或肿瘤样结节，见于淋巴白血病，偶见于大肠杆菌引起的肉芽肿。

7）卵巢与输卵管。卵巢形态不整、皱缩、变性，见于成年母鹅禽副伤寒和大肠杆菌病。输卵管内有寄生虫，见于放养鹅的前殖吸虫病。

3. 病理组织学检查

一般包括组织的采集、固定、冲洗、脱水、包理、染色和镜检等一系列过程，通常要在具有一定设备和经验的专业人员的实验室内进行。基层单位或饲养场（户）有必要时，可按要求采集有关样品送检。一般来说，不同疾病甚至同一疾病的不同阶段，其各组织器官的组织学变化会有所不同。据此可做出辅助性诊断、假设性诊断或确定性诊断。

第二节　鹅病的综合防治技术

一　科学的饲养管理

1. 创造良好的生活环境

鹅舍要按照鹅群在不同生长阶段的生理特点，控制适当的温度、湿度、光照、通风和饲养密度，便于隔离、消毒，保证饲养放牧环境的安静，尽量减少各种应激反应，防止惊群的发生。管理程序也要符合鹅不同生长阶段的生理特点，以满足鹅的生长发育需要。鹅场的排水沟、垃圾要经常清理，垫料要经常更换，粪便要及时清除，用具要经常清洗和消毒。鹅舍要保持干净、干燥、通风、舒适，场地要保持清洁卫生、干燥。粪便等是病原微生物生存和繁殖的主要场所，应将垃圾、粪便运送到距鹅舍百米远的地方，堆积发酵和消毒，以杀灭病原体。鹅粪是鱼的好食饵，有条件的鹅场最好结合养鱼建立发酵池，将发酵后的粪便投入鱼塘利用。

2. 满足营养需要，确保饲料质量

疾病的发生与发展，与鹅群体质强弱有关，而鹅群体质强弱，与鹅的营养状况有着直接的关系。在饲养管理过程中，要根据鹅的品种、大小、强弱不同，分群饲养，按其不同生长阶段的营养需要，供给相应的饲料。在做到饲料全价性的同时，采取科学的饲喂方法，以保证鹅体的营养需要。鹅是水禽，除供给足够的清洁饮水外，要经常注意鹅体的体质锻炼，让鹅下水游泳，增加放牧时间或运动时间，增加鹅的运动量，提高鹅群的健康水平。

3. 做好灭鼠杀虫工作

常见的蚊蝇和双翅类吸血昆虫是多种寄生虫病和传染病的活的传染媒介，鼠类也是许多鹅传染病的传播媒介和传染源，它们在偷吃饲料时常以其排泄物污染饲料和食槽来传播疾病，如小鹅瘟、禽副伤寒等，因此要清除鹅舍周围的垃圾和杂物，铲除它们的藏身场所和滋生地。用物理和化学药物的方法杀虫灭鼠，在预防和扑灭鹅传染病和寄生虫方面具有重要意义。

4. 做好日常观察工作

逐日观察记录鹅群的采食量、饮水表现、粪便、精神、活动、呼吸等基本情况，统计发病和死亡情况，对鹅病做到“早发现、早诊断、早治疗”，以减少经济损失。

二 合理的卫生防疫制度

1. 严格执行检疫制度

（1）入场检疫 引进的种雏和种鹅，必须来自于健康和高产的种鹅群。外来鹅隔离观察20天后，未发现疾病的才允许混入原来的鹅群或鹅场，以保证鹅场的安全生产。对引入种蛋的，为防止疾病垂直传播，除做好孵化消毒外，孵出的种雏也要隔离观察。

（2）定期检疫 规模化鹅场应定期对鹅群进行某些传染病的检疫。并采取相应措施，如扑杀、隔离治疗等，防止其在鹅群中扩大传播。

2. 做好消毒工作

通过消毒可使存在于鹅体表面及鹅场环境中的病原菌的数量减少到无害程度，杜绝疫病发生，减少损失。消毒的范围包括周围环

境、禽舍、孵化室、育雏室、饲养工具、仓库等；平时在鹅舍进出口应设立经常性的消毒池、洗手间、更衣室等，场内周围环境的消毒，一般每季度或半年消毒1次，在传染病发生时，可随时消毒。鹅舍的消毒应在每批鹅群出售或宰杀后进行彻底消毒，平时应每周喷雾消毒1次。孵化室应在孵化前和孵化后进行消毒，育雏舍消毒应在进雏前和出雏后进行消毒。鹅舍的用具和饲槽必须固定在饲养人员各自管理的鹅舍内，不准相互通用，同时饲养人员也不能相互串舍。除此以外，饲养场应谢绝参观，外来人员和非生产人员不得随意进入场内饲养区，场外车辆及用具等也不允许随意进入饲养场，凡进入场内的车辆和人员及其用具等必须进行严格地消毒，以杜绝外来的病原体带入场内。

【重点提示】 消毒剂的商品名称极为复杂，有些消毒药的有效成分基本相同，而商品名称因厂家而异，选择消毒剂时应了解其有效成分，再依消毒目的及消毒对象选择。

三 免疫接种和药物预防

1. 定期免疫接种

对健康鹅群实施免疫接种是激发鹅机体内产生特异性抵抗力，使本来对某些传染病易感的鹅群转变为不易感鹅群的一种有效的防病方法。有计划、有目的地对鹅群进行免疫接种，是预防、控制和扑灭鹅传染病的重要措施之一（彩图31）。接种疫苗前应注意了解当地有无疫病流行，如发现遭受感染的鹅群应首先采取紧急防疫措施，但是必须要在明确诊断的基础上，选择使用对该群鹅病相应的疫苗或血清。此外，还应了解和检查被接种鹅群的健康状况、日龄、饲养条件、营养状态等。对日龄较小，体质较弱或有慢性病的鹅，如果没有受到传染威胁，最好暂缓接种，以免接种后引起不良反应。对于有严重寄生虫感染的鹅群，应先驱虫。对饲养管理差的鹅群，接种后应注意改善和加强，以确保防疫后能产生坚强的免疫力。规模化养殖鹅的参考疫苗免疫程序见表10-1。

表 10-1　规模化养殖鹅的参考疫苗免疫程序

日龄	病名	疫苗	接种	剂量/mL
1	小鹅瘟	抗小鹅瘟病毒血清或精制抗体	皮下注射或胸肌注射	0.5
7	小鹅瘟	雏鹅用小鹅瘟疫苗	皮下或肌内注射	0.1
14	鹅副黏病毒病	鹅副黏病毒蜂胶灭活疫苗	胸肌注射	0.3～0.5
25	鹅鸭瘟	鸭瘟弱毒疫苗	皮下或肌内注射	0.5
30	禽霍乱与大肠杆菌病	禽霍乱与大肠杆菌病多价蜂胶灭活疫苗	胸肌注射	0.5
90	鹅疫与鹅副黏病毒病	鹅疫—鹅副黏二联油乳剂灭活苗（扬州）	胸肌注射	0.5
160（或开产前4周）	小鹅瘟	种鹅用小鹅瘟疫苗	肌内注射	1
170（或开产前3周）	鹅疫与鹅副黏病毒病	鹅疫—鹅副黏二联油乳剂灭活苗	肌内注射	1
180（或开产前2周）	鹅蛋子瘟	鹅蛋子瘟灭活苗	胸肌注射	1
190（或开产前1周）	禽霍乱与大肠杆菌病	禽霍乱与大肠杆菌病多价蜂胶灭活苗	胸肌注射	1～2
280（或开产后90日）	小鹅瘟	种鹅用小鹅瘟疫苗	肌内注射	1
290（或开产后100日）	鹅疫与鹅副黏病毒病	鹅疫—鹅副黏二联油乳剂灭活苗	肌内注射	1
300（或开产后110日）	鹅蛋子瘟	鹅蛋子瘟灭活苗	胸肌注射	1
310（或开产后120日）	禽霍乱	禽霍乱蜂胶苗	胸肌注射	1

注：蛋用种鹅的下一个产蛋季节免疫，按160日龄以后的程序重复进行。

【重点提示】 各种疫（菌）苗要科学存放，在使用时如发现疫（菌）苗瓶破损，瓶签不清或没有瓶签，过期失效，制品的色泽和性状与说明书不符的均不能使用。在接种前注射器和针头应进行煮沸或高压消毒。做到注射1只换1个针头，避免病原体通过针头传播。

2. 药物预防

对鹅群应用药物进行预防也是一项重要的防疫措施。如用氟哌酸、土霉素等可以预防禽副伤寒和大肠杆菌等疾病的发生，红霉素可以预防支原体；制霉菌素、克霉唑可以预防曲霉菌病；磺胺类药物可以预防和治疗禽霍乱、白细胞虫病等疾病；克球粉、地克珠利等药物可以预防鹅球虫病；丙硫咪唑可以预防和治疗鹅矛形剑带绦虫病和前殖吸虫病；左旋咪唑可以预防鹅裂口线虫病和蛔虫病，另外在鹅群注射疫苗后，添加适量的左旋咪唑还可以起增强免疫力的作用。

【重点提示】 任何一种药物或同一类型的药物不得长期使用或过量使用。

四 鹅场疫病发生的扑灭措施

鹅群一旦发生传染病，应立即采取紧急措施，就地扑灭，防止疫情扩大。

1. 控制传染来源

当鹅群发生传染病或疑似传染病时，应立即向有关部门报告疫情，以便组织人力调查，共同会诊，确定病性，及时采取紧急防治措施。发病鹅场所有的鹅必须进行全面仔细检查，病鹅及可疑病鹅应立即隔离观察和治疗，这是控制传染源的重要措施。根据疫病种类和实际情况，划定疫区，进行封锁。在疫区封锁期间，应禁止活禽及其产品进行交易活动。直到最后1只病鹅痊愈（或死亡）后，经过该病的最长潜伏期，再无新的病例出现，经全面彻底消毒后，方可解除封锁。对同群尚未发病的鹅及其他受威胁的鹅群，要加强观察，注意疫情动态。可根据疫病的种类，进行隔离治疗或淘汰急宰。

2. 切断传染途径

病鹅及其隔离场所、用具、鹅舍、粪便及其他污染物等必须进行严格彻底消毒及无害化处理。病鹅尸体要焚烧或深埋，不得随意抛弃。没有治疗价值的病鹅，根据国家规定进行严格处理，如烧毁、深埋或化制后作为工业原料等。

3. 保护易感鹅群

对假定健康鹅及受威胁的健康鹅应立即进行紧急免疫接种，保护鹅群免受传染。紧急接种是在发生传染病时，为了迅速控制和扑灭疾病的流行，而对疫群、疫区和受威胁地区尚未发病的鹅进行临时急性免疫接种。实践证明，在疫区对小鹅瘟、鹅副黏病毒病、禽霍乱等传染病使用疫（菌）苗，进行紧急接种是切实可行的，对控制和扑灭传染病具有重要的作用。紧急接种除应用疫（菌）苗外，对鹅使用高免血清进行被动免疫，而且能够立即生效，如小鹅瘟，应用抗小鹅瘟高免血清，能迅速控制该病的流行，即使对于正在患病的雏鹅群使用也具有良好的疗效。

【重点提示】 在疫区或疫群应用疫苗作紧急接种时，必须对所有受到传染威胁的鹅群进行观察和检查，对正常无病的鹅进行紧急接种时，对病鹅和可能已受到感染的潜伏期病鹅必须在严格消毒的情况下立即隔离，观察或淘汰处理，不宜再接种疫苗。

五 给药技术

1. 拌料给药

即将药物均匀拌入饲料中，让鹅在采食时同时吃进药物。使用前要先算出整群鹅只的总体重，后算出全部用药总量，并拌入当天要饲喂的饲料中混匀，拌药的饲料量应以在当天食完为宜。这种方法必须把药物和饲料混合均匀，尤其对某些容易引起药物中毒或副作用大的药物，更需如此。该法简便易行，节省人力，减少应激，效果可靠，适用于长期服用、不溶于水的药物及加入饮水内适口性差的药物。但对于病重鹅或采食量过少时，不宜应用；颗粒料因不易将药物混匀，也不主张拌料给药。

2. 饮水给药

是将药物按一定的含量溶于水中，让鹅只自由饮用。该法适用于短期投药、紧急治疗投药和鹅已不吃料，但还能饮水等情况。所用药物必须能溶于水，且溶解度高。饮水给药应注意药物的溶解度和稳定性。难溶解、易沉淀的药物不作饮水给药，容易失效的药物要控制一定的饮水量。饮水要求清洁、不含杂质。饮水给药时应事先使鹅停水2～4h，以便鹅尽量在短时间内（一般要求在半小时内饮完），以免药物效果下降。要注意药物的剂量，应严格按药物使用剂量要求配制，避免剂量过高或过低。药物溶于饮水时，也应由小量逐渐扩大到大量，尤其是不能流动的水。

3. 经口投药

将片剂、丸剂、胶囊剂、粉剂或溶液直接放入（滴入）病鹅口腔引起吞咽的给药方法。也可将连接注射器的胶管插入食道后注入药液。此给药法使用的药物既作用于胃肠，也可经胃肠作用于全身。该法的优点是安全、经济、剂量容易掌握，既适合全身感染治疗，也适合于肠道驱虫或肠道细菌性炎症的治疗。缺点是费时费力，药物吸收较慢，且不规则，吸收时易受酸碱度和消化液的影响。

4. 体内注射

对于难被肠道吸收的药物，为了获得最佳的疗效，常选用注射法。注射法分皮下注射和肌内注射两种。其特点是药物吸收快而完全，剂量准确，药物不经胃肠道而进入血液中，可避免消化液的破坏。适用于不宜口服的药物和紧急治疗。

皮下注射法多用于油乳剂疫苗注射或雏鹅期的疫苗接种注射。凡易溶解、刺激性较弱的药物及疫苗、菌苗等，可在颈背部皮下、胸部皮下或腿部皮下注射。方法是由助手抓住鹅只并固定确实，术者左手拇指、食指捏住注射部位的皮肤，右手持注射器，沿皮肤皱褶处刺入针头，然后注入药液。

肌内注射法操作简便，剂量准确，药物吸收较快，而且肌肉内感觉神经较少，疼痛轻微，故刺激性较强及较难吸收的药液可进行肌内注射。注射部位可选在胸肌或翼根内侧及大腿外侧发达的肌肉处进行。胸部肌内注射时，针头宜与体表呈45°角刺入，不宜刺入太深，以免伤及内脏或将药物注入体腔。肌内注射时，水溶液吸收最快，油剂或混悬剂吸收较慢。

【重点提示】 在用药时应根据鹅体生理特点或病理状况，结合药物的性质，恰当地选择给药途径。

第三节 常见鹅病的防治

一、常见病毒性传染病

1. 小鹅瘟

小鹅瘟又称细小病毒病，是由鹅细小病毒引起的一种急性或亚急性败血性传染病，以渗出性肠炎、小肠黏膜表层大片坏死脱落与渗出物形成凝固性栓子堵塞肠腔为主要特征。

【病原】 本病的病原属细小病毒科、细小病毒属的鹅细小病毒。本病毒对外界的抵抗力较强，在 -20℃ 下可存活 2 年以上，能抵抗氯仿、乙醚、胰酶等，能抵抗 56℃ 的高温 3h。

【流行特点】 病雏鹅和带毒成年鹅是本病的传染源。健康雏鹅通过与病鹅、带毒鹅的直接接触和采食被病鹅、带毒鹅排泄物污染的饲料、饮水，以及接触被污染的用具和环境都可引起本病的传播。本病主要发生于 3 ~ 20 日龄的雏鹅，不同品种雏鹅均可发生感染，1 月龄以上的雏鹅较少发病。发病日龄越小，死亡率越高，最高发病率和死亡率常出现在 10 日龄以内的雏鹅群，可达 95% ~ 100%。死亡率的高低在很大程度上还取决于母鹅群的免疫状态。据报告，本病大流行后 1 ~ 2 年内不出现大规模流行，在大流行次年的雏鹅人工接种强毒，有 75% 的雏鹅有抵抗力，在每年不大批更新鹅群的地区，发病率和死亡率却较低，一般在 20% ~ 50%。

【临诊症状】 潜伏期为 3 ~ 5 天。根据病程长短分最急性、急性和亚急性型。

(1) 最急性型 见于出壳后 1 周龄以内的雏鹅，常无先期症状而突然发病倒地死亡。

(2) 急性型 多见于 1 ~ 2 周龄的雏鹅。主要表现为精神不振，病初有采食动作，但不吞咽，逐渐离群独居，嗜睡，拒食。开始时渴欲增加，继而拒饮，甩头，呼吸用力，鼻腔内流出浆液性分泌物，腹泻，排出黄白色或淡绿色稀粪，肛门突出，肛周绒毛被粪便沾污，后期呼吸困难。病程 1 ~ 2 天，死前出现抽搐，脚麻痹。

(3) 亚急性型 多发生于流行后期。主要表现为精神委顿，缩头垂翅，拒食，消瘦，腹泻，少数病例可排出条状香肠样、表面有纤维素性伪膜的硬性粪便。病程 3 ~ 7 天或更长，少数病鹅可自行康复，但生长迟缓。

【病理变化】 主要病变在消化道，特别是小肠部分。死于最急性型的病雏，病变不明显，十二指肠黏膜肿胀、充血和出血，出现败血性症状。急性型雏鹅，特征性病变是小肠的中段、下段，尤其是回盲部的肠段极度膨大，质地硬实，形如香肠，肠腔内形成淡灰色或淡黄色的凝固物，其外表包围着一层厚的坏死肠黏膜和纤维形成的伪膜，往往使肠腔完全堵塞。

【防治方法】 各种抗生素及磺胺药物对本病治疗无效。雏鹅群一旦发生小鹅瘟时，应立即将未出现症状的雏鹅隔离出饲养场地，放在清洁无污染场地饲养。早期病例可皮下注射抗小鹅瘟高免血清 0.5mL，隔日重复注射 1 次，有一定疗效；重症病例注射剂量适当加大。对未出现症状的雏鹅用高免血清紧急预防注射，可控制本病的流行。

小鹅瘟主要是通过种蛋带毒感染和孵化室的污染传播，所以应做好孵化过程中的清洁消毒工作，孵化室中的一切用具、设备使用后必须清洗消毒；种蛋要用甲醛熏蒸消毒。刚出壳的雏鹅防止与新购入的种蛋接触；做好育雏舍的清洁卫生和消毒工作，维持适宜的环境条件。在有小鹅瘟发生的地区，每年在母鹅产蛋前 25 ~ 30 天，对种鹅进行预防接种不仅能有效地防止种蛋带毒，雏鹅出壳后还可从卵黄中获得母源抗体，产生被动免疫，抵抗小鹅瘟细小病毒的传染。在本病流行地区，未经免疫种蛋所孵出的雏鹅，每只皮下注射 0.5mL 抗小鹅瘟血清，保护率可达 90% 以上。

【重点提示】 小鹅瘟病毒可以通过母鹅垂直传播，控制疫区种蛋的随意流动是防制小鹅瘟的重要一环。

2. 鹅副黏病毒病

鹅副黏病毒病又称鹅新城疫，是一种侵害鹅等家禽的急性病毒性传染病，临床上以消化道症状及肠道黏膜出现结痂样溃疡为主要特征，常引起大批死亡，尤其是雏鹅病死率可高达95%以上，是目前鹅病的防控重点。

【病原】 鹅副黏病毒病属、副黏病毒科、腮腺病病毒属、禽副黏病毒Ⅰ型。病毒抵抗力不强，容易被干燥、日光及发酵所杀死，但在阴暗、潮湿、寒冷环境中能够生存很久，如组织器官和绒尿液中的病毒在0℃环境中，至少可以存活1年以上，在土壤中，病毒能够存活1个月。在室温或较高温度下，存活期较短，常用消毒药如2%的氢氧化钠溶液、3%的苯酚溶液和11%来苏儿溶液等均可在3min内将病毒杀死。

【流行特点】 患病鹅是本病的主要传染源，其分泌物和排泄物污染了饲料、饮水、垫草及其用具，健康鹅群通过接触病鹅或污染物，经消化道和呼吸道引起感染传播。鹅副黏病毒病也能通过鹅蛋传播，流行地区的鲜蛋和鹅毛等都是传播媒介。鹅副黏病毒病的发生、流行无明显的季节性。各种日龄的鹅对本病均有易感性，但发病率和死亡率与鹅群日龄有一定关系，日龄越小发病率和死亡率越高。

【临床症状】 本病潜伏期一般为3～6天。此病流行初期，病鹅食欲减少，羽毛松乱，渴欲增加，缩颈，看似比正常短一些，用手触摸发硬；两腿无力，孤立一旁或瘫痪；羽毛缺乏油脂，容易附着污秽物；开始排白色稀粪，中期粪便带红色，后期呈绿色或黑色。部分病鹅呼吸困难，甩头，口中有黏液蓄积；有些病鹅有扭颈、转圈或向后仰等神经症状。

【病理变化】 病死鹅机体脱水，眼窝下陷，脚蹼常干燥。肝脏轻度肿大、淤血，少数有散在的坏死灶，胆囊充盈，脾脏轻度肿大，有芝麻大的坏死灶。成年病死鹅肌胃内较空虚，肌胃角质呈棕黑色或淡墨绿色，肌胃角质膜易脱落，角质膜下常有出血斑或溃疡灶，肠道黏膜有不同程度的出血；小肠黏膜常见散在性或弥漫性的青豆大小的淡黄色隆起瘢块，剥离后呈现出血面和溃疡灶，偶尔波及直肠黏膜；盲肠扁桃体肿大出血，少数病例盲肠黏膜出血，有少量隆起的小瘢块。

【防治方法】 对于本病目前尚无特效的治疗药物。鹅群一旦发病，立即将病鹅隔离或淘汰，死鹅实施焚烧或深埋处理。此外，鹅群紧急接种鹅副黏病毒油乳剂灭活苗，在胸部另一侧同时肌内注射禽用干扰素，可以减少和控制本病的流行。

【重点提示】 为预防本病，应加强该病的检疫，禁止到本病流行地区引种或收购鹅群。对已发生疾病地区的鹅群可在10~14日龄用鹅副黏病毒蜂胶灭活疫苗0.3mL，青年鹅或成年鹅0.5mL进行肌内注射，具有良好的保护作用。

3. 鹅禽流感

鹅禽流感又称鹅流行性感冒，是由A型流感病毒中的致病性血清型毒株所引起的鹅及其他禽类的一种急性传染性全身致死性疾病。雏鹅及未免疫的青年鹅、成年鹅发病率可高达100%，病死率可高达95%以上。

【病原】 病原体为A型禽流感病毒，有十多种血清型。禽流感病毒对乙醚、氯仿、丙酮等有机溶剂敏感，不耐热，常用的消毒药能将其灭活，碘蒸气和碘溶液效果特别好。

【流行特点】 各龄期的鹅都会感染，尤以1~2月龄的仔鹅最易感病。本病可以通过多种途径传播，主要经呼吸道感染，也可由被污染的水源、羽毛、排泄物、饲料及用具经消化道感染。本病可通过蛋垂直传播。在鹅群附近发生禽流感的鸡、鸭群，也是重要的传染源。本病一年四季均可发生，以冬、春季节多发，夏、秋季节零星发生。气候突变，冷刺激，饲料中营养物质缺乏均能促进该病的发生。大批发病和死亡常见于10~12月及次年的1~4月。

【临床症状】 该病的潜伏期较短，病程1~3天。病鹅表现为精神高度沉郁，食欲减退或废绝，仅饮水，呼吸困难；拉白色或青绿色稀粪；喙和头瘤呈紫黑色，并干枯坏死，脚蹼发绀，有的鼻孔流血，有的眶下窦、颈部前端肿胀，触之有波动感；眼睛潮红或出血，四周羽毛沾有分泌物，严重者瞎眼，鼻孔流血；产蛋鹅的产蛋率突然下降甚至停产，或产异常蛋，如产软壳蛋、无壳蛋、沙壳蛋等；死前呈现神经症状。

【病理变化】 剖检可见病死鹅喙端发绀，有的甚至头面部也有发绀。部分鹅头面部肿大，头部皮下出血，呈胶冻样水肿。鼻腔和眼下窦充有浆液或黏液性分泌物。慢性病例的窦腔内见有干酪样分泌物，鼻腔、喉头及气管黏膜充血，气囊浑浊，轻度水肿，呈纤维素性气囊炎。剖检成年母鹅可见腺胃黏膜和肠系膜出血，卵子变性，卵膜充血、出血，严重的可见卵黄破裂，产生卵黄性腹膜炎，输卵管内有凝固的卵黄蛋白碎片。

【防治方法】 本病无特效治疗药。一般的发病可注射免疫卵黄抗体，同时在饮水、饲料中添加病毒灵（盐酸吗啉双胍）、盐酸金刚烷胺或其他抗病毒中药制剂，并用抗菌药物控制继发感染。中药凉茶廿四味加柴胡、黄芩、黄芪，煎水给鹅群饮用，对禽流感的预防和治疗有较好的效果。饮水前鹅群先停水 2h，再把中药液投于饮水器中供饮用 6h，每天 1 次，连用 3 天。病情较长时要在药方中加党参、白术。

预防和控制鹅禽流感的方法，其中心的问题是防止病毒的最初入侵，这在大、中型鹅场较易操作，而对于广大养鹅专业户认真操作起来比较困难。这是因为鹅群不大，有些鹅群还要经常放牧。所以，预防鹅禽流感只能加强饲养管理，搞好环境卫生，增强鹅体的抗病力，以及做好免疫接种，提高鹅体对鹅禽流感的免疫力。在加强饲养管理提高鹅的抵抗力的同时，可用禽流感灭活苗预防。种鹅每年注射 2～3 次，每次 1 头份，雏鹅 6～7 日龄时注射 1 次进行预防。

【重点提示】 一旦发现由高致病力的禽流感病毒引起发病的，应立即报告防检部门，对疫点进行及时隔离、封锁、扑杀，并进行彻底消毒，以免蔓延扩散。

4. 鹅鸭瘟

鹅鸭瘟又名鹅病毒性肠炎，是鹅的一种急性败血性传染病。其主要临床和病理特征为体温升高，两腿麻痹，排绿色稀粪，常见病鹅头颈部肿大和部分鹅眼和泄殖腔黏膜充血、出血、水肿和坏死。一旦鹅群感染发病后，能迅速传播，引起大批死亡，本病已逐渐成为养鹅地区一种重要的病毒性传染病。

【病原】 病原为鸭瘟病毒，属于疱疹病毒。本病毒对外界抵抗力不强，对热、干燥和普通消毒药都很敏感。病毒在56℃经10min就可被杀死，加热至80℃时经5min即可死亡，而在室温条件下（22℃）其传染力能够维持30天，0.5%的漂白粉溶液、5%的生石灰水、2%的氢氧化钠溶液都有很好的杀灭作用，对乙醚和氯仿敏感。

【流行特点】 传染源主要是病鸭、鹅和潜伏期的感染鸭、鹅，以及病愈不久的带毒鸭、鹅（至少带毒3个月）。鸭瘟主要通过消化道感染，但也可通过呼吸道、交配和眼结膜感染，口服、滴鼻、泄殖腔接种、静脉注射、腹腔注射和肌内注射等人工感染途径，均可使健康易感鸭、鹅致病。某些野生水禽如野鸭和飞鸟，能感染和携带病毒，成为本病传染源或传染媒介，此外某些吸血昆虫也有可能传播本病。本病发生无明显的季节性，60日龄以下鹅群一年四季均可发生，通常以春夏之际和秋天购销旺季时流行最严重。任何品种和性别的鹅，对鸭瘟都有较高的易感性。在自然流行中，公鹅抵抗力较母鹅强，成年鹅尤其是产蛋母鹅，发病和死亡较严重，而1月龄以下的雏鹅，发病较少。

【临床症状】 潜伏期一般为3～5天。发病初期，病鹅体温升高达42～44℃，精神委顿，食欲减少或废绝，常摇头，畏光，流泪，眼睑水肿，眼睑周围羽毛沾湿或有脓性分泌物将眼睑粘连，甚至眼角形成出血性小溃疡。部分病鹅头颈部肿胀，鼻中有浆液性或黏液性分泌物流出，呼吸困难，叫声嘶哑，下痢，排出灰白色或绿色稀粪，肛门周围的羽毛沾污并结块，泄殖腔黏膜充血、出血、水肿，严重者黏膜外翻，可见黏膜面覆盖一层不易剥离的黄绿色的伪膜。病鹅不愿下水，行动困难甚至伏地不愿移动，强行驱赶时，步态不稳或两翅扑地勉强挣扎而行。走不了几步，即行倒地，以致完全不能站立。发病后期体温下降，病鹅极度衰竭死亡。急性病程一般为2～5天，慢的可以拖延1周以上，仅有极少数病鹅可以耐过，一般都表现消瘦，生长发育不良。

【病理变化】 患典型鸭瘟的病死鹅，肉眼可见急性败血病变。病鹅体表皮肤有许多散在的出血斑，皮下组织发生不同程度的炎性水肿；在头颈部肿大的病例，皮下组织有淡黄色胶冻样浸润。口腔黏膜主要是舌根、咽部和上颌部黏膜表面常有淡黄色伪膜覆盖，剥离后露出鲜红色外形不规则的出血浅溃疡。食道黏膜的病变具有特征性，外观有纵行排列的灰黄色伪膜覆盖或散在的出血点，伪膜易刮落，刮落后留有不规则的溃疡瘢痕。整个肠道发生急性卡他性炎症，以小肠和直肠最严重，肠集合淋巴滤泡肿大或坏死。泄殖腔黏膜的病变也具有特征性，黏膜表面有出血斑点和覆盖着一层不易剥离的黄绿色坏死结痂或溃疡。产蛋鹅的卵泡充血、出血或整个卵泡变成暗红色。

【防治方法】 目前该病尚无特效的治疗药物，必须采用综合防治措施。发现病鹅应停止放牧，隔离饲养，以防止病毒传播扩散，并立即对鹅群紧急预防注射鸭瘟疫苗，做到注射1只鹅换1个针头。

预防本病要严格执行卫生防疫制度，注意饲养场的卫生消毒工作，禁止鹅群与遭受感染的鸭群接触，以杜绝和减少传染来源。加强饲养管理，注意环境卫生，在日粮中注意添加多维素和矿物质，以增强机体的抗病力。对受威胁的鹅群可用鸭瘟弱毒疫苗进行免疫接种：雏鹅在20～30日龄肌内注射0.5mL，5个月后再免疫接种1次；每年2次，产蛋鹅在停产期接种，一般1周内产生免疫力。

二 常见细菌性传染病

1. 禽霍乱

禽霍乱又称禽的巴氏杆菌病或禽出血性败血症，是由禽型多杀性巴氏杆菌引起鹅的一种急性败血性传染病。本病分急性型和慢性型两种，急性型表现为败血症，发病率和死亡率很高。病理特征为全身浆膜和黏膜有广泛的出血斑点，肝脏有大量坏死病灶。慢性型表现为呼吸道炎、关节炎。

【病原】 由禽型多杀性巴氏杆菌引起。根据本菌不同荚膜抗原分为A、B、C、D 4个基本型。鹅的巴氏杆菌主要是A型菌，少数为D型菌。禽巴氏杆菌对外界抵抗力不强，5%的石灰水，1%的漂白粉溶液，对其有良好的杀灭作用，在阳光直射和干燥环境中菌体很快死亡，60℃加热10min可杀死本菌，冬季菌体在鹅尸体中可存活4个月以上，一般季节可存活1~3个月。

【流行特点】 在鹅群中多为散发，但如果水源严重污染，鹅在污染水中游泳也能引起本病暴发流行。本病的传染源为病死的鸡、鸭、鹅、兔或带菌的病禽、污染的环境、饲养工具。饲料、饮水、带菌的飞沫、灰尘等是主要的传播媒介，病原通过消化道、呼吸道进入体内。在自然情况下，巴氏杆菌也存于鹅的呼吸道，平时并不致病。当鹅群管理不善、环境条件差、寄生虫病、营养缺乏、长途运输、天气骤变等不良因素致使鹅的抵抗力降低时可诱发本病。家禽包括鸡、鸭、鹅、火鸡对本病有易感性。本病多发生于青年期鹅群和种鹅，但所有日龄均易感，一年四季都可发生，尤以夏、秋季节多发。

【临床症状】 自然感染的潜伏期为2~9天。于流行初期主要表现为最急性型，通常多无先期症状而突然发病倒地死亡，有时晚上喂料时无异常发现，次日早晨却发现病鹅死于鹅舍内。高产母鹅感染后多呈最急性型。急性型最为多见，病鹅主要表现为精神委顿，打瞌睡，羽毛松乱，不敢下水，不食或少食，体温升高至41.5~43℃，饮水量增多；随后食欲废绝，鼻、口中流涎，拉绿色、灰白色或黄绿色稀粪；呼吸困难，常张口呼吸，并不断摇头，企图排出喉头黏液，故有“摇头瘟”之称，最后昏迷痉挛死亡，病程1~3天。一般在流行后期，有的病鹅转入慢性型，病鹅主要表现为持续性下痢，消瘦，后期常见一侧关节肿大，化脓，精神不佳，食量小或仅饮水，驱赶出现跛行，部分病例还表现出呼吸道炎，鼻腔中流出浆液性或黏性分泌物，呼吸不畅；贫血，肉瘤苍白，病程可持续1个月以上，最后因失去生产能力而淘汰。

【病理变化】 最急性型的病鹅，死后剖检病变不明显，一般仅心冠脂肪有少量出血点。急性型病鹅剖检具有特征性，皮肤（尤其是腹部）发绀；心外膜和心冠脂肪有出血点；肝脏肿大、色泽变淡，质地稍变硬，表面有灰白色针尖大小的坏死点等特征性病变。胆囊多数肿大。肺充血，表面有出血点。肠道中以十二指肠病变最为显著，发生严重的急性卡他性肠炎或出血性肠炎，肠黏膜充血、出血，遍布小出血点，肠内容物含血。腹腔内，特别是气囊和肠管的表面，有一种黄色的干酪样渗出物沉积。慢性型常见鼻腔和鼻旁窦内有多量黏性分泌物，关节肿大变形，个别可见卵巢充血。

【防治方法】 发病后应立即隔离病鹅，并清栏消毒，特别是水体消毒，有条件的可迅速将未发病鹅迁出，加强饲养管理。青霉素、链霉素、土霉素可用于本病的治疗。为防止细菌产生抗药性，开始治疗前，应从死鹅中分离病菌进行药敏试验，筛选最佳药物进行治疗。成年鹅每只肌内注射10万单位青霉素或链霉素，每日2次，连用3~4天。用青、链霉素同时治疗，效果更佳。土霉素按每千克体重40mg给病鹅内服或肌内注射，每天2~3次，连用1~2天。大群治疗时，用土霉素按0.05%~0.1%的比例混于饲料或饮水中，连用3~4天。用磺胺二甲嘧啶（或磺胺二甲嘧啶钠）混饲0.1%~0.2%；或混饮0.04%~0.1%，连用2~3天。将喹乙醇按每千克体重20~30mg均匀混料，每天1次，连用2天，疗效较好；用量增加，连喂易中毒。另外，紧急预防和治疗，可用抗禽霍乱高免血清皮下注射3~5mL，治疗量可适当加大，隔日重复注射1次，对早期病例有效。

对本病的预防，平时应加强饲养管理和清洁卫生，经常保持鹅舍干燥通风，防止气候的突然变化和饲料的骤然变化，减少不良因素的刺激，同时要有计划地做好鹅群的预防免疫工作。在本病常发地区，应定期进行预防注射。目前使用的有禽霍乱氢氧化铝菌苗和禽霍乱弱毒活菌苗，但效果还都不够理想，一般免疫期为5~6个月，保护率为60%~70%。应用发病场的病料制成自家灭活菌苗进行免疫接种，常可获得较好的免疫效果。对育肥鹅群或疫苗注射不便的，可采用抗菌药物做定期的预防性治疗，选用药物一般有磺胺类、喹诺酮类、抗生素类等药物，但用药应注意疗程、抗药性和药物残留等问题。

【重点提示】 目前有不少养鹅户，经常性地预防用药，如常选喹乙醇、磺胺类、土霉素、青霉素、链霉素等抗菌药物，这样会造成本场的细菌产生耐药性。当鹅患病时，用这些药物治疗药效就不理想，必须找化验室做药敏实验，找出最敏感的药物使用。

2. 禽沙门氏菌病

本病又称鹅副伤寒，是由沙门氏菌属细菌引起鹅等各种家禽的一种急性或慢性常见传染病。本病主要危害幼鹅，呈急性或亚急性经过，表现为腹泻、结膜炎和消瘦等症状，成年鹅呈慢性或隐性经过。

【病原】 病原为多种沙门氏菌，主要为鼠伤寒沙门氏菌、肠炎沙门氏菌、鸭沙门氏菌和鸡白痢沙门氏菌。病原菌的种类常因地区和家禽种类的不同而有差别。沙门氏菌的抵抗力不是很强，对热和多数常用消毒剂都很敏感，一般的消毒药能很快杀灭，在60℃经10min即可死亡。而病原菌在土壤、粪便和水中生存时间较长，土壤中的鼠伤寒沙门氏菌至少可以生存280天，鸭粪中的沙门氏菌能够存活28周。

【流行病学】 临床发病的鹅和带菌鹅及污染本菌的畜禽副产品是本病的重要传染源。禽副伤寒既可通过消化道等途径水平传播，也可通过蛋而垂直传播，少数情况下可通过呼吸道传播。被污染的饲料、饮水、用具、土壤及鹅舍环境等都是本病的传播媒介。鼠类和苍蝇等也是携带本菌的传播者。本菌又是条件致病菌，在健康鹅消化道中都有存在，当机体抵抗力下降时发生内源性感染。各种应激因素，如不良的环境、不利的天气、长途运输等都是促使本病发生的诱因。幼龄鹅对副伤寒非常易感，尤以3周龄以下的鹅易发生败血症而死亡，成年鹅感染后多成为带菌者。

【临床症状】 急性者多见于雏鹅，慢性者多见于成年鹅。潜伏期一般为12～18h，有时稍长。急性病例常发生在雏鹅出壳数天后，往往不见症状就死亡。这种情况多是由种蛋传播或雏鹅在孵化器内接触病菌感染。1～3周龄的雏鹅易感性高，表现为嗜睡、呆钝、畏寒、垂头闭眼、两翅下垂、羽毛松乱、颤抖、厌食、饮水量增加、眼和鼻腔流出清水样分泌物、泻痢、肛门常有稀粪黏糊、体质衰弱、动作迟钝不协调、步态不稳、共济失调、角弓反张，最后抽搐死亡。少数慢性病例可能出现呼吸道症状，表现为呼吸困难、张口呼吸。也有病例出现关节肿胀。成年鹅一般无临床体征或间有大便拉稀，往往成为带菌者。

【病理变化】 急性病例中往往无明显的病理变化，病程较长时，肝脏肿大，呈古铜色，表面被纤维素渗出物覆盖，肝实质有黄白色针尖大的坏死灶。胆囊肿胀并充满大量胆汁。脾脏肿大，伴有出血条纹或小点坏死灶。肾脏色淡，肾小管内有尿酸盐沉着，输尿管稍扩展，管内也有尿酸盐，最特征的病变是盲肠肿胀，呈斑驳状。盲肠内有干酪样物质形成的栓子，肠道黏膜轻度出血，部分节段出现变性或坏死。心包炎，心包内积有浆液性纤维素渗出物，有的气囊混浊，上有灰白色点状结节。在慢性病例中，表现为腹腔积水，输卵管炎及卵巢炎。

【防治方法】 对有发病的雏鹅群可进行药物治疗和预防，如氟哌酸、强力霉素按每千克饲料加 50～100mg 拌料饲喂。严重的可结合注射庆大霉素，20 日龄的雏鹅每只肌内注射 3 000～5 000 单位，连续 3～5 天，可使疾病得到控制。

预防本病最主要的方法是保持种鹅健康，慢性病鹅必须淘汰。孵化前对种蛋和孵化器进行严格消毒。雏鹅与成年鹅分开饲养，并做好卫生消毒及饲养管理工作。

3. 鹅蛋子瘟

鹅蛋子瘟又名卵黄性腹膜炎或鹅大肠杆菌性生殖器官病，是产蛋母鹅感染了大肠杆菌引起的一种细菌性传染病。通常是在母鹅产蛋期间发病，病死率很高，因此群众称之为“蛋子瘟”，近年来育成鹅也时有发生。本病的特征是输卵管感染发炎，卵黄破裂，卵子变形、变性，最后发展为弥漫性卵黄性腹膜炎。

【病原】 本病的病原是某些致病血清型的大肠杆菌，常见的有 O_2K_{89}、O_2K_1、O_7K_1、$O_{141}K_{85}$、O_{39} 等血清型。本菌在自然界分布甚广，在污染的土壤、垫草、禽舍内等处均可发现此病原菌，从病鹅的变性卵子和腹腔渗出物以及在发病鹅群的公鹅外生殖器官病灶中都可以分离出该病原菌。本菌对外界环境抵抗力不强，50℃加热 30min、60℃加热 15min 死亡，一般消毒药物均能杀死本菌。

【流行特点】 本病在养鹅地区种鹅群中经常发生，尤其是在产蛋高峰期及寒冷季节多见。本病流行发生于产蛋期的公、母鹅，发病时一般是产蛋初期零星发生，至产蛋高峰期发病最多，产蛋停止后本病也停止发生，发病率可达25%以上，病死率在15%左右。本病的传染途径是通过带菌公鹅与产蛋母鹅交配而感染发病。母鹅发病也与产蛋期及免疫注射等多种应激因素有密切关系。

【临床症状】 患病母鹅主要表现为精神不振，食欲减退，运动迟缓，独居或在水面漂浮，腹部膨大，产软壳蛋或异型小蛋，产蛋率下降或不产蛋。肛门周围羽毛常沾有潮湿发臭的排泄物，排泄物中夹杂有蛋清、凝固的蛋白及小蛋黄块。病鹅还表现出失水，眼窝下陷，喙、蹼干燥、发绀，消瘦，最后衰竭死亡。即使有少数鹅能自然康复，也不能恢复产蛋。公鹅感染后很少出现死亡，但可通过配种而传播本病。公鹅病症较轻的，仅在阴茎上出现红肿、溃疡或结节；病重的阴茎表面布满绿豆大小的坏死灶，使阴茎无法缩回泄殖腔，丧失交配能力。

【病理病变】 主要病变在生殖系统，卵子皱缩成瓣状，卵膜薄而易破，卵黄变成灰色、褐色或酱色。腹腔内充满淡黄色腥臭的液体和卵黄液，腹腔器官表面有一层淡黄色、凝固的纤维素性渗出物，易刮落。腹膜有炎症，肠管相互粘连。如果腹腔中的卵黄积留时间较长，即凝固成块状、发炎和变形，有的有皱纹，表面呈灰色、褐色、红褐色等不正常颜色，切开卵子，里面充满浓稠的蛋黄。子宫出血、发炎。心包腔液增多，肝脏、肾脏肿大。

【防治方法】 发病后淘汰症状明显、消瘦的病鹅，对病初的和大群鹅用抗生素治疗效果较好。治疗可用诺氟沙星，按0.01%拌料饲喂，连用3天；或用庆大霉素肌内注射，每只4万~8万国际单位，每天1~2次，连用3天；或使用丁胺卡那霉素或氟苯尼考(8~10) g/100kg混饮4~5天。

【重点提示】 大肠杆菌的耐药性非常强，有条件者应根据药敏试验结果，选用敏感药物进行治疗和预防。

对本病的预防应加强饲养管理，改善放养条件，及时更换塘、堰的污染积水，避免鹅群在严重污染的塘、堰中放牧，减少传播机会。加强育成期饲养管理，防止感染病原菌，严格淘汰慢性带菌病鹅和生殖器官异常或病变的鹅。有条件的饲养场，可进行人工授精。在本病发生的地区，每年产蛋前半月可用蛋子瘟灭活菌苗进行预防接种，免疫期为5个月。已发生本病的鹅群，接种量可适当加大，接种后5~7天，病情即可逐渐停息。常发地区也可用药物预防。

三 常见真菌病

1. 鹅口疮

鹅口疮又名家禽念珠菌病或霉菌性口炎，是白色念珠菌引起的鹅和其他家禽上消化道的一种霉菌病，主要发生于鹅和火鸡等。其特征是上消化道黏膜产生白色的伪膜。

【病原】 白色念珠菌是念珠菌属中的一种类酵母菌，在自然界广泛存在，健康家禽及人的口腔、上呼吸道及肠道中也常有本菌存在。

【流行特点】 本病主要发生于幼龄鹅。幼鹅的易感性比成年鹅高，发病率和死亡率也高；成年鹅发生本病，主要与使用抗菌药物有关。病禽粪便中含有多量病菌，可污染饲料、垫料、用具等环境，通过消化道传染，黏膜损伤有利于病菌侵入；也可通过蛋壳传染。饲养管理不良，环境卫生不好，可促进本病的发生。

【临床症状】 病鹅主要表现出生长不良，精神不佳，羽毛粗乱，怕冷，不愿活动，常群集在一起，气喘，呼吸急促，张口伸颈，叫声嘶哑，食欲减退，消化障碍，常腹泻，最后衰竭死亡。

【病理变化】 病死幼鹅尸体消瘦，口、鼻腔常有分泌物。口腔黏膜有乳白色伪膜，食道膨大部黏膜增厚呈灰白色，有的有溃疡，表面被黄白色伪膜覆盖，少数病例食道中也能见到相同病变。

【防治方法】 鹅群中如果发现本病的病鹅，应及时隔离、消毒和治疗，防止饲料、饮水及环境污染。对发病鹅群，常采用药物治疗。制霉菌素按每千克体重用药30万单位，加少量酸奶，每日2次，连服10天。也可使用0.05%的硫酸铜溶液饮水，连喂7天。

本病的发生与环境卫生条件密切相关，因此应注意加强幼鹅饲养管理，保持环境的清洁、干燥；注意鹅舍的通风换气，同时控制密度，避免拥挤。可定期用1:(2 000~5 000)倍稀释的百毒杀消毒。避免长期或过量使用抗菌药物，防止消化道的正常菌群失调，引起二重感染。此外，育雏期间应补充多种维生素。

【重点提示】 苯酚、煤焦油衍生物等消毒剂对本菌消毒效果甚微，应选择碘制剂、甲醛或氢氧化钠等消毒剂，效果佳。本病可感染人，饲养人员要注意做好个人防护，一旦发现本病要严格消毒，用消毒药水洗手，工作时戴上口罩，穿好工作服，戴上工作帽，进出禽舍要更衣、换鞋、消毒。

2. 曲霉菌病

曲霉菌病是烟曲霉等霉菌引起的一种常见真菌病，其主要特征是鹅的组织器官中，尤其是肺和气囊发生炎症和小结节，故又称曲霉菌肺炎。

【病原】 本病主要的病原体主要是烟曲霉。此外，还有黄曲霉、青曲霉、黑曲霉等也有不同程度的致病性。主要侵害雏鹅，多呈急性，发病率较高，造成大批死亡。成年鹅多为个别散发。曲霉菌的孢子抵抗力很强，煮沸后 5min 才能杀死，常用的消毒剂有 5% 的甲醛溶液、苯酚溶液、过氧乙酸溶液和含氯消毒剂。

【流行特点】 曲霉菌和它所产生的孢子，在鹅舍地面、空气、垫料及谷物中广泛存在。本病传播途径是呼吸道和消化道。各种禽类易感，以幼禽的易感性最高，常为急性和群发性，成年禽为慢性和散发。本病在华南地区梅雨季节常有发生，雏鹅的发病率和死亡率均很高，多呈急性暴发，成鹅多呈散发。环境条件不良，如鹅舍矮小潮湿、空气污浊、高温高湿、通气不良、鹅群拥挤以及营养不良、卫生状况不好等，更易造成本病的发生和流行。

【临床症状】 自然感染的潜伏期为 2 ~ 7 天，人工感染的为 24h。病鹅食欲显著减少，或完全废绝，精神沉郁，待在一边，不爱活动，翅膀下垂，羽毛松乱，嗜睡，对外界反应冷漠，呼吸次数增加，不时发出摩擦音，张口吸气时颈部气囊明显胀大，呼吸如同打喷嚏样。当气囊破裂时，呼吸发出尖锐的“嘎嘎”声，有时闭眼伸颈，张口喘气；同时，体温升高，精神委顿，眼鼻流液，有甩鼻涕现象，饮欲增加，迅速消瘦。到后期，呼吸困难，出现下痢，吞咽困难，最后麻痹死亡。病程较长的有时出现霉菌性眼炎，当眼炎分泌物积蓄多时，便会使眼睑鼓凸。

【病理变化】 病变的主要特征是肺及气囊发生炎症，典型病变则在肺部可见有针头大至米粒大小的肉芽肿结节，结节呈灰白色或淡黄色，这些小结节大量存在时，有时可相互融合成大的团块，最大直径可达3～4mm，柔软有弹性，内容物呈干酪状。肺组织质地变硬，失去弹性，切面可见大小不等的黄白色病灶。气囊壁增厚浑浊，有时可见到成团的霉菌斑，坚韧而有弹性，不易压碎。

【防治方法】 对发病鹅群应立即更换垫料或停喂发霉饲料，清扫和消毒鹅舍。药物治疗效果较差，一般可用制霉菌素，每只雏鹅日用0.5万～1万单位，拌料内服，每日2次，连用2天，停药2天，连续2～3个疗程，有一定效果，既可预防，又可治疗。另外用硫酸铜水溶液，含量为0.03%，作为饮水内服，连用3～5天，可治疗本病。也可用碘化钾每升水加5～10g饮水3～5天。饲料中加入适量土霉素或链霉素饮水，可以防止继续感染，在短期内减少发病和死亡。

【重点提示】 使用硫酸铜时，应注意其对金属有腐蚀作用，必须用瓷器或木器装盛。

防止本病的发生最根本的办法是贯彻“预防为主”的方针。搞好孵房及育雏室的清洁卫生工作，不使用发霉的垫草和饲料，垫料用太阳暴晒后使用，是预防本病的重要措施。进雏前对育雏室进行熏蒸消毒，入舍后定期消毒；保持清洁、干燥，在保温的前提下，加强育雏室通风。

【重点提示】 在梅雨季节育雏时要特别注意防止垫料和饲料发霉。

四 常见寄生虫病

1. 鹅球虫病

鹅球虫病主要是由艾美耳科、艾美耳属及泰泽属的球虫寄生于鹅的肠道或肾脏所引起的一种原虫性疾病，是鹅的主要寄生虫病之一。

【病原及感染情况】 已报道的鹅球虫有16种之多，分别属于3个属，即艾美耳属、泰泽属及等孢属。其中以艾美耳球虫致病力最强，它寄生在肾小管上皮，使肾组织遭到严重破坏，主要危害3周龄~3月龄的幼鹅，常呈急性经过，死亡率较高。其余15种球虫均寄生于肠道上皮细胞，它们的致病力变化很大，有些球虫种类（如鹅艾美耳球虫、柯氏艾美耳球虫）致病性较强，出现消化道症状，而其余种类单独感染时无显著致病性，但混合感染时就会严重致病。各个品种的鹅均可发生本病，发病与季节与气温、雨量有关，一般每年5~8月多发。鹅食入因受感染性卵囊污染的饲料及饮水而感染。

【临床症状】 鹅球虫按寄生部位不同，可分为寄生于肾和寄生于肠道的两种类型。

1）肠道球虫病。寄生于鹅肠道的球虫中，以柯氏艾美耳球虫和鹅艾美耳球虫的致病力最强，能引起严重发病和死亡；其次为有害艾美耳球虫，其他种致病力较弱。主要表现为腹泻和血便。病鹅精神萎靡，食欲减少或废绝，喜卧、不愿活动，常离群，渴欲增强，饮水后频频甩头，病初排灰白色或红棕色带有血黏液的粪便，继而排红色或暗红色的带有黏液的稀便，有的病鹅排出的粪便全为血凝块，肛门周围羽毛被粪便污染。日龄较小的幼鹅常在发病后1~2天死亡。

2）肾球虫病。由具有强大致病力的截形艾美耳球虫所引起，这种球虫对3~12周龄的鹅有致病力，其死亡率高达30%~100%，甚至引起暴发流行。发病急，病鹅精神沉郁，衰弱，排白色稀粪，厌食；翅下垂，目光迟钝，眼窝凹陷，幸存者歪头扭颈，步态摇晃或以背卧地。

【病理变化】 肠道球虫病可见小肠肿胀明显增粗，小肠黏膜有点状或弥漫性出血。肠腔内充满红褐色的黏稠物，小肠的中段和下段可见到黏膜上被白色结节或糠麸样的伪膜覆盖。取伪膜压片镜检，可发现大量的球虫卵囊。患肾球虫病的病鹅，可见肾脏肿大，由正常的淡红色变成淡灰黄或红色，可见有针头状大小的白色病灶或条纹状出血斑点，在灰白色病灶中含有尿酸盐沉积物及大量卵囊。

【防治方法】 发生本病的鹅群，应选用抗原虫药物治疗，如氯苯胍按 30～60mg/kg 混料，连用 10 天；或磺胺六甲氧嘧啶按 0.04% 混料，连喂 3～5 天。其他药物，如氨丙啉、克球粉等控制人工感染的鹅球虫病也有较好效果。为防止抗药性，可选用 2 种以上药物交替使用。

切实做好饲养管理和卫生消毒工作，是防治球虫病的重要措施，及时清除粪便、垃圾及污物，更换垫料，并对其进行堆积发酵，以杀灭球虫卵囊。饲养场地要保持清洁卫生，饲舍保持干燥，防止鹅粪污染饲料及饮水。小鹅和成年鹅分开饲养，放牧时要避开高度污染地区。在流行地区的发病季节，可用复方磺胺甲基异噁唑、氯苯胍等药物预防。

2. 鹅绦虫病

鹅体内寄生有多种绦虫，常见且危害性大的主要有矛形剑带绦虫。本病有明显的季节性，通常发生于 4～10 月的春末夏秋季节，而在冬季和早春较少发生。不同日龄的鹅均可发生感染，但临床上主要见于 1～3 月龄的幼鹅和青年鹅，对鹅的生长发育、增重育肥和产蛋危害很大。据调查统计，鹅的平均感染率为 35%～37.5%，如果是专业场户的群鹅感染后寄生率更高。

【病原】 矛形剑带绦虫的成虫长达 11～13cm、宽 18mm，顶突上有 8 个钩排成单列，寄生在鹅的小肠内；孕卵节片随禽粪排出到外界；孕卵节片崩解后，虫卵散出。虫卵如果落入水中，被剑水蚤吞食后，虫卵内的幼虫就会在其体内逐渐发育成为似囊尾蚴。当鹅吃到了这种体内含有似囊尾蚴的剑水蚤，就发生感染。

【临床症状】 幼鹅和青年鹅感染后可表现出明显的全身症状。病鹅食欲不振，精神委顿，羽毛松乱，消瘦，虚弱，不愿活动，常离群独居，翅膀下垂，羽毛松乱，排出白色稀薄的粪便，内混有白色的绦虫节片。食欲较少，而饮水量增加。鹅生长发育受阻，贫血消瘦，严重时，出现神经症状，运动失调，走路摇晃，有时失去平衡而摔倒，难以站起。夜间有时仰颈张口如钟摆摇头，然后仰卧，做划水动作。后期病鹅极度贫血，多数在瘦弱中死亡。严重的在发病后 1～5 天死亡。成年鹅感染后可引起营养不良，贫血消瘦。

【病理变化】 病变小肠黏膜发炎、充血、出血，并散布米粒大小的结节状溃疡。肠内发现白色、扁平、分节状虫体，数量多时可堵满整个肠道，并可引起肠扭转、肠破裂。

【防治方法】 发病鹅群可选用吡喹酮按每千克体重用10mg内服，或用丙硫苯咪唑（抗蠕敏）按每千克体重用10～20mg内服，成年鹅也可用硫双二氯酚按每千克体重用150～200mg内服，为确保疗效，上述药物最好逐只投服。

预防本病首先对各龄鹅分开饲养和放牧，及时清理粪便进行发酵灭虫处理。成年鹅每年进行1～2次预防性驱虫，雏鹅、中鹅放牧20天后，全群驱虫1次。投药24h内，应把鹅群圈养起来，以便把粪便集中堆积发酵处理。

【重点提示】 在驱虫期间注意对鹅粪管理和消毒，并进行生物发酵处理。

3. 鹅线虫病

【病原】 在鹅体寄生的线虫种类也很多，它们寄生在鹅消化道、呼吸道等多个部位，给鹅造成很大的危害。如寄生在鹅小肠的鹅蛔虫，寄生于肌胃的裂口线虫，寄生于气管、支气管的比翼线虫、杯口线虫，寄生于盲肠的异刺线虫和微细毛圆线虫，寄生于腺胃的棘结线虫，寄生于小肠、盲肠的鹅毛细线虫等。

【临床症状】 鹅裂口线虫感染导致幼鹅食欲消失，精神迟钝和消瘦。环形毛细线虫还引起鹅严重的肠炎和贫血症状。鹅毛细线虫感染的鹅离群独居，蜷缩于地上、栖架下或墙角，消瘦，腹泻。钩刺棘结线虫使鹅有时在症状尚未出现前突然死亡。鹅蛔虫引起鹅的体重下降，失血，尿酸盐含量增加，胸腺萎缩，生长受阻，死亡率增高。支气管杯口线虫感染时鹅呈坐的姿态，张口吸气，呼吸困难，每分钟呼吸次数达60次，严重感染时出现呼吸障碍后不久即发生死亡，病愈后生长发育受阻。气管比翼线虫感染时初期病鹅食欲减退，继而绝食，消瘦，精神不振，口内充满多泡沫的唾液，后期呼吸困难，常因窒息而死。

【病理变化】 鹅裂口线虫病引起肌胃黏膜坏死、松弛，甚至脱落，在虫体附近区域呈暗棕色或黑色。环形毛细线虫引起食道和嗉囊黏膜炎性，黏膜内壁增厚、粗糙、高度软化，成团的虫体主要集中在剥脱的组织内。鹅毛细线虫引起出血性肠炎，小肠上段有卡他性渗出物，肠壁增厚。钩刺棘结线虫寄生时可见前胃出现结节，慢性病例仅在结节内含有浓稠的脓汁。鹅蛔虫的幼虫侵入肠黏膜时，破坏黏膜及肠绒毛，造成出血和炎症；严重感染时可引起肠堵塞，甚至引起肠破裂和腹膜炎。气管比翼线虫的幼虫可引起肺溢血、水肿和大叶性肺炎、卡他性气管炎，在喉头附近可发现杈子形虫体。

【防治方法】 对发生鹅裂口线虫寄生的鹅群及时驱虫，可选用左旋咪唑，按每千克体重 20～30mg 内服；或用丙硫苯咪唑按每千克体重 10～20mg 内服。鹅蛔虫可应取驱蛔灵（枸橼酸哌嗪）按每千克体重 150mg 内服，或用左旋咪唑按每千克体重 25mg 服用。异刺线虫可采用硫化二苯胺（吩噻嗪），按每千克体重 500mg 混料饲喂。毛细线虫可采用甲氧苄啶，以 30～45mg/只的剂量注射。支气管杯口线虫、气管比翼线虫，可用丙硫苯咪唑按每千克体重一次口服 30～50mg；或用噻苯达唑以 0.05%～0.1% 的比例混料连续喂服。

预防鹅线虫病应搞好鹅舍清洁卫生，定期消毒，将幼鹅与成鹅分开饲养。对常发地区可进行预防性驱虫，每年 2 次。

五 常见普通病

1. 雏鹅水中毒

【病因】 处在育雏期间的雏鹅，由于各种原因造成饮水不足，引起干渴而脱水后，一旦有饮水供给，就会引起暴饮，使体内水分突然增加，水进入细胞内引起细胞水肿，特别是脑细胞水肿，引起神经功能障碍或脑内压升高，出现倒地抽搐，瘫软昏睡，0.5～1h 内死亡。

【临床症状】 雏鹅水中毒多在暴饮后半小时左右出现精神沉郁，四肢无力，走路踉跄，共济失调，呈犬坐姿势，或张口仰头，或频频回顾食管膨大部，嘴里流出黏液或白沫，排出水样稀粪，两脚急步呈直线后退或就地转圈，即使碰撞墙壁或其他障碍物也不调头转向，数分钟后死亡。耐过者生长发育严重受阻。部分病鹅经过一段时间后可康复。

【病理变化】 食管壁大部分和腺胃含有大量带泡沫状的黏液性

分泌液或水样液体。消化管膜轻度充血，肠管黏膜用刀背轻刮易脱落。呼吸道内含有少量泡沫状分泌液，其他器官无明显异常。

【防治方法】 发生水中毒后应先适当控制饮水量，多次少饮，水中加少量食盐（0.9%左右），如能在饮水中加入少许葡萄糖和维生素C或0.5%的苍术熬成的汁液效果更好。待症状缓解后，再保持正常饮水量。

【重点提示】 预防本病，要保证雏鹅在出壳之后及早饮水，开食前应以少量水进行“开水”或“潮口”，以后要供给充足的饮水，饮水器高度适中，防止湿羽；平时注意加强饲养管理。

2. 鹅软脚病

【病因】 育雏舍寒冷潮湿，舍内缺乏阳光，雏鹅运动不足，密度过大、拥挤，日粮营养不均衡，缺乏矿物质，尤其是钙磷比例不当，缺乏维生素D，或长期饲喂单一饲料和腐败饲料都能引起该病发生。多发于秋冬寒冷季节，雏鹅、中鹅易发。

【临床症状】 病初雏鹅一脚或两脚发软，走动无力，步态不稳、跛行，走得过急或过快时容易摔倒，随着病情的发展。继而不能正常站立和自由行动，移动时则关节触地爬行，甚至用两翼支撑着地，常伏卧在地。因而脚部容易磨损发炎、肿大、增厚而形成关节畸形。病鹅生长停滞，长骨骨端常增大，特别是跗关节骨质疏松。

【防治方法】 本病发生后首先要加强运动和光照，其次在饲料中添加足量的维生素D和钙质，一般发病后每只鹅可服用磷酸氢钙（或贝壳粉）、鱼肝油（或维生素A、D_3、E），另外适当饲喂微量元素添加剂，并加大复合维生素的饲喂量。

3. 中暑

中暑包括日射病、热射病，是鹅在酷暑中易发的疾病。可以大群发生，尤以雏鹅更常见。

【病因】 中暑的主要原因是高温、闷热和高湿高热。由于鹅的羽毛致密而皮肤又缺乏汗腺，其散热途径主要靠张口呼气、翅膀张开下垂或在水中散热。故在暑天长时间野外放牧，受烈日暴晒，加之缺乏水源而致为日射病。在高温季节若饲养密度大，环境潮湿，饮水不足，湿度大而闷热，通风不良，体内的热量难以散发而引起热射病。

【临床症状】 日射病以神经症状为主，病鹅烦躁不安，痉挛，体温升高，眼结膜发红，最后出现昏迷，可引起大批死亡，病理变化以大脑和脑膜充血、出血和水肿为主。热射病的病鹅表现为呼吸急促，张口伸颈喘气，翅膀张开下垂，口渴、体温升高，随后出现眩晕，走路不稳或不能站立，虚脱，很快发生惊厥而死亡，剖检时可见大脑和脑膜充血、出血，全身静脉淤滞，血液凝固不良。

【防治方法】 在炎热天应选择有树荫和有水源的草地放牧，中午应在树荫下休息。应定时赶鹅到水中浮游。发现有中暑症状时，应立即将病鹅移到通风阴凉的地方，或把病鹅放在凉水中浸一会儿，以降低体温。供给充足饮水，饮水中加维生素C、葡萄糖盐水或红糖盐水，也可在饮水中添加十滴水，每升水20~50滴，或藿香正气水每升水1支（5mL），严重的每只鹅注射安钠咖或樟脑0.2mL。

4. 鹅有机磷中毒

【病因】 有机磷农药有剧毒，其种类很多，如敌百虫、敌敌畏、对硫磷、马拉松、乐果等。鹅采食或误食喷洒有机磷农药的农作物、牧草、蔬菜及饮用被有机磷农药污染的水源等引起中毒；用有机磷农药（如敌百虫等）驱杀鹅体外寄生虫时由于用药剂量过大或方法使用不当引起中毒。

【临床症状】 有机磷农药中毒，临床上主要见于放养鹅群，中毒后常呈急性经过。病鹅突然停食，精神不安，运动失调，瞳孔明显缩小，流泪，大量流涎，频频摇头和做吞咽动作，肌肉震颤，下痢，呼吸困难，体温下降。最后抽搐、昏迷而死。剖检无明显特征性病变，可见肝脏肿大、淤血，肠道黏膜有弥漫性出血、脱落，肌胃内有大蒜臭味。

【防治方法】 对于发生中毒的鹅，应及时抢救，对症治疗。首先应停止饲喂可疑饲料，立即用硫酸阿托品肌内注射，成年鹅只肌内注射0.5mg，同时应用解磷定或氯磷定每只肌内注射40mg；隔15min再注射硫酸阿托品0.5mg，以后视鹅的具体情况，再次注射阿托品或口服阿托品片剂0.3mg。

日常要注意加强对本病的预防，农药的保管、储存和使用必须注意安全。严禁用含有有机磷农药的饲料和饮水喂鹅。一般不要用敌百虫做鹅的内服驱虫药，但可用其消除体表寄生虫，用时注意剂量不要超过0.5%。

【重点提示】 放牧地如喷洒过农药或被污染，有效期内不能放牧。

5. 脚趾脓肿

【病因】 脚趾脓肿又叫趾瘤病，是由于鹅脚趾底部及周围组织受到机械性损伤、局部细菌感染而形成。体型大的鹅容易发生本病。运动场地粗糙、坚硬，放牧时经过有大量沙砾的地方，都容易引起脚趾皮肤的损伤，因化脓菌感染而发生脚趾脓肿。

【临床症状】 患鹅脚底皮肤损伤、发炎、化脓肿胀，大小如黄豆大到鸽蛋大。炎症若继续发展可扩展到脚趾间的组织，或沿着深部组织、关节和腱鞘发展。在肿胀部位的组织中，蓄积大量的炎症渗出物及坏死组织。经一段时间后，脓肿的内容物逐渐干燥，变成干酪样。也有在脓肿溃烂之后形成溃疡面，使患鹅行走困难，由于疼痛影响食欲，造成母鹅产蛋率下降或产蛋停止。

【防治方法】 早期病例可以通过手术切开患部皮肤，排清脓液及坏死组织，用1%~2%的雷佛奴耳溶液或3%的硼酸溶液清洗消毒患处再涂上鱼石脂软膏，同时内服土霉素。病鹅停止放牧，关养在干净的鹅舍，每天换药1次，7天左右即可痊愈。为预防本病，鹅舍和运动场的地面应铺平，放牧时应选择平坦的道路。

实例一

××养殖场位于丘陵地区的一片凹地内，采用平养的育雏方式饲养小鹅，由于没有专门的育雏圈舍，就在一栋废旧厂房内育雏。育雏前几天，天气晴朗无雨，加上勤换垫草，鹅群也无大的问题。1周之后，××又购买了第二批鹅苗在同一栋房内继续育雏，20多天后，天气骤然变化，下起了连阴雨，第一批小鹅无法到室外活动放牧，第二批鹅苗也只能待在潮暗阴冷的厂房内，加之阴雨天圈内用过的垫草也无法晾晒，两批育雏鹅群中开始有小鹅发病。有的腿脚无力，活动缓慢，食欲减退，精神不佳；有的目光迟钝，歪头扭颈，羽毛松乱，离群呆立；有的眼窝凹陷，蹲地不起，双翅下垂，只喝不吃；有的口吐白沫，肛门松弛，排白色稀粪。经专业技术人员诊治，结果是雏鹅患了鹅球虫病。

实例二

××种鹅场，鹅舍排列齐整，道路通达平坦，路边绿树成荫，该企业从引进种苗开始，在饲养管理、饲料配方、牧草种植、粪便利用、节能减排诸多方面都做得很到位，就是在鹅病防控上总出问题。虽说种鹅从育雏开始都严格按照防疫程序进行注射免疫，但总有鹅舍不时有鹅发病和死亡现象。出现这种情况的原因是，企业允许养鹅农民工只要在不影响正常工作的前提下，就可以相互顶班工作，而最严重的是管理其他鹅舍的人推着其鹅舍的清粪小车，架上铲粪工具前来顶换请假的人的工作。这种人和工具“全套顶班”的做法，正是造成鹅舍之间疾病流动、交叉感染的重大隐患，因为一些鹅病就是通过垫草、工具传染的。

附录　常见计量单位名称与符号对照表

量的名称	单位名称	单位符号
长度	千米	km
	米	m
	厘米	cm
	毫米	mm
面积	平方千米（平方公里）	km^2
	平方米	m^2
体积	立方米	m^3
	升	L
	毫升	mL
质量	吨	t
	千克（公斤）	kg
	克	g
	毫克	mg
物质的量	摩尔	mol
时间	小时	h
	分	min
	秒	s
温度	摄氏度	℃
平面角	度	(°)
能量，热量	兆焦	MJ
	千焦	kJ
	焦［耳］	J
功率	瓦［特］	W
	千瓦［特］	kW
电压	伏［特］	V
压力，压强	帕［斯卡］	Pa
电流	安［培］	A

参考文献

[1] 熊家军，唐晓惠，梁爱心. 高效养鹅关键技术 [M]. 北京：化学工业出版社，2011.

[2] 沈广，宫桂芬，吕淑艳，等. 我国水禽业生产状况及发展趋势 [J]. 水禽世界，2011 (5)：7-12.

[3] 王继文. 养鹅关键技术 [M]. 成都：四川科学技术出版社，2002.

[4] 王继文. 鹅无公害养殖综合技术 [M]. 北京：中国农业出版社，2002.

[5] 罗庆斌，尹荣楷，姜庆林，等. 鹅肥肝生产中的科学预饲及填饲 [J]. 中国家禽，2007，29 (8)：29-31.

[6] 王志跃. 养鹅生产大全 [M]. 南京：江苏科学技术出版社，2005.

[7] 李昂. 实用养鹅大全 [M]. 北京：中国农业出版社，2003.

[8] 陈国宏. 养鹅配套技术手册 [M]. 北京：中国农业出版社，2012.

[9] 魏刚才，齐永华. 鸭鹅科学安全用药指南 [M]. 北京：化学工业出版社，2012.

[10] 王来有. 鹅业大全 [M]. 北京：中国农业出版社，2012.

[11] 魏刚才，李学斌. 鹅安全高效生产技术 [M]. 北京：化学工业出版社，2012.

[12]《中国家禽品种志》编写组. 中国家禽品种志 [M]. 上海：上海科学技术出版社，1988.

[13] 赵昌延. 实用畜禽饲料配方手册 [M]. 北京：中国农大学出版社，2000.

[14] 杨海明，居勇，施寿荣. 鹅健康高效养殖 [M]. 北京：金盾出版社，2010.

[15] 于艳辉. 实用养鹅大全 [M]. 延边：延边人民出版社，2003.

[16] 彭克勤. 鸭鹅养殖及疾病防治新技术画本 [M]. 长沙：湖南科学技术出版社，2011.

[17] 尹兆正，余东游，祝春雷. 养鹅手册 [M]. 北京：中国农业大学出版社，2003.

[18] 陈国宏. 鸭鹅饲养技术手册 [M]. 北京：中国农业出版社，2000.

[19] 许小琴，王志跃，杨海明. 生态养鹅 [M]. 北京：中国农业出版社，2012.

[20] 何家惠，陈桂银. 鸭鹅生产关键技术 [M]. 南京：江苏科学技术出版社，2006.

[21] 周桃鸿. 鹅的高效养殖 [M]. 长沙：湖南科学技术出版社，2005.

[22] 吴伟. 高效养鹅新技术 [M]. 长春：吉林科学技术出版社，2003.

[23] 袁日进，王勇. 鹅高效饲养与疫病监控 [M]. 北京：中国农业大学出版社，2003.

[24] 杨宁. 家禽生产学 [M]. 北京：中国农业出版社，2002.

[25] 高振川，张军民. 鸭鹅饲料科学配制与应用 [M]. 北京：金盾出版社，2009.

[26] 杨松森. 养鹅失误失败教训 100 例 [J]. 水禽世界，2010 (2)：59-60.

[27] 杨松森. 养鹅失误失败教训 100 例 [J]. 水禽世界，2010 (4)：60.

[28] 杨松森. 养鹅失误失败教训 100 例 [J]. 水禽世界，2010 (6)：54-55.

[29] 杨松森. 养鹅失误失败教训 100 例 [J]. 水禽世界，2009 (5)：55-56.

[30] 杨松森. 养鹅失误失败教训 100 例 [J]. 水禽世界，2010 (3)：59-60.

[31] 杨松森. 养鹅失误失败教训 100 例 [J]. 水禽世界，2010 (1)：55-56.

[32] 杨松森. 养鹅失误失败教训 100 例 [J]. 水禽世界，2011 (3)：59-60.

[33] 陈耀王，陈开洋. 鲜、冻鹅肥肝质量标准（讨论稿） [J]. 中国禽业导刊，2007，24 (17)：12-13.

[34] 郑建，林松毅，徐彩娜，等. 鹅肥肝中重要物质测定及卵磷脂提取 [J]. 食品科学，2007，28 (11)：267-271.

鸭鹅病流行特点、临床症状、病理变化、鉴别诊断一本通，双色印刷

ISBN：978-7-111-64666-2

定价：35.00 元

包括鹅优良品种、繁育与孵化、饲料与营养、饲养管理、疫病防治、鹅场建设与经营管理，以及鹅产品的生产与加工技术

ISBN：978-7-111-63720-2

定价：25.00 元

40 多种常见鸭鹅病，300 多张典型图片，让广大读者按图索骥，一看就懂，一学就会，用后见效

ISBN：978-7-111-59880-0

定价：39.80 元

包含鸭鹅病的快速诊断方法、鸭鹅养殖场各类疾病的诊断要点和防治策略等内容，双色印刷

ISBN：978-7-111-43776-5

定价：29.80 元

书　目

书　名	定　价
高效养土鸡	29.80
高效养土鸡你问我答	29.80
果园林地生态养鸡	26.80
高效养蛋鸡	19.90
高效养优质肉鸡	19.90
果园林地生态养鸡与鸡病防治	20.00
家庭科学养鸡与鸡病防治	35.00
优质鸡健康养殖技术	29.80
果园林地散养土鸡你问我答	19.80
鸡病诊治你问我答	22.80
鸡病快速诊断与防治技术	29.80
鸡病鉴别诊断图谱与安全用药	39.80
鸡病临床诊断指南	39.80
肉鸡疾病诊治彩色图谱	49.80
图说鸡病诊治	35.00
高效养鹅	29.80
鸭鹅病快速诊断与防治技术	25.00
畜禽养殖污染防治新技术	25.00
图说高效养猪	39.80
高效养高产母猪	35.00
高效养猪与猪病防治	29.80
快速养猪	35.00
猪病快速诊断与防治技术	29.80
猪病临床诊治彩色图谱	59.80
猪病诊治160问	25.00
猪病诊治一本通	25.00
猪场消毒防疫实用技术	25.00
生物发酵床养猪你问我答	25.00
高效养猪你问我答	19.90
猪病鉴别诊断图谱与安全用药	39.80
猪病诊治你问我答	25.00
图解猪病鉴别诊断与防治	55.00
高效养羊	29.80
高效养肉羊	35.00
肉羊快速育肥与疾病防治	25.00
高效养肉用山羊	25.00
种草养羊	29.80
山羊高效养殖与疾病防治	35.00
绒山羊高效养殖与疾病防治	25.00
羊病综合防治大全	35.00
羊病诊治你问我答	19.80
羊病诊治原色图谱	35.00
羊病临床诊治彩色图谱	59.80
牛羊常见病诊治实用技术	29.80
高效养肉牛	29.80
高效养奶牛	22.80
种草养牛	29.80
高效养淡水鱼	25.00
高效池塘养鱼	29.80
鱼病快速诊断与防治技术	19.80
鱼、泥鳅、蟹、蛙稻田综合种养一本通	29.80
高效稻田养小龙虾	29.80
高效养小龙虾	25.00
高效养小龙虾你问我答	20.00
图说稻田养小龙虾关键技术	35.00
高效养泥鳅	16.80
高效养黄鳝	22.80
黄鳝高效养殖技术精解与实例	25.00
泥鳅高效养殖技术精解与实例	22.80
高效养蟹	25.00
高效养水蛭	29.80
高效养肉狗	35.00
高效养黄粉虫	29.80
高效养蛇	29.80
高效养蜈蚣	16.80
高效养龟鳖	19.80
蝇蛆高效养殖技术精解与实例	15.00
高效养蝇蛆你问我答	12.80
高效养獭兔	25.00
高效养兔	29.80
兔病诊治原色图谱	39.80
高效养肉鸽	29.80
高效养蝎子	25.00
高效养貂	26.80
高效养貉	29.80
高效养豪猪	25.00
图说毛皮动物疾病诊治	29.80
高效养蜂	25.00
高效养中蜂	25.00
养蜂技术全图解	59.80
高效养蜂你问我答	19.90
高效养山鸡	26.80
高效养驴	29.80
高效养孔雀	29.80
高效养鹿	35.00
高效养竹鼠	25.00
青蛙养殖一本通	25.00
宠物疾病鉴别诊断与防治	49.80